"十四五"职业教育国家规划教材

U0723198

QIANRUSHI XITONG SHIXIAN
(CORTEX-M3 JICHU YU TIGAO)

嵌入式系统实现
（Cortex-M3基础与提高）
（第二版）

主　编　吴建军
副主编　杨焕峥　杨国华　周　倩
　　　　顾菊芬　沈毓骏　欧阳乔

新形态
教材

中国教育出版传媒集团

高等教育出版社·北京

内容提要

本书是"十四五"职业教育国家规划教材。

本书第一部分介绍 ARM 基础知识、编程软件及实验平台资源；第二部分为基于 HAL 库的基本编程训练项目，设计了包括操作系统在内的 12 个项目；第三部分为基于 HAL 库的综合应用案例，围绕 DHT11 温湿度测量、WiFi 通信、GPRS 数据传输、基于 RS-485 的电能数据监控设计了 4 个应用案例；第四部分介绍了 Mbed OS 相关的拓展训练项目。本书从初学者的角度出发设计和安排教学内容，力求通过教学设计降低初学者的学习难度。

为方便教学，本书配套有 PPT 教学课件、微课讲解等教学资源，其中部分资源以二维码的形式在书中呈现。

本书适合作为高等职业院校机电、电子、自动化、计算机等相关专业的教材和教学参考用书，也可以作为嵌入式系统开发人员、爱好者的参考资料。

图书在版编目(CIP)数据

嵌入式系统实现:Cortex-M3 基础与提高/吴建军主编.—2 版.—北京:高等教育出版社,2022.8(2024.7 重印)
ISBN 978 - 7 - 04 - 058448 - 6

Ⅰ. ①嵌… Ⅱ. ①吴… Ⅲ. ①微处理器-系统设计-高等职业教育-教材 Ⅳ. ①TP332

中国版本图书馆 CIP 数据核字(2022)第 111963 号

策划编辑　张尕琳　责任编辑　张尕琳　班天允　封面设计　张文豪　责任印制　高忠富

出版发行	高等教育出版社	网　　址	http://www.hep.edu.cn	
社　　址	北京市西城区德外大街 4 号		http://www.hep.com.cn	
邮政编码	100120	网上订购	http://www.hepmall.com.cn	
印　　刷	上海叶大印务发展有限公司		http://www.hepmall.com	
开　　本	787 mm×1092 mm　1/16		http://www.hepmall.cn	
印　　张	18	版　　次	2018 年 2 月第 1 版	
字　　数	404 千字		2022 年 8 月第 2 版	
购书热线	010 - 58581118	印　　次	2024 年 7 月第 5 次印刷	
咨询电话	400 - 810 - 0598	定　　价	39.50 元	

配套学习资源及教学服务指南

🎯 二维码链接资源

本书配套微视频、扩展阅读等学习资源，在书中以二维码链接形式呈现。手机扫描书中的二维码进行查看，随时随地获取学习内容，享受学习新体验。

打开书中附有二维码的页面　　　**扫描二维码**　　　**查看相应资源**

🎯 教师教学资源索取

本书配有课程相关的教学资源，例如，教学课件、应用案例等。选用教材的教师，可扫描以下二维码，关注微信公众号"高职智能制造教学研究"，点击"教学服务"中的"资源下载"，或电脑端访问地址（101.35.126.6），注册认证后下载相关资源。

云书展
样书索取
资源下载
免费试卷
最新目录

师资培训　● 教学服务　在线购书

★如您有任何问题，可加入工科类教学研究中心QQ群：240616551。

本书二维码资源列表

页码	类型	名称	页码	类型	名称
前言	文本	章节学习目标	116	拓展阅读	理解 STM32 控制中常见的 PID 算法
012	微视频	ARM 简介	123	微视频	RTC 实时时钟
012	拓展阅读	一位嵌入式工程师的成长之路	138	微视频	数据存取之 AT24C16
012	拓展阅读	功勋人物程开甲	140	微视频	数据存取之内部闪存
017	微视频	开发环境	144	微视频	低功耗设计
031	微视频	实验板原理讲解	174	拓展阅读	RT_Thread 基础入门
032	拓展阅读	STM32 最小系统电路	188	微视频	DHT11 温湿度传感器
032	拓展阅读	用国产 CH32 替代 STM32	199	微视频	WiFi 通信
035	拓展阅读	STM32 的 GPIO 电路原理详解	209	微视频	GPRS 之数据存入云端
040	微视频	GPIO 控制：以 LED 灯为例	227	微视频	GPRS 通信
043	微视频	按键控制 LED	228	拓展阅读	通信接口比较分析
052	微视频	外部中断	228	拓展阅读	嵌入式技术在移动光谱仪中的应用
066	微视频	串行通信的实现	237	微视频	电能监控与云端控制
071	微视频	TFT LCD 的驱动及相关函数的调用	237	拓展阅读	《ARM 嵌入式系统实现》虚拟仿真实训指导书
083	微视频	ADC	251	微视频	Mbed 开发：以 LED 灯为例
090	微视频	DAC 输出三角波	253	微视频	Mbed 开发：以按键控制 LED 为例
092	微视频	DAC 输出正弦波	254	拓展阅读	嵌入式人工智能技术开发与实践
112	微视频	定时器及定时器中断	258	拓展阅读	嵌入式技术和科技进步
114	微视频	定时器及 PWM 的产生	265	拓展阅读	多线程综合应用
116	微视频	定时器及频率测量			

前言

本书是"十四五"职业教育国家规划教材。

党的二十大报告明确指出,坚持科技自立自强、人才引领驱动,加快建设教育强国、科技强国、人才强国,坚持为党育人、为国育才,全面提高人才自主培养质量,着力造就拔尖创新人才。本书编写贯彻落实党的二十大精神,以培养学生成为爱党爱国、技术精湛的高素质人才为目标,提高的拓展资源及应用案例重点介绍国产 ARM 芯片的优势特点及开发资源,引导学生在工作中使用国产芯片,发挥国产芯片的潜力,为加快建设制造强国做出贡献。

STM32F10x 系列芯片是目前应用比较广泛的 ARM 芯片系列,由于有统一的固件库,程序的编制和移植相对简单。ARM 功能强大,架构复杂,因此作为初学者,尤其是作为高职院校的学生,在学习 ARM 的过程中,经常遇到很多的难题,不知如何下手,不知如何提高。而现有的 ARM 类书籍,更多站在开发者的角度讲解 ARM 的设计,容易讲得过深、过难,没有很好地解决学生学习过程中所遇到的困惑,没有站在初学者的角度去思考如何认知 ARM、了解 ARM、应用 ARM。随着 ARM 在日常生活及电子产品中占据的比重越来越大,学习 ARM 的热潮正在兴起,很多的高职院校已经开设了 ARM 课程,开发编写一本简单易懂的 ARM 类教材就显得特别有必要。

本书是一本 ARM 类入门性教材,通过项目化、任务化分解学习内容,力求通过循序渐进的学习,掌握 ARM 编程的思想及技巧。本书又是一本物联网类的教材,教材中提供了电压、温湿度、电能计量模块等方面传感器的数据读取例程,以及通过有线、无线等方式,将信息传送到计算机、服务器、云端等的例程。

本书是一本项目化教材,内容编排是按照基础知识、基本编程技能训练、综合应用案例来展开的。从基本编程技能训练开始,均是按照项目化的思想进行设计的,包括简介、相关知识、操作训练、思考与练习等。项目化课程编排的特点是知识、技能的表征方式有利于学生职业能力的形成,容易在知识、技能与任务之间建立联系,强调引导学生在完成工作任务的过程中主动建构理论知识和实践技能,从而有利于培养和提升学生的职业能力;学生可以根据自己的需要选择性地学习项目内容,并逐步提高自我对 ARM 的认知。本书提供每个章节、应用案例的学习目标(包括知识目标、能力目标、素质目标),供师生在教学中参考。

对于选择本书的学习者,建议购买一个开发板,并且下载本书提供的所有资源,尤其是基本的例程。这些资源可以通过封底的联系方式获取。本书所提供的例程已经全部调通,设计的功能已经全部实现,学习者把所有的实验均实现一遍,便能够取得很大的进步。如果时间允许的话,还可以对现有的程序进行修改,开发更多的功能。学习的有效路径就是模仿＋创新,学习者可按照模仿＋创新的路径,实现从入门到提高的过程。在编写本书的过程中,编者一直力求使本书教起来简单,学起来容易,内容更加聚焦。

另外,建议学习者注意以下几个方面,如读懂原理图、理解 ARM 内核、及时运用仿真功能、注重基本技能等。

本书共四大部分,22 个章节(或项目)。第一部分为基础知识,共两章,其中 ARM 基础知识部分由杨国华编写,编程相关软件、实验平台资源由欧阳乔编写。本书第二部分共12 个项目,讲解基本的编程思想,并进行基本的程序设计技能训练;该部分的项目一、项目二、项目四、项目五、项目六、项目八、项目九、项目十、项目十一、项目十二由吴建军编写,项目三由周倩编写,项目七由顾菊芬编写。本书第三部分共 4 个综合应用案例,由杨焕峥编写。本书第四部分是拓展训练,介绍了一种新的编程平台 Mbed,共 4 个项目,由沈毓骏编写。杨焕峥设计了电路图、PCB,并完成了所有的硬件调试。无锡商业职业技术学院的丁邦俊老师阅读了全书并提出了宝贵的修改意见。

由于编者水平有限,书中难免错误和不妥之处,恳请广大读者批评指正。同时如果有关于本书开发板的制作问题,可咨询编者(邮箱:422230652@qq.com)。

编　者

文本

章节学习目标

目录

第三部分　基于 HAL 库的综合应用案例

第四部分　Mbed OS 拓展训练项目

第一部分

基础知识

第一章　ARM 基础知识

1.1　嵌入式系统简介

1.1.1　嵌入式系统

众所周知,计算机具有强大的功能,人们可以利用计算机做很多的事情,计算机已经成为日常生活中不可或缺的办公设备。计算机的强大功能,取决于其内部的核心器件如处理器等,也取决于在其上运行的应用程序。

处理器不仅仅存于计算机中,也可以放置到一些设备内部,比如洗衣机、智能手机或者扫地机器人中,用于控制这些产品。用到非计算机类设备的处理器与通用计算机中所用处理器相比,具有体积小、功耗低、成本低等特点,被称为微处理器(Microprocessor)或微控制器(Microcontroller)。微处理器嵌入在产品内部,人们习惯将微处理器及其外围元器件、相关软件、程序等构成的功能完备的产品称作嵌入式系统。嵌入式系统广泛应用于生产、消费、医疗、国防、环保等各个行业和领域,随着互联网、物联网、大数据、人工智能等新一代信息技术的发展,嵌入式系统及其产品将得到更加广泛的应用。

在所有嵌入式系统中,由 ARM(Advanced RISC Machines)公司设计并授权其他公司生产的一类芯片,应用广泛,占据市场份额巨大。ARM 类芯片和相关的软件等,构成一个体系完整的嵌入式系统,是目前嵌入式系统的主流。

1.1.2　ARM 简介

ARM 公司起源于 Cliver Sinclair 公司的一名销售经理,这个名叫 Chris Curry 的销售经理从本公司的一款产品看到了未来的商机,并和自己的物理学家朋友 Hermann Hauser 于 1978 年成立了 CPU(Cambridge Processor Unit)公司,CPU 公司的两名本科生 Steve Furber 和 Roger Wilson 完成了公司的开发任务,并于 1979 年创立了 Acorn 公司。

1985 年,Steve Furber 和 Roger Wilson 设计出第一代 32 位、6 MHz 的处理器,并用此处理器做出了一台 RISC 指令集(Reduced Instruction Set Computing,即"精简指令集")的计算机,简称 ARM(ARM RISC Machine),即所谓的 ARM。

1990 年,Acorn 公司改组为 ARM 计算机公司,该公司由 Acorn、Apple、VLSI 合资成立。此后 ARM 公司设计了大量高性能、廉价、耗能低的 RISC 微处理器及相关软件。目前,总共有超过 100 家公司与 ARM 公司签订了技术使用许可协议,其中包括 Intel、

IBM、LG、NEC、SONY、NXP 和 NS 这样的大公司。至于软件系统的合伙人,则包括 Microsoft、升阳和 MRI 等一些知名公司。

目前,鉴于 ARM 技术的发展及其影响力的不断提升,人们在提起 ARM 的时候,有时候指的是 ARM 公司,有时候指的是 ARM 微处理器。

ARM 微处理器具有性能高、成本低和能耗省的特点,适用于多个领域,比如嵌入控制、消费、教育类多媒体、DSP 和移动式应用等。

目前,采用 ARM 技术知识产权(IP)核的微处理器,即通常所说的 ARM 微处理器,已遍及工业控制、消费类电子产品、通信系统、网络系统、无线系统等各类产品市场,ARM 技术正在逐步渗入到生活的各个方面。

ARM 的功能强大,其体系结构相对也比较复杂。ARM 芯片采用了先进的 CPU 设计理念、多总线接口(哈佛结构)、多级流水线、高速缓存、数据处理增强等技术,这样几乎所有的通信协议栈都能在 32 位 CPU 中轻松实现,使得 C、C++、Java 等高级语言得到了广泛的应用空间。多数的微处理器都包含有 DMA(Direct Memory Access)控制器,进一步提高了整个芯片的数据处理能力。

ARM 公司在经典处理器 ARM11 以后的产品改用 Cortex 命名,并分成 A、R 和 M 三类,旨在为各种不同的市场提供服务。本书所用芯片属于 Cortex-M3 系列。

1.1.3 ARM 内核的发展历程

1994 年,ARM 公司推出的 ARM7 内核用于畅销的诺基亚手机 6110,在移动通信终端产品中取得了巨大的成功。ARM7 内核授权超过 165 个许可证持有者使用,生产了超过 100 亿个芯片。

移动通信的发展需要大量高性能和低功耗的微处理器,ARM7 内核处理器满足市场的需求。由于大多数半导体公司缺乏能够自行构建微处理器的设计团队,或者缺少使微处理器有效运行所需的生态工具,IP 授权模式可以有效地降低芯片企业的系统投资和运行成本,ARM 产品也就因此被应用于越来越多的 SoC(System on Chip,系统级芯片),特别是在快速增长的手机市场,ARM 逐渐成为了事实上的标准。

2001 年,ARM926EJ-S 内核配备 5 级流水线和集成的 MMU(Memory Management Unit,内存管理单元),并且能够为 Java 加速和部分 DSP(Digital Signal Processing,数字信号处理)运行提供硬件支持,向全球 100 多个芯片制造商进行了授权,芯片销售量达到数十亿。ARM 公司随后全新设计了 ARM7、ARM9E 和 ARM10 等系列芯片,其中 ARM10 和 ARM11 技术在低功耗、高性能处理方面实现了新突破。

2005 年开始,ARM 公司针对产品进行多元化改进,以便涵盖所有行业需求。Cortex 系列是 ARM 公司针对业界需求推出的多元化产物。Cortex-A 紧跟在 ARM11 之后继续发展现有产品,顺应要求更高性能的移动应用趋势。Cortex-R 提供高性能实时处理器,能够满足高度专业化的实时要求。Cortex-M 面向微控制器行业提供超低功耗和极低成本。这背后的推动力是 ARM 公司意识到高性能处理器的市场十分巨大,但是低成本微控制器的市场实际上也十分广阔,并且最新的 ARM 核心并未很好地涵盖这一市场。

到 2008 年,智能手机市场蓬勃发展;客户要求在提高性能的同时维持较长的电池寿命,给业界带来了不小的挑战,为此,ARM 推出了 Cortex-A9 MPCore 多核处理器,它能够更好地在处理过程中应对大幅动态范围,以便使智能手机能够满足截然不同的用户需求(包括玩游戏和发送短信等)。2011 年,ARM 推出了异构"big.LITTLE™"方法,使得此种情况得到了进一步改善。该方法可以在需要时采用功能强大的核心提供高性能,然后在无需高性能的情况下切回至较低功耗的核心。ARM 目前在移动市场上的占有份额达到 90% 以上,并且尚未呈现下降趋势。

1.1.4　ARM Cortex-M 内核分类

ARM 公司在经典处理器 ARM11 以后的产品改用 Cortex 命名,并分成 A、R 和 M 三类,旨在为各种不同的市场提供服务。下面简要介绍 Cortex-M 系列从 0 到 7 不同的处理器内核特点及基主要应用。

1. Cortex-M0 处理器:最小的 ARM 处理器,基于冯·诺依曼总线体系结构的简单 3 级管道。无特权级别分离,并且没有 MPU(Memory Protection Unit,内存保护单元)。

2. Cortex-M0+ 处理器:基于 ARMv6-M 架构,具有特权级别分离和可选的 MPU,和一个可选的单周期 I/O 接口。用于连接需要低延迟访问和低成本指令跟踪的外设寄存器称为 MTB(Micro Trace Buffer,微跟踪缓冲区)。

3. Cortex-M1 处理器:类似于 Cortex-M0 处理器,但针对 FPGA 应用进行了优化。它提供了 TCM(Tightly Coupled Memory,紧密耦合存储器)接口,以简化 FPGA(Field Programmable Gate Array,现场可编程门阵列)和 FPGA 上的存储器集成。为 FPGA 实现提供更高的时钟频率。

4. Cortex-M23 处理器:对于需要高级安全性的受限嵌入式系统,具有 ARM Trust-Zone 安全扩展的 Cortex-M23 处理器更适合。此外与 TrustZone 支持相比,Cortex-M23 处理器与 ARMv6-M 处理器可支持更多中断(最多 240 个),使用 ETM(Embedded Trace Macrocell,嵌入式跟踪宏单元)进行实时指令跟踪,且具备更多可配置性选项。

5. Cortex-M3 处理器:基于 ARMv7-M 架构。ARMv7-M 中的指令集支持寻址模式,条件执行,位字段处理,乘法和累加。因此,即使使用相对较小的 Cortex-M3 处理器,也可以拥有相对较高的性能系统。

6. Cortex-M4 处理器:如果是 DSP 密集型处理或单精度浮点处理需要,Cortex-M4 处理器比 Cortex-M3 更适合,因为它支持 32 位 SIMD(Single Instruction Multiple Data,单指令多数据流)操作和可选的单精度 FPU(Float Point Unit,浮点运算单元)。

7. Cortex-M7 处理器:具有最高性能 Cortex-M 处理器流水线和超标量设计,每个周期最多可以执行两条指令。如同 Cortex-M4,它支持 32 位 SIMD 操作和一个可选的 FPU。Cortex-M7 中的 FPU 可以配置为支持单精度或单精度和双精度浮点操作,可与高性能和复杂的内存系统一起工作,支持指令和数据缓存以及 TCM。

8. Cortex-M33 处理器:基于中型 ARMv8-M 处理器架构,占地面积与 Cortex-M4 相似,增加了 TrustZone 安全扩展支持,协处理器接口和更新的管道设计可实现更高的性能。

9. Cortex-M35P 处理器：与 Cortex-M33 处理器相似，但增强了防篡改功能，可防止物理安全攻击(例如，边信道和故障注入攻击)。它还包括一个可选的指令高速缓存。

对于初学者来说，Cortex-M0，Cortex-M1 和 Cortex-M3 是大多数项目的良好起点。本书所用芯片属于 Cortex-M3 系列。

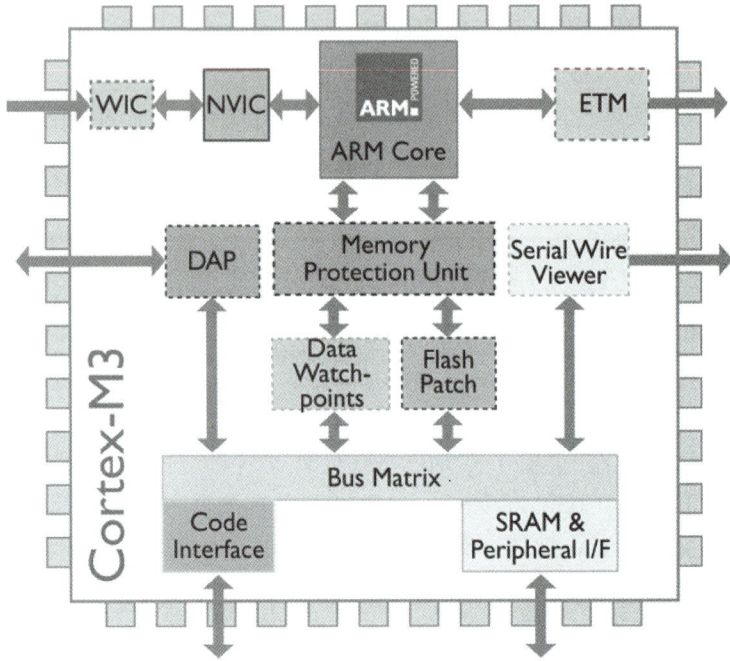

图 1-1-1　Cortex-M3 内核结构

Cortex-M3 处理器是微控制器芯片的中央处理单元(CPU)，微控制器还需要许多其他组件，芯片制造商获得 Cortex-M3 处理器许可后，可以将 Cortex-M3 处理器放入其芯片设计中，继而增加内存、外设、输入/输出(I/O)和其他功能，其内核结构见图 1-1-1。来自不同制造商的基于 Cortex-M3 处理器的芯片将具有不同的存储器大小、类型、外围设备和功能。本书重点介绍处理器核心的体系结构，有关芯片的详细信息，建议读者检索特定芯片制造商的文档。

1.2　指令集

1.2.1　CISC 和 RISC

有两种指令集，分别是 CISC(Complex Instruction Set Computer，复杂指令集计算机)和 RISC(Reduced Instruction Set Computer，精简指令集计算机)，CISC 架构的指令数远远多于 RISC。

RISC 是 ARM 公司设计的一个重要特征，自然值得学习者去理解 RISC 到底是指什么。任何一个微控制器执行的程序都来自 CPU 硬件本身定义的指令集。在微处理器发展的早期,设计师们试图尽可能使指令集先进和复杂。其付出的努力也使得计算机硬件更复杂,更昂贵,甚至效率更低。这样的微处理器称为 CISC。像 6502、8088 都属于 CISC 时期里的主导产品。CISC 的一个特点是其指令有不同程度的复杂性。CISC 中简单的指令可以用一个字节的数据表示,并可以迅速执行。复杂的指令可能需要几个字节的代码来定义,并且需要较长的时间来执行。

另一种设计 CPU 的方法是使得 CPU 尽可能简单,并且保持一个有限的指令集。这就出现了 RISC。相对于 CISC,RISC 方法看起来像一个"返璞归真"的举动。一个简单的 RISC CPU 可以快速地执行代码,但它相对于 CISC 可能需要执行更多的指令完成特定任务。随着内存的价格变得越来越便宜,内存密度的不断提高,以及使用更高效的编译器生成程序代码,RISC 的缺点变得越来越少。RISC 的一个重要特征是每条指令都包含在单个二进制字中。这个字包含一切必要的信息,包括指令代码,以及任何需要的地址或数据信息。RISC 的另一条特征是每一条指令通常需要相同数量的时间来执行。这样的设计使得很多有用的计算机设计功能得以实现,流水线就是一个很好的例子。当一条指令执行时,下一条指令已经从内存中取出。在 RISC 体系结构中,所有(或大多数)指令很容易在相同数量的时间内完成。

事实证明,RISC 由于它的简单,往往使得 RISC 设计的功耗很低,而低功耗对于何一个电子产品来说都是十分重要的,这也解释了为什么移动电话中大多使用 ARM 产品。

1.2.2　Thumb-2 指令集

ARM 公司的第一款芯片就是 32 位的处理器,因此 ARM 指令集也是 32 位的。伴随着 ARM 技术的发展及推广应用,设计者发现 32 位的 ARM 指令集代码密度过大,效率不高,因此出现了 Thumb 指令集,该指令集是 16 位的指令代码。

Thumb 指令集可以看作是 ARM 指令压缩形式的子集,是针对代码密度的问题而提出的。Thumb 指令集不是一个完整的体系结构,不能指望处理程序只执行 Thumb 指令而不支持 ARM 指令集。因此,Thumb 指令只需要支持通用功能,在非通用功能,可借助完善的 ARM 指令集完成任务。

Thumb-2 指令集兼容了 32 位与 16 位的 ARM 指令,可做到按需使用,见图 1-1-2。

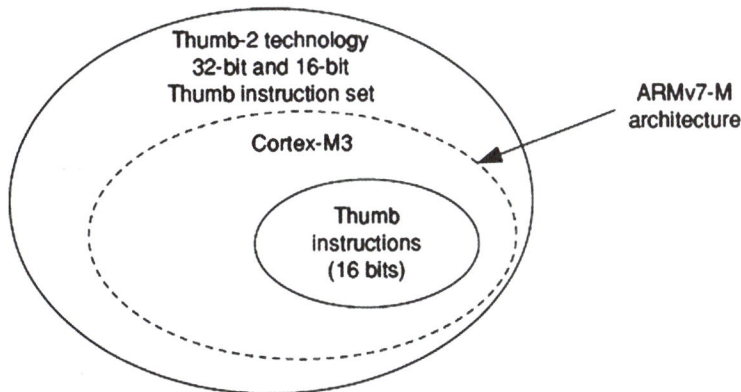

图 1-1-2　Thumb-2 指令集

1.3 STM32F10x 系列芯片简介

STM32F10x 系列芯片是意法半导体公司生产的一大类 32 位的 ARM 芯片，是 Cortex-M3 系列产品。STM32F10x 又分为 STM32F101（基本型）、STM32F103（增强型）、STM32F105（互联型）等、STM32F107（互联型）等。

STM32F103 分出很多型号，比如 STM32F103RBT6、STM32F103RCT6 等，其最后 4 位隐含了引脚数、闪存大小、封装、温度范围等信息，详见表 1-1-1。

表 1-1-1　STM32F103 后 4 位的含义

符号（以 RCT6 为例）	含　义
倒数第四位：引脚数	T：32　C：48　R：64　V：100　Z：144　I：176
倒数第三位：闪存大小	6：32KB　8：64KB　B：128KB　C：256KB　D：384KB　E：512KB　G：1MB
倒数第二位：封装	H：BGA　T：LQFP　U：VFQFPN
最后一位：温度范围	6：−40～85 ℃　7：−40～105 ℃

综合来说，STM32F103RCT6 是一款具有 64 个引脚的、有 256KB 字节闪存的、LQFP 封装的、可以工作在 −40～85 ℃ 的芯片。

一般来说，STM32F103RCT6 和 STM32F103R4Tx、STM32F103R6Tx、STM32F103R8Tx、STM32F103RBTx、STM32F103RDTx、STM32F103RETx 等可以互换。

1.4 STM32F10x 系列芯片的系统架构及总线

STM32F10x 系列芯片的总线结构见图 1-1-3，该总线结构是一个"CPU + 外设"的系统。

STM32 系统主要由四个驱动单元和三个被动单元构成。四个驱动单元为内核 ICode 总线、DCode 总线、系统总线（S-bus）、通用 DMA。三个被动单元为内部 SRAM（Static Random-Access Memory，静态随机存取存储器）、内部闪存（Flash）、AHB-APB 桥接。

原理上来说，除 Cortex-M3 内核以及相关总线之外的单元，均可以被称为外设（Peripherals），如 ADC1x、USARTx、TIMx、GPIOx、DAC、FLASH、DMA 等。要使用相关外设，需要对外设相关的寄存器进行正确的配置，而后面要介绍的 STM32CubeMX 软件，在配置寄存器方面具备很大的便利，减轻了学习者的工作量，降低了入门台阶。

1.5 STM32F10x 系列芯片的时钟系统

对 ARM 而言，时钟电路主要是给 CPU 提供时钟，时钟对 CPU 就像心跳对人一样重要。

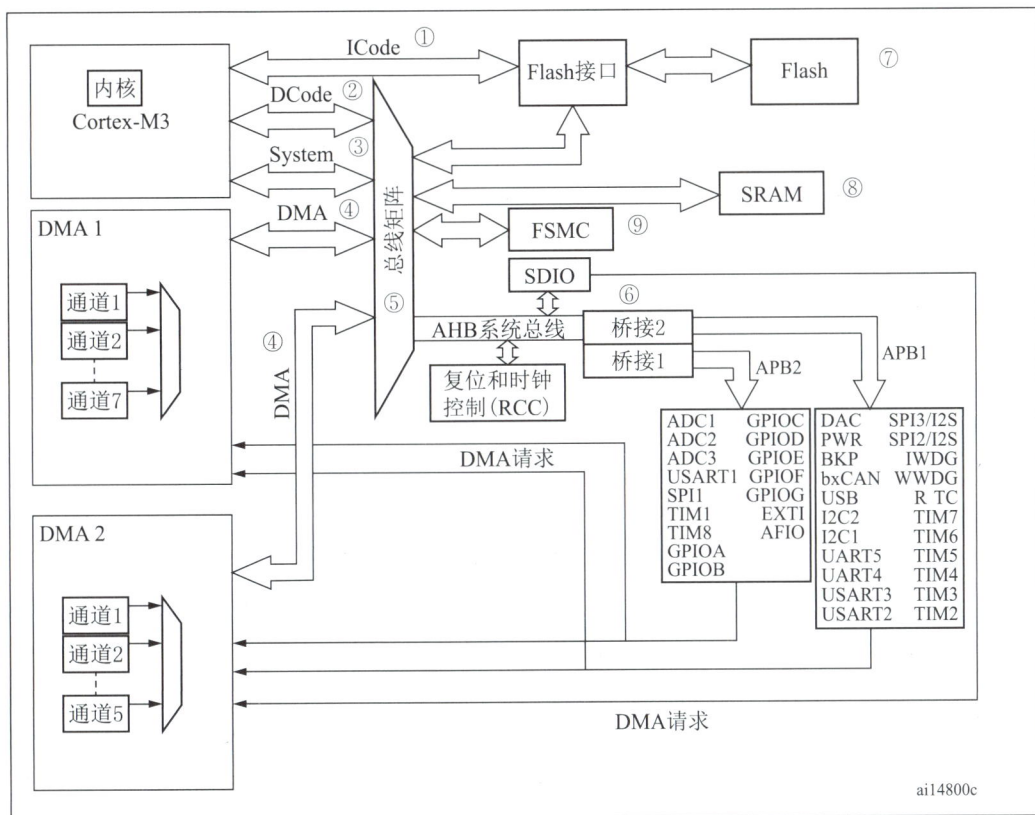

图 1-1-3 STM32F10x 系列芯片的总线结构

ARM 内部都是由许多诸如触发器等构成的时序电路组成的，只有通过时钟才能使 ARM 一步步地工作。如果没有时钟信号，触发器的状态就不能改变，ARM 内部的所有电路在完成一个任务后都将最终达到一个稳定状态而不能再继续进行其他任何工作了。因此，如果没有时钟电路来产生时钟驱动 ARM，ARM 是无法工作的。为了降低功耗，一般选择性的打开需要使用的外设时钟。

STM32F10x 系列芯片的时钟系统框图见图 1-1-4，又称时钟树。STM32F10x 系列芯片的时钟系统需要通过输入、倍频、分频等步骤实现对各部分的时钟输出。

STM32F10x 有多个时钟源，分别是 HSE、LSE、HSI、LSI。HSE 为外部高速时钟（4～16 MHz），该时钟源信号经过 PLL 倍频作为系统时钟；LSE 为外部低速时钟（32.768 KHz），一般专门用于 RTC；HSI 为高速内部时钟（8 MHz），上电默认启动，精度不高；LSI 为内部低速时钟（40 KHz），精度不高，一般用于看门狗定时器等。对时钟源信号处置有切换、配置、倍频、分频等程序设计内容。

对系统时钟的学习，学习者需要关注时钟源、系统时钟、相关外设时钟等，这些通过软件 STM32CubeMX 均可以轻松配置。

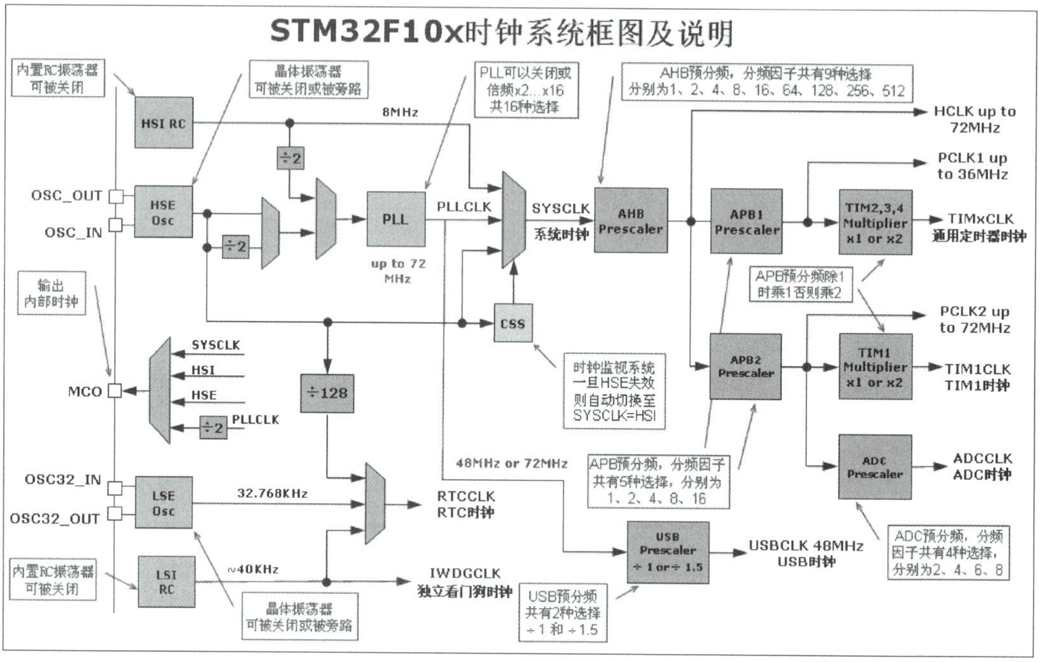

图 1-1-4　STM32F10x 的时钟系统框图

1.6　ARM 嵌入式系统

ARM 嵌入式产品软件定义了产品的功能。由于市场需求侧和技术创新的推动,嵌入式产品功能越来越复杂、性能越来越高,开发者必须掌握嵌入式软件的系统架构、工作原理、运行过程和设计方法。嵌入式软件系统分为裸机系统和多任务系统。

1.6.1　裸机系统

裸机系统通常分成轮询系统和前后台系统。

1. 轮询系统

轮询系统即在裸机编程时,先初始化好相关的硬件,然后让主程序在一个死循环里面不断循环,顺序地处理各种事件。轮询系统是一种非常简单的软件结构,通常只适用于仅需要顺序执行代码且不需要外部事件来驱动就能完成的事件。

2. 前后台系统

相比轮询系统,前后台系统是在轮询系统的基础上加入了中断。外部事件的响应在中断里面完成,事件的处理还是回到轮询系统中完成。中断在这里称为前台,main()函数中的无限循环称为后台。

在顺序执行后台程序时,如果有中断,则该中断会打断后台程序的正常执行流,转而去执行中断服务程序,在中断服务程序中标记事件。如果事件要处理的事情很简短,则可在中断服务程序里面处理;如果事件要处理的事情比较多,则返回后台程序处理。虽然事件的响应和处理分开了,但是事件的处理还是在后台顺序执行的,相比轮询系统,前后台系统确保了事件不会丢失,再加上中断具有可嵌套的功能,可以大大提高程序的实时响应能力。在中小型项目中，前后台系统运用得好，可以达到类似于操作系统的效果。

1.6.2　多任务系统

相比前后台系统中后台顺序执行的程序主体，在多任务系统中，根据程序的功能，可以把程序主体分割成一个个独立的、无限循环且不能返回的小程序，这些小程序称之为任务。每个任务都是独立的、互不干扰的，且具备自身的优先级，它由操作系统调度管理。加入操作系统后，编程者在编程时不需要精心地设计程序的执行流，不用担心每个功能模块之间是否存在干扰，编程反而变得简单了。整个系统的额外开销就是操作系统占据的少量 FLASH 和 RAM（Random Access Memory，随机存取存储器）。现如今，单片机的 FLASH 和 RAM 越来越大，完全足以抵消 RTOS（Real Time Operating System，实时操作系统）的开销。

多任务系统的事件响应也是在中断中完成的，但是事件的处理是在任务中完成的。在多任务系统中，任务与中断一样，也具有优先级，优先级高的任务会被优先执行。当一个紧急事件在中断中被标记之后，如果事件对应的任务的优先级足够高，就会立刻得到响应。相比前后台系统，多任务系统的实时性更高。

无论是裸机系统中的轮询系统、前后台系统还是多任务系统，不能简单地说孰优孰劣，因为是不同时代的产物，在各自的领域都还有相当大的应用价值。其区别见表 1-1-2。

表 1-1-2　轮询系统、前后台系统和多任务系统软件模型的区别

模　型	事件响应	事件处理	特　　点
轮询系统	主程序	主程序	轮询响应事件，轮询处理事件
前后台系统	中断	中断/主程序	实时响应事件，轮询处理事件
多任务系统	中断	任务	实时响应事件，实时处理事件

目前，多个任务之间的协调大多通过嵌入式操作系统来实现，通过嵌入式操作系统来协调各个任务的流畅运行。

1.6.3　嵌入式操作系统简介

目前，比较流行的嵌入式操作系统（OS）有 Free RTOS、uC/OSⅡ、RT-Thread、Mbed OS、uCLinux、Android、Windows CE 等。

（1）FreeRTOS 由美国的 Richard Barry 于 2003 年发布，Richard Barry 是 FreeRTOS 的拥有者和维护者，在过去的十多年中 FreeRTOS 历经了 9 个版本，与众多半导体厂商合作密切，有数百万开发者，是目前市场占有率最高的 RTOS。

FreeRTOS 于 2018 年被亚马逊收购，改名为 AWS FreeRTOS，版本号升级为 V10，且开源协议也由原来的 GPLv2＋修改为 MIT。与 GPLv2＋相比，MIT 更加开放，完全可以理解为完全免费。V9 以前的版本还是维持原样，V10 版本相比于 V9 就是加入了一些物联网相关的组件，内核基本不变。亚马逊收购 FreeRTOS 也是为了进军物联网和人工智能领域。本书还是以 V9 版本来讲解。

FreeRTOS 是一款"开源免费"的实时操作系统。这里说到的开源，指的是可以免费获取 FreeRTOS 的源代码,且当你的产品使用了 FreeRTOS 而没有修改 FreeRTOS 内核源码时,你的产品的全部代码都可以闭源,不用开源,但是当你修改了 FreeRTOS 内核源码时,就必须将修改的这部分开源,反馈给社区,其他应用部分不用开源。免费的意思是无论你是个人还是公司,都可以免费地使用,不需要花费一分钱。

(2)uC/OSⅡ由 Micrium 公司提供,是一个可移植、可固化的、可裁剪的、占先式多任务实时内核,它适用于多种微处理器、微控制器和数字处理芯片(已经移植到超过 100 种以上的微处理器应用中)。在本书中有专门的章节介绍 uC/OSⅡ操作系统。

(3)RT-Thread 是一个集实时操作系统(RTOS)内核、中间件组件和开发者社区于一体的技术平台,由中国开源社区主导开发而成,RT-Thread 也是一个组件完整丰富、高度可伸缩、简易开发、超低功耗、高安全性的物联网操作系统。RT-Thread 具备一个 IoT OS 平台所需的所有关键组件,例如 GUI、网络协议栈、安全传输、低功耗组件等等。经过 11 年的累积发展,RT-Thread 已经拥有一个国内最大的嵌入式开源社区,同时被广泛应用于能源、车载、医疗、消费电子等多个行业,累积装机量超过 8 亿台,成为国人自主开发、国内最成熟稳定和装机量最大的开源 RTOS。在本书中有专门的章节介绍 RT-Thread 操作系统。

(4)Mbed OS 是 ARM 公司发布的针对物联网低功耗设备的操作系统。Mbed OS 部分开源,其余部分控制在 ARM 手中,理由是为了确保操作系统不会碎片化。ARM 声称 Mbed OS 只需要 256KB 内存。Mbed 有配套的本地开发 IDE、CLI 工具,支持 Windows、Mac 以及 linux。同时也提供在线的编辑、编译环境。也支持将 Mbed 的工程导出,导成 VS Code、Keil、IAR 的工程都可以。Mbed 只具有极少的代码量,一行代码初始化 IO 口、串口等外设,无需关注复杂的数据手册以及库函数。硬件层均由 OS 完成各种复杂的驱动。Mbed OS 提供丰富的 API、多线程、信号量等等,编程者只需要关注最上层的业务逻辑。Mbed 不用为换芯片型号、厂商而过度担心,使用 Mbed 一套逻辑代码,ST 的芯片好使,NXP 的芯片好使,TI 的芯片也好使。在本书中有专门的章节介绍 Mbed 的使用。

思考与练习

1 请简述 ARM 芯片的应用领域。
2 请简述 STM32F10x 的系统框图。
3 请简述 STM32F10x 的时钟源及时钟树。

第二章 编程软件及实验平台资源

嵌入式技术通过编写程序来实现控制、测量、数据传输等目的，嵌入式技术表现出来的均是对芯片引脚的读写，但是根本上来说，则在于对嵌入式芯片内部寄存器的读写，即向寄存器写入数据，或从寄存器读出数据，编写程序的过程中，即是对寄存器的读写过程，也是围绕着对寄存器的操作而展开的。有两种方式可以实现对寄存器的操作，一是直接操作寄存器，一是通过库函数操作寄存器。

2.1 STM32 寄存器及库函数

ST 公司为开发者提供了非常方便的开发库，主要有 SPL 库（Standard Peripheral Library，标准外设库）、HAL 库（Hardware Abstraction Layer）、LL 库（Low Layer）三种。SPL 库和 HAL 库是常用的库。SPL 库给开发者提供了很多的库函数，使用时只需要进行库函数的调用即可，程序的编写、维护效率很高；HAL 库基于一个配置软件 STM32CubeMX，类似于图形化编程，在配置方面非常直观形象，使用简单，程序的可读性很强，尤其是适合于初学者。LL 库也可以通过 STM32CubeMX 产生，更加的小型化，更加的精简，只是硬件的覆盖率还不是很高。下面提供引脚控制的几个例子，以体现几种编程方式的差异：

```
GPIOA->BSRR | = 0x00000001;                        //直接操作寄存器,PA0 置 1
GPIO_SetBits(GPIOA,GPIO_Pin_0);                    //SPL 库,PA0 置 1
HAL_GPIO_WritePin(GPIOA,GPIO_Pin_0, GPIO_PIN_SET); //HAL 库,PA0 置 1
```

相对而言，HAL 库具有轻便、易使用、可读性强、硬件覆盖率高等特点，本书所涉及的程序均基于 HAL 库实现。与 HAL 库紧密相关的两个软件分别是 STM32CubeMX 和 Keil MDK，STM32CubeMX 通过类图形化编程实现配置，建立起定制化的工程模板，并实现了相关初始化工作；Keil MDK 的功能有程序编写、编译、仿真、下载等。

编写好的程序，最直接的方式就是下载到 ARM 芯片里面，通过驱动外部电路，或传输信号等，实现设计者的目的。当然，也可以利用 Keil MDK 进行软件或硬件仿真，以检验编程的思想有没有实现；还有一种方式，就是将编写好的程序下载到虚拟硬件之中，比如下载到用 Proteus 软件所绘制的虚拟电路之中，观察效果。

2.2　STM32CubeMX 软件简介及入门训练

2.2.1　STM32CubeMX 软件简介

早期 STM32F 系列 32 位微控制器的开发,较多都采用 SPL 库来进行。这种开发方式在程序项目建立过程中,对 Keil MDK 要有较繁琐的操作,器件初始化程序流程的步骤和环节复杂,不能缺少或混乱,一定程度上成了许多人学习 STM32 开发的阻力之一。

2016 年左右,ST 公司停止了对 SPL 库的更新,加大 STM32CubeMX 软件和 HAL 库的推广力度,经过不断的更新完善,目前使用 STM32CubeMX 软件来进行器件初始化设置,生成基于 HAL 库的项目文件然后再由用户添加功能代码,已经成为 STM32 器件开发方式的主流趋势。

STM32CubeMX 软件是一款图形化开发工具,从 MCU 选型、引脚配置、系统时钟以及外设时钟设置,到外设参数配置、中间件参数配置,它给 STM32 开发者们提供了一种简单、方便并且直观的方式来完成这些工作。MCU 选型的同时,能提供所选器件资源信息。各类配置直观明了,在图形界面中以勾选的方式即可实现,且即时显示设置的状态,不易遗漏。且软件本身还具备设置警示防范机制,使初始化过程不会出现配置冲突的情况。所有的配置完成后,还可以根据所选的 IDE(Integrated Development Environment,集成开发环境)快速生成对应的工程和初始化函数代码。有些参数数值如通讯波特率,只需要在图形化界面中将需要的数值填上即可,计算过程都由自动生成的函数代码来帮助实现。除了拥有芯片本身的外设选择外,还拥有一系列的中间件,如 RTOS、USB、TCP/IP 等。STM32CubeMX 软件还提供了功耗计算工具,可作为产品设计中功耗评估的参考。STM32CubeMX 软件集成功能如图 1-2-1 所示。

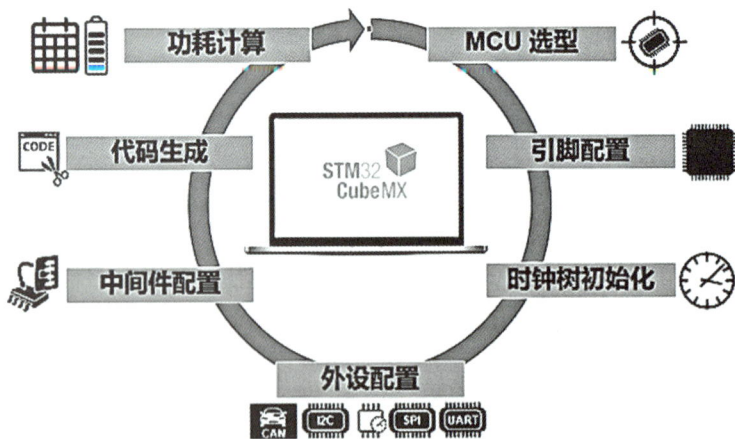

图 1-2-1　STM32CubeMX 软件集成功能

STM32CubeMX 软件是 ST 公司 STM32Cube 软件生态圈中最早推出的一款软件,支持 ST 公司所有 STM32 系列。学会了该软件在 STM32F103 上的开发过程,对 ST 公司其他更高性能器件的开发也很轻松就能上手。事实上,ST 公司后期推出的许多芯片,已不再提供 SPL 库。它的通用功能如图 1-2-2 所示。

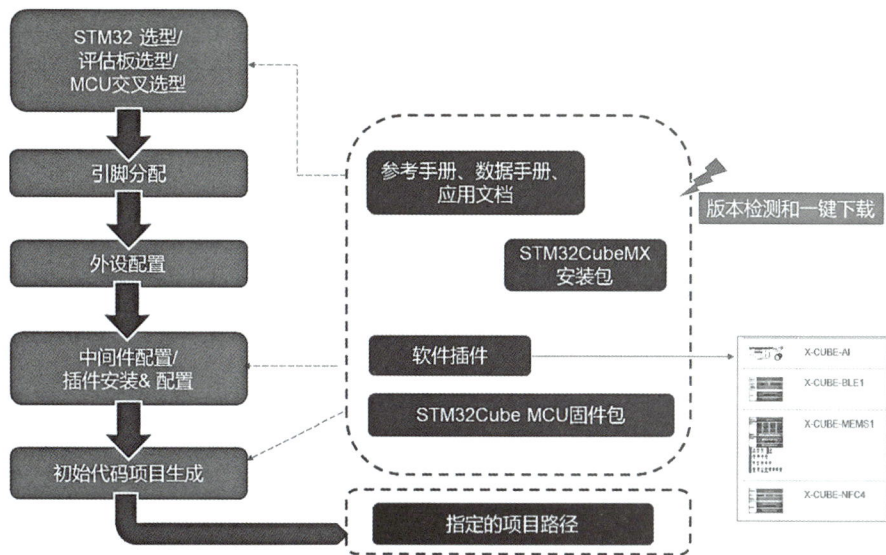

图 1-2-2　STM32CubeMX 软件通用功能

与 Keil MDK 中将 IDE 和器件固件包分开类似,STM32CubeMX 软件也将初始化设置环境和器件固件包实现相对独立管理。STM32CubeMX 软件是基础平台,可以根据需要,选择性地配套安装 ST 公司各系列微控制器中某一款。

2.2.2　STM32CubeMX 软件安装

STM32CubeMX 软件的安装,首先需要到 ST 的官网去下载 STM32CubeMX 软件的安装程序。

在安装 STM32CubeMX 的过程中,可能会提示先安装 JRE,这是由于 STM32CubeMX 软件是基于 Java 环境运行的,所以需要安装 JRE(比如 jre-7u45-windows-i586.exe)才能使用。根据提示下载安装即可。

在成功安装 JRE 和 STM32CubeMX 软件后,还需要在 ST 的官网去下载器件库,或者从 STM32CubeMX 软件进行更新安装。从 STM32CubeMX 软件进行更新安装的方法是从 Help 进去,找到 Manage eMbedded software packages 并点击,STM32CubeMX 软件器件库界面如图 1-2-3 所示,图中显示 STM32F1 系列的器件库已经成功安装,并已经升级到 V1.8.3。如果没有安装则勾选并点击 Install Now,然后在网上下载并安装。

2.2.3　STM32CubeMX 软件基本配置

第一步:点击 File,点击 New Project,新建工程。

第二步:搜索器件,建议搜索 STM32F103RC(如果希望用 Proteus 作为虚拟硬件,则建议搜索 STM32F103R6),选择中后软件界面如图 1-2-4 所示。

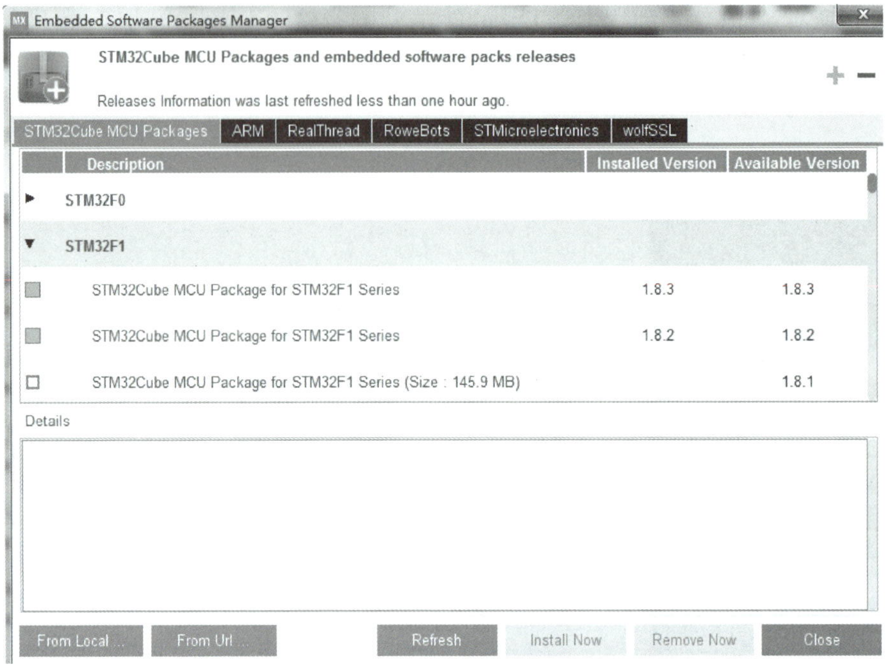

图 1-2-3　STM32CubeMX 软件器件库界面

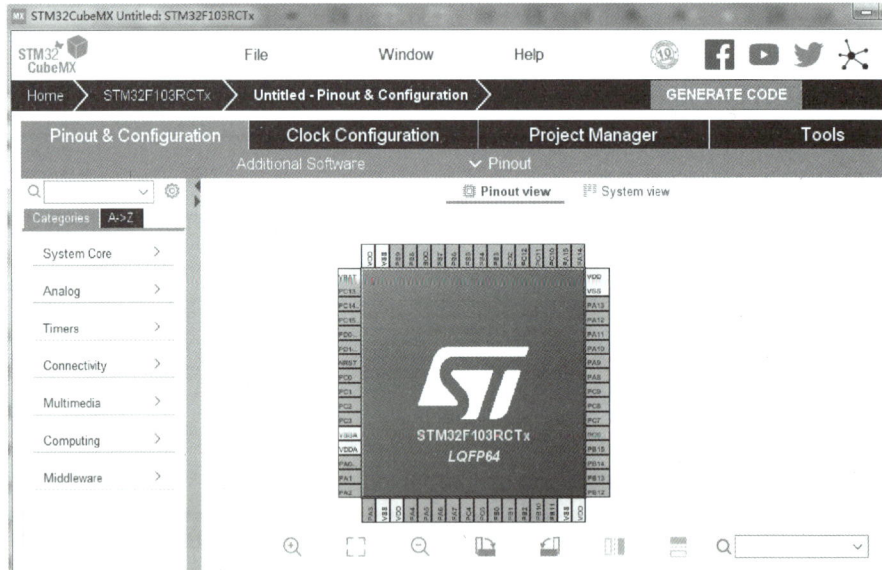

图 1-2-4　STM32CubeMX 软件界面

其中,上面一行图标,分别表示引脚及配置(Pinout & Configuration)、时钟配置(Clock Configuration)、工程管理(Project Manager)、工具(Tools)等;工具上面的 GEN-ERATE CODE,是产生代码的意思。

左边的一列图标,分别是系统内核(system core)、模拟(Analog)、定时器(Timers)、连接(Connectivity)、多媒体(Multimedia)、计算(Computing)、中间件(Middleware)等。

第三步:点击 System core,点击 RCC,在 HSE 部分,选择 Crystal/Ceramic...,即选择 HSE 作为时钟来源。此时,PD0、PD1 变为绿色。

第四步:点击 System core,点击 SYS,在右侧的 Debug 选项中,选择 JTAG(4pins),即选择仿真、下载接口。此时 PB3 等 4 个引脚变为绿色。在 Debug 的下面,有一个 Timebase Source,默认为 SysTick,即默认选择滴答时钟作为时基源。

第五步:鼠标左键点击 PA0,选择 GPIO_Output 模式,即 PA0 为输出模式。

第六步:时钟配置,点击 Clock Configuration,在 HCLK 方框内,输入 72 并回车,如此可将系统时钟配置 SYSCLK 为 72 MHz。

第七步:点击 Project Manager,在 Project Name 中输入工程的名字;在 Project Location 中改变保存路径;在 Toolchain/IDE 中选择 MDK-ARM。

第八步:在 Code Generator,勾选 Generate Peripheral ...,即成对产生 * .c 和 * .h 文件。

第九步:点击 GENERATE CODE,产生代码并打开。

以上九步,可以生成以 STM32CubeMX 文件(* . ioc),以及 Keil-MDK 文件(* .uvprojx)。这两个文件据均可以在以后继续打开修改优化。

以上九步属于基本性的配置,在 STM32CubeMX 软件配置的过程中,滴答时钟默认是打开的,不需要特意配置。

2.3　Keil MDK 简介及基本配置

2.3.1　Keil MDK 简介

Keil MDK 也称为 RealView MDK 或者 Keil For ARM,是德国软件公司 Keil(现已并入 ARM 公司)开发的嵌入式软件开发平台,是目前 ARM 内核单片机开发的主流工具。Keil MDK 提供了包括 C 编译器、宏汇编、连接器、库管理和一个功能强大的仿真调试器在内的完整开发方案,通过一个集成开发环境(μVision)将这些功能组合在一起。本书采用的 μVision 版本是 μVision V5.27,其界面友好,易学易用,在调试程序、软件仿真方面也有很强大的功能。

微视频

开发环境

2.3.2　Keil MDK 基本配置

由前述 STM32CubeMX 软件的九步基本配置之后,生成了 Keil MDK 的工程文件,打开后 Keil 界面如图 1-2-5 所示。

①号按钮为 build 按钮,即编译按钮,快捷键是 F7,可编译当前文件。编译有如下作用,一是检查程序是否有错误,有错误则会定位到错误所在的位置,并大体上指出错误的类型;一是生成 HEX 文件(十六进制),该文件是最终下载到 ARM 芯片中去的文件。

②号按钮为 rebuild 按钮,即重新编译按钮,编译全部目标文件,用时较多。

③为程序下载按钮,可将生成的 HEX 文件下载到 ARM 芯片中。

④为配置的主要按钮,点击进去后的宏定义设置界面如图 1-2-6 所示,其选项卡的解释如下:

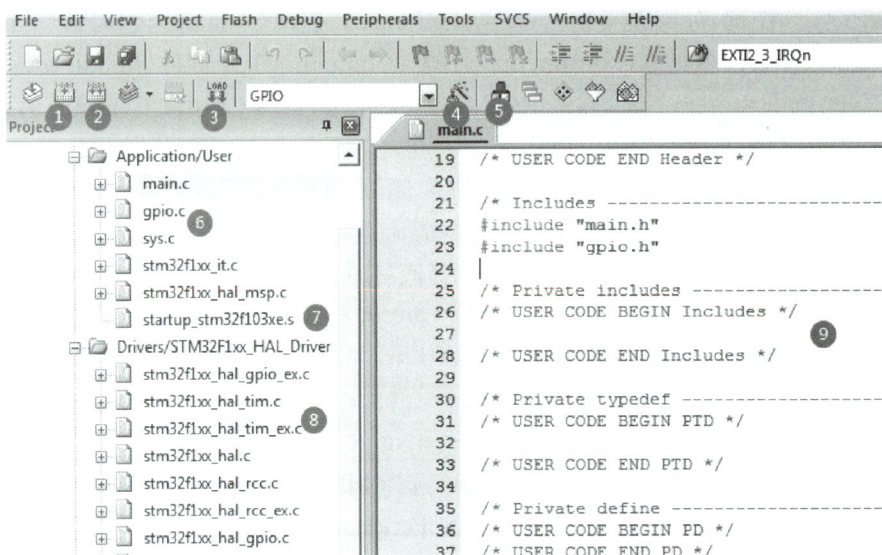

图 1-2-5　Keil 界面

Divice 选项卡。在该选项卡中可进行目标芯片的选择，在前面步骤中已经完成。

Target 选项卡。该选项卡是对 Divice 选项卡中所选择的硬件目标进行设置。在 Target 选项卡中勾选 Use MicroLIB，选择使用 MicroLib 库；Xtal 输入的数据尽量保持和芯片上焊接的高速晶振相一致，一般为 8MHz 或 12MHz；其他默认。

Output 选项卡。该选项卡用于选择编译后所生成的目标文件存放的目录。首先需要在 Template 文件夹中新建一个名为 Output 的文件夹，用于存放编译后生成的目标文件。点击 Select Folder for Objects，并且勾选 Create HEX File 使生成的目标文件中包含后缀为 ∗.HEX 文件，该文件最终将被下载到 ARM 微处理器中。

Listing 选项卡。通常为默认设置，该选项卡用于设置是否要生成一些链接文件及其保存路径，比如在调试时或编译后需要查看的一些信息。

User 选项卡。通常为默认设置。

C/C++选项卡。该选项卡用于设置宏定义及所有包含头文件的路径。宏定义类似＃define XX，设置如图 1-2-6 所示，其中STM32F103RC对应的宏定义STM32F10X_HD，其他芯片型号根据存储容量的不同对应不同的宏定义，如 STM32F10X_MD(对应为中等容量)等。

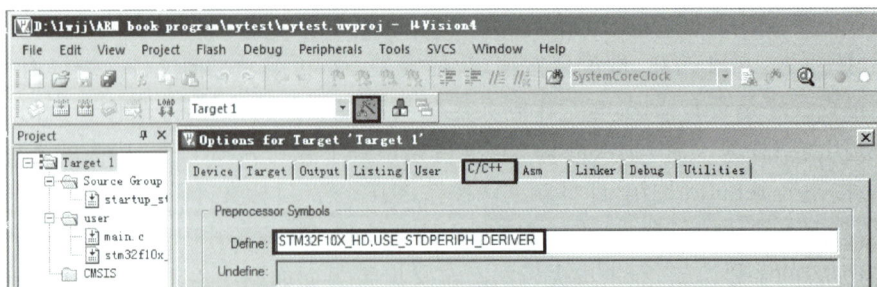

图 1-2-6　宏定义设置界面

在 Include Paths 的右侧,点击按钮□来添加头文件路径,分别定位到包含头文件的文件夹。比如在 Libraries—>CMSIS—>CM3—>CoreSupport 文件夹中有头文件 core_cm3.h,而这个头文件又是必须用到的头文件,就必须添加该头文件的路径,方法如图 1-2-7所示①~③所示。

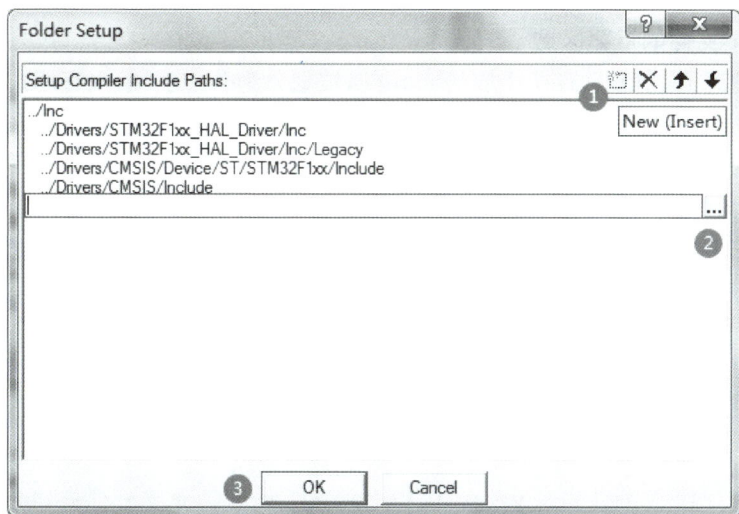

图 1-2-7 添加头文件路径的方法

Debug 选项卡。该选项卡是关于调试的相关配置,选择左边的 Use Simulator 是软件仿真,即脱离开硬件的仿真调试;选择右边的 use…,可以选择不同的仿真器仿真,如 J-Link/J-Trace,此时需要通过仿真器连接计算机和 ARM 开发板。

图 1-2-5 所示的⑥—⑧号区域为工程文件区。

⑥号区内的 c 文件为用户文件,这个区域内的文件用户修改的余地很大,其中的 gpio.c 文件就是由于在 STM32CubeMX 中的 Code Generator 中勾选 Generate Peripheral …,而成对产生的 *.c 和 *.h 文件。

⑦是后缀为.s 的启动文件,如果没有添加,则会编译出错。

⑧号区是一些以 stm32f1xx_hal 为特征的 c 文件,是 HAL 库最典型的 c 文件,属于外设文件。

⑨号区是 c 文件的程序代码区,目前显示的是 main.c 的程序代码。

一个工程项目包含了一个启动文件(*.s)、若干 c 文件(*.c)、若干头文件(*.h)。由 C 语言的知识知道,在所有的 c 文件中,main.c 一定是最重要的一个,而 main.c 中一定有一个主函数 main(void),是最重要的函数,程序的执行首先从主函数 main(void)进入,如下:

```
int main(void)
{
    初始化语句……;
    while(1)  //一个无穷循环
```

```
        {
          ......
        }
    }
```

2.3.3　main.c 文件的重要区域

由 STM32CubeMX 软件所生成的 main.c,被划分为若干区域,只有用户的程序、变量等放置在合适的区域,才能够保证在下次 GENERATE CODE 时,原来编写的程序段不被删除。现重点介绍如下:

用户头文件区 Private includes:在/＊ USER CODE BEGIN Includes ＊/和/＊ USER CODE END Includes ＊/之间,可以将用户需要包括的头文件包括进来,如:

```
♯include "lcd.h"
```

用户变量定义区 Private variables:在/＊ USER CODE BEGIN PV ＊/和/＊ USER CODE END PV ＊/之间,可以定义用户变量,如:

```
uint8_t   EXTI_Status = 1,ad1[10] = "0 000";      //定义8位无符号变量和数组
uint16_t  advalu1 = 0,advalu2;                    //定义16位无符号变量
```

用户初始化区:在/＊ USER CODE BEGIN Init ＊/和/＊ USER CODE END Init ＊/之间,调用用户的初始化函数,如:

```
LCD_Init();
POINT_COLOR = RED;
```

用户代码区:在/＊ USER CODE BEGIN x ＊/和/＊ USER CODE END x ＊/之间,可以编写用户代码,其中 x 可取 0～6,其中最重要的是用户代码区 2、用户代码区 3、用户代码区 4。用户代码区 2 在 while(1)循环之前,可将需要一次性执行的语句放置在这个区域;用户代码区 3 在 while(1)循环里面,是用户程序最主要的编辑区域,用户代码区 4 一般放置一些回调函数,和中断紧密相关。

2.3.4　初始化函数

STM32CubeMX 软件对 STM32 类 ARM 芯片进行了若干配置,产生了初始化函数,并且在生成的工程中已经调用了这些初始化函数,下面进行分析说明。

系统时钟和滴答时钟的初始化函数:在 2.2.3 小节的第三步,选择 HSE 作为时钟来源;第四步,选择 JTAG(4pins),同时 Timebase Source 默认为 SysTick;以及第六步的时钟配置中,在 HCLK 方框内输入 72 将系统时钟配置为 72 MHz,这三步配置的结果体现在初始化函数 HAL_Init()和 SystemClock_Config()中,HAL_Init()明确 Timebase Source 为 SysTick,并且确定滴答时钟的滴答频率是 1 KHz,即滴答 1 次的时间间隔是

1 ms；在 stm32f1xx_hal.c 中，有一个重要的延时函数 HAL_Delay(uint32_t Delay)，如 HAL_Delay(1000)是延时 1 000 ms，也是因为这个原因。

SystemClock_Config()明确是系统时钟的来源是 HSE，并确定了分频系数、PLL 倍频系数等。

GPIO 引脚的初始化函数：2.2.3 小节的第五步，将 PA0 配置为 GPIO_Output 模式，这个配置体现在函数 MX_GPIO_Init(void)中，其中最关键的语句如下：

```
void MX_GPIO_Init(void)
{
  GPIO_InitTypeDef GPIO_InitStruct = {0};
  /* GPIO Ports Clock Enable */
  __HAL_RCC_GPIOA_CLK_ENABLE();
  /* Configure GPIO pin : PA0 */
  GPIO_InitStruct.Pin = GPIO_PIN_0;
  GPIO_InitStruct.Mode = GPIO_MODE_OUTPUT_PP;
  GPIO_InitStruct.Pull = GPIO_NOPULL;
  GPIO_InitStruct.Speed = GPIO_SPEED_FREQ_LOW;
  HAL_GPIO_Init(GPIOA, &GPIO_InitStruct);
}
```

如果函数再复杂一点，则需要的初始化函数会更多一点，但对应关系类似。

2.3.5　变量定义

C 语言中，用关键字 int、float、char 等定义变量。在进行嵌入式编程时，这些关键字依然适用，只是在定义整型变量时，为了区分不同的位数（或字节数），对 int 型的数据进行了区分，引入别名，如 uint8_t、uint16_t、uint32_t 等，分别代表 8 位无符号整型、16 位无符号整型、32 位无符号整型等，示例如下：

```
uint8_t c1[5] = {10,110,200}, c2[10] = {'a','b'};
uint16_t n1 = 1000;
```

定义的数组 c1 有 5 个元素，每个元素均是 8 位无符号整型，均不能超过 255。元素 c1[2]=200，也是符合要求的。定义的数组 c2 有 10 个元素，给 c2[0]和 c2[1]赋了初值。

定义的变量 n1 是 16 位无符号整型变量，其最大值是 0xFFFF，因此给其赋初值 1 000也是合适的。

2.3.6　仿真设置

模拟仿真对程序调试非常关键。在编好程序后，一种直接的方式就是将程序下载到芯片里，通过 LED、串口、液晶等观察程序的运行情况，但是实际情况往往是复杂的，所编写的程序需要通过若干调试的过程才能达到预期的目的，其中一个重要的方法就是进行仿真测试。仿真前需要进行的相关设置,界面如图 1-2-8 所示。

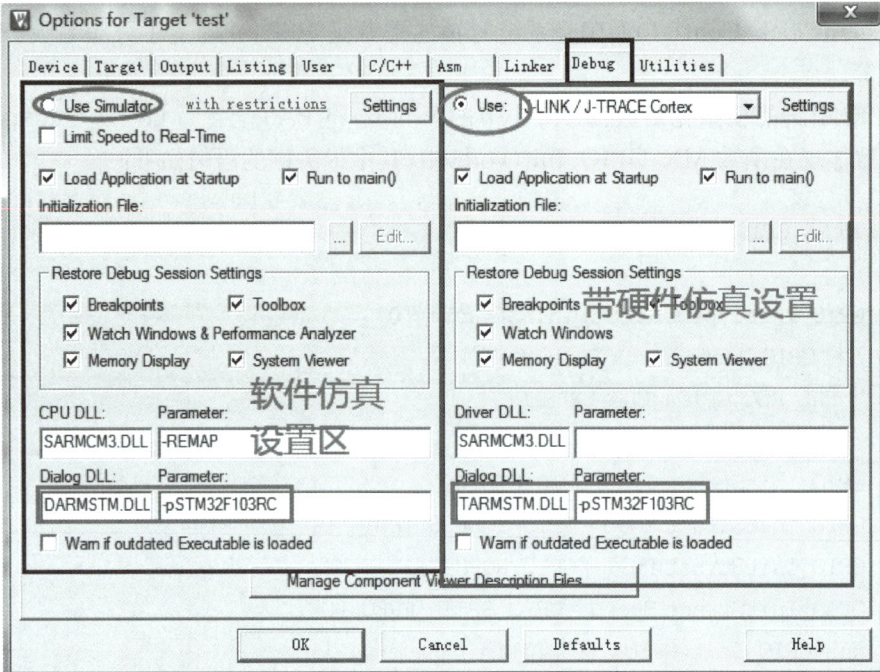

图 1-2-8　仿真前设置界面

　　程序仿真:程序仿真是脱离硬件的仿真方式,对于手边没有开发板,或者开发板存在一些问题的情况,可以先进行程序仿真。程序仿真可以发现很多编程时没有考虑到的问题,及时找出错误。由于程序仿真不需要开发板的支持,因此也就避免了多次的程序烧写,从而延长芯片的使用寿命。

　　在编译并确保没有错误的情况下,点击 Start/Stop Debug Session(或按下 CTRL + F5)后,进入如图 1-2-9 所示的仿真界面。叮在显示行数的数字左边点击鼠标左键,加入断点,断点的默认颜色是红色。程序全速运行时,会在断点处停住,再按 F5,会停止在下一个断点。本实例在 for 循环语句的前面加入断点。按 F5(Run 按钮),光标即可执行到断点处。加入两个断点后,可以看到光标在两个断点之间交替出现。

```
 97    while (1)
 98    {
 99      /* USER CODE END WHILE */
100      /* USER CODE BEGIN 3 */
101      HAL_GPIO_WritePin(GPIOA, GPIO_PIN_0, GPIO_PIN_RESET); //PA0=0,LED ON
102      for(uint32_t t1=0xffff;t1>=1;t1--){;}
103      //Delay(0xfff);
104      HAL_GPIO_WritePin(GPIOA, GPIO_PIN_0, GPIO_PIN_SET); //PA0=1,LED OFF
105      //HAL_Delay(500);
106      for(uint32_t t1=0xffff;t1>=1;t1--){;}
107    }
108    /* USER CODE END 3 */
```

图 1-2-9　仿真界面

仿真的过程可以看到引脚的配置及变化状况,界面如图 1-2-10 所示。可以看到,PA0 已经被成功的配置成推挽输出模式,其引脚工作频率被配置成 2M;GPIOA 端口的 CRH 寄存器被配置成 0x44444444;GPIOA 端口的 CRL 寄存器被配置成 0x44444442;GPIOA 端口的输出寄存器 ODR 随着仿真的进行一直在变化,但是变化的仅仅是 PA0。

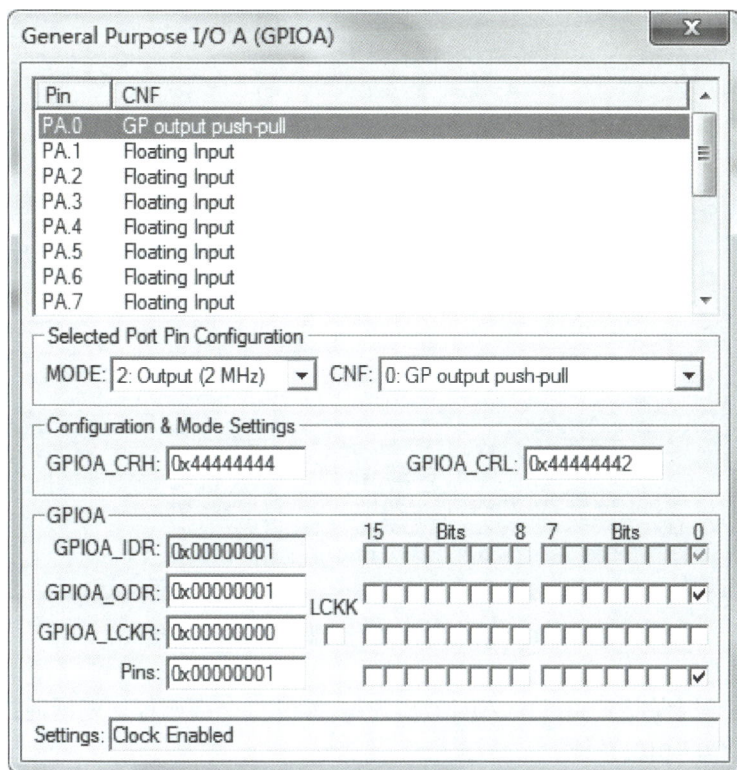

图 1-2-10　仿真过程中引脚的配置及变化状况界面

除了端口的状况外,仿真还可以看到其他的信息,比如如果在仿真状态下按 Peripherals 按钮,在下拉的工具条中选择"Power,Reset and Clock Control"按钮,则可以看到如图 1-2-11 所示的供电控制、复位控制、时钟控制界面。如果按下软件复位键后再按下 Run,可以看到在进入 main 函数前和进入 main 函数后,时钟明显的不同。进入 main 函数后,系统时钟 SYSCLK 被配置成 72 MHz。

2.4　电路原理

本实验平台选用的芯片是 STM32F103RCT6,电路原理图见附件 3。原理图以及对应的 PCB 板上有:12 V 转 5 V 和 3.3 V 的电源电路、4 个 LED、4 个独立按键、以 CP2102 芯片作为 USB 转接芯片的 USB 接口(接 USART1)、485 接口(接 UART4)、SPI 接口、IIC 接口电路(焊接芯片 AT24Cxx)、WiFi 接口(可接 ESP8266)、GPRS 接口(可接 NB-IOT、GPRS)、TFTLCD 接口。

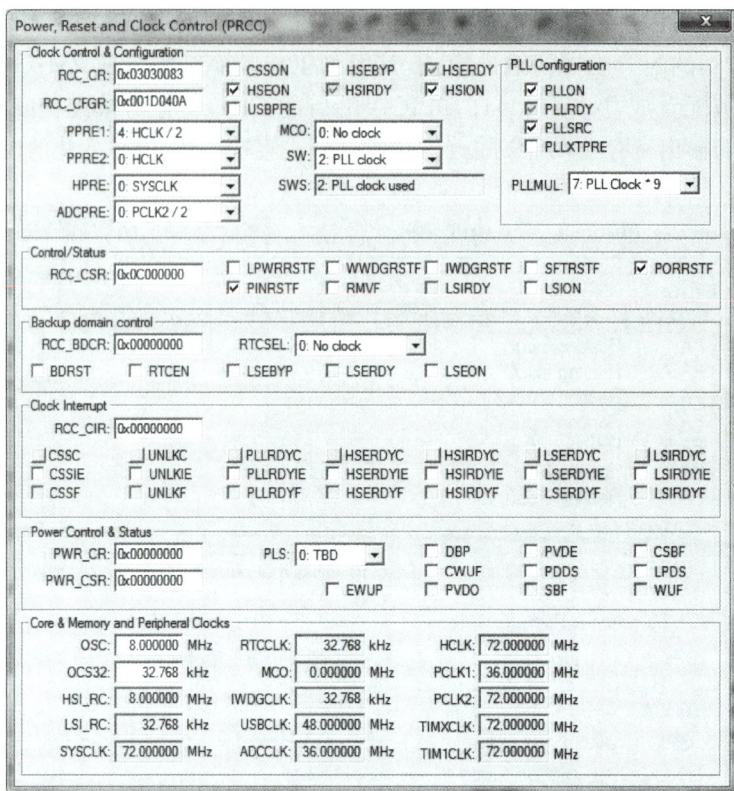

图 1-2-11　供电控制、复位控制、时钟控制界面

本书提供的例程以 Keil(For ARM)作为编译环境,全部例程均编译通过。本书资源可以移植到其他的相似系统。

2.4.1　电源系统

开发板依靠+12 V 稳压电源供电,输入开发板的+12 V 的电压需要通过电源调整后变为+5 V、+3.3 V 等以供各电路模块使用;需要+3.3 V 的元器件有 ARM、MAX3232(或 SP3232)、SP3485、AT24C16 等;需要+3.3 V 和+5 V 的元器件有 2.8 英寸的彩屏。因此,电源系统由两个电源调整电路构成,分别是 LM2596-5.0 提供+5 V 电压,REG1117_3.3 提供+3.3 V 电压。电源系统电路图如图 1-2-12 所示。

开发板提供了+5 V、+3.3 V 等测试点,方便测试。

2.4.2　ARM 最小系统

ARM 最小系统由 STM32F103RCT6、晶振电路、复位电路、电源滤波电路等组成,如图 1-2-13 所示。

ARM 微处理器有 HSE、LSE、HIS、LSI 等时钟源,其中的 HSE 是高速外部时钟,开发板选择 8MHz 的晶振并配合 C22、C23 来满足高速外部时钟 HSE 的输入要求;LSE 为低速外部时钟,选择 32.867 KHz 的晶振并配合 C18、C19 提供给 ARM 低速的时钟输入。

图 1-2-12 电源系统电路图

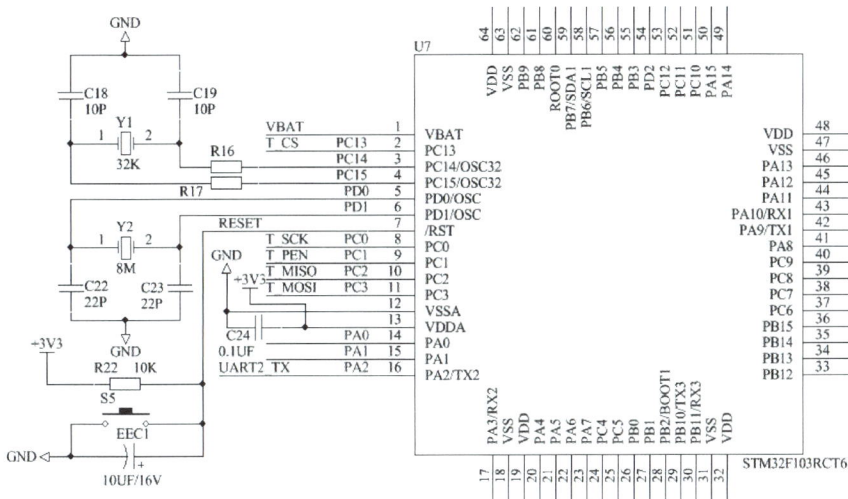

图 1-2-13 ARM 最小系统

　　复位电路,就是让 ARM 恢复到初始状态的电路。有几种手段都可以实现 ARM 系统复位,一是在电路通电时马上进行复位操作,名为上电复位;二是在必要时手动操作,名为按键复位;三是根据程序或者电路运行的需要自动地进行,名为软件或程序复位。

　　图 1-2-13 中由 R22、S5、EEC1 所构成的电路是比较常见的复位电路。在通电瞬间,电容器 EEC1 两端没有电荷,因此 RESET 端的电压为低电平,系统复位,即上电复位。为了确保复位,EEC1 和 R22 可以取得较大一点,以使低电平的时间较长(一般需要 20 ms以上)。随着电容器充电的进行,RESET 电位逐渐升高,超过复位阈值电压后,复位结束,系统正常工作。复位电路的参数能否满足要求,可以用公式 $\tau = RC$ 进行计算。

　　在系统运行时,如果按下按键 S5,则 RESET 电位又被拉低,可以实现按键复位。

2.4.3　启动电路

　　STM32F10x 可以从芯片内置的 Flash、芯片内置的 SRAM 区、系统存储器启动,可以通过 STM32F10x 芯片上的两个管脚 BOOT0 和 BOOT1 进行选择,这两个管脚在芯片复位时的电平状态决定了芯片复位后从哪个区域开始执行程序,如下:

> BOOT0 = 0, BOOT1 = x,从芯片内置的闪存启动,这是正常的工作模式。
> BOOT0 = 1, BOOT1 = 0,从系统存储器启动,这种模式启动的程序功能由厂家设置。
> BOOT0 = 1, BOOT1 = 1,从内置 SRAM 启动,这种模式可以用于调试。

一般都从芯片内置的闪存启动,即 BOOT0 = 0。

图 1-2-14 是启动方式选择电路,J3 不要短接,即是正常的启动模式。

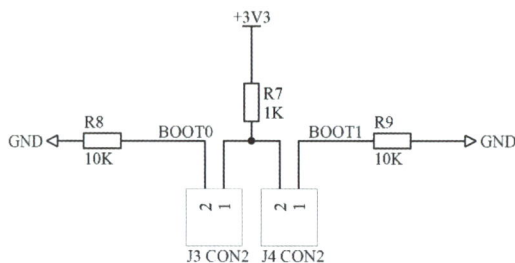

图 1-2-14 启动方式选择电路

2.4.4 Jlink 接口

编写的程序需要通过 USB 线、Jlink 仿真器、Jlink 接口电路等下载进芯片,以便实现预期的功能。Jlink 接口电路如图 1-2-15 所示,其中 JNTRST 端连接到 STM32F103RCT6 的 PB4 端,JTDI 端连接到 PA15 端,JTCK 端连接到 PA14 端,JTMS 端连接到 PA13 端,JTDO端连接到 PB3 端。

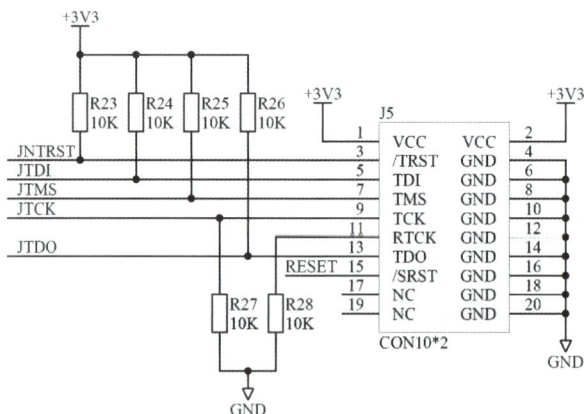

图 1-2-15 Jlink 接口电路

2.4.5 LED 电路

LED 灯驱动电路是 ARM 控制的基本电路之一,开发板的 LED 控制电路如

图 1-2-16所示。如果用跳线帽短接 YJCD2 的 1—2、3—4、5—6、7—8，则 PA0 控制 LED1，PA0 输出低电平，LED1 点亮；PA0 输出高电平，LED1 熄灭。PA1 控制 LED2，PA2 控制 LED3，PA3 控制 LED4，工作原理类似于 PA0。

R18~R21 为限流电阻，其阻值的选取和 LED 灯的颜色、设定的电流有关。红色 LED 灯的压降在 2 V 左右，对于 500 Ω 的电阻，通过 LED 的电流为 I＝[(3.3－2)/500] A＝2.6 mA。

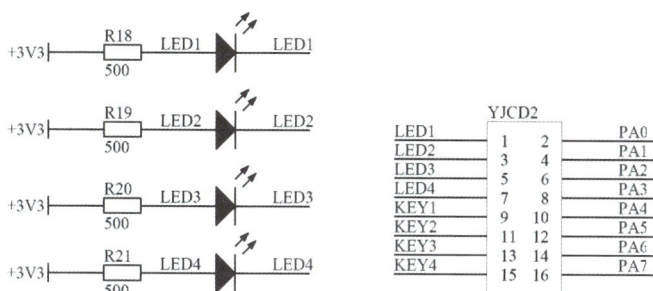

图 1-2-16　LED 控制电路

2.4.6　按键电路

按键电路如图 1-2-17 所示，如果用跳线帽短接 YJCD2 的 9—10、11—12、13—14、15—16，则 KEY1 控制 STM32F103RCT6 的 PA4 的输入，当 KEY1 未按下时，PA4 输入高电平；当 KEY1 按下时，PA4 输入低电平。用 KEY2~KEY4 控制 STM32F103RCT6 的 PA5~PA7 输入，工作原理同 KEY1。

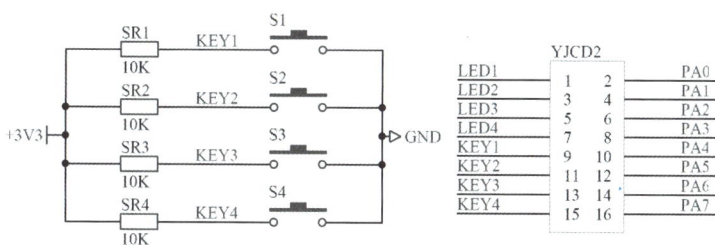

图 1-2-17　按键电路

2.4.7　USART1-USB 串口通信电路

STM32F103RCT6 有 5 个通用串口，其中 USART1~USART3 为通用同步异步收发器（Universal Synchronous Asynchronous Receiver and Transmitter），即可以进行同步通信，也可以进行异步通信；UART4 和 UART5 为通用异步收发器（Universal Asynchronous Receiver and Transmitter）。相比于 USART 同步通讯，UART 不需要统一的时钟线，接线更加方便。但是，为了正常的对信号进行解码，使用 UART 通讯的双方必须事先约定好波特率。

下面按照实际设计的电路分别进行说明。

（1）USART1-USB 接口电路

USART1_RX（PA10）/USART1_TX（PA9）经连接到 U5（CP2102）的 TXD/RXD，经过 U5 和 USB 连接线连接到计算机，以此实现串口 1 和计算机之间的通信，如图 1-2-18所示。指示灯 D8 和 D9 可以显示数据的发送或接收。

图 1-2-18　USART1-USB 接口电路

（2）USART2-NB-IOT/GPRS 接口电路

经计算机、DB9 串口线、拨码开关 P6 的 3—6 及 4—5 后，经 U4，计算机的配置信息可传输到 PC2_RX/PC2_TX，打开拨码开关 P4 的 3—6 及 4—5 后，即可通过计算机对 NB-IOT 或 GPRS 模块进行配置，如图 1-2-19 所示。

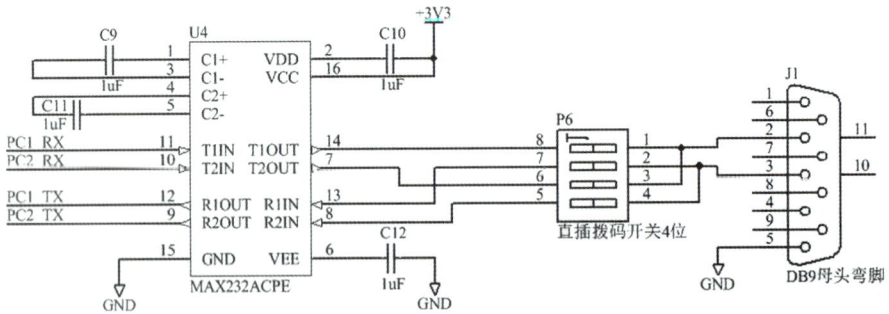

图 1-2-19　计算机对 NB-IOT/GPRS 模块配置电路

配置结束后，关闭拨码开关 P6，关闭拨码开关 P4 的 3—6 及 4—5，打开拨码开关 P4 的 1—8，2—7，即可将 USART2 和 NB-IOT/GPRS 模块连接起来，实现数据传输，如图 1-2-20 所示。

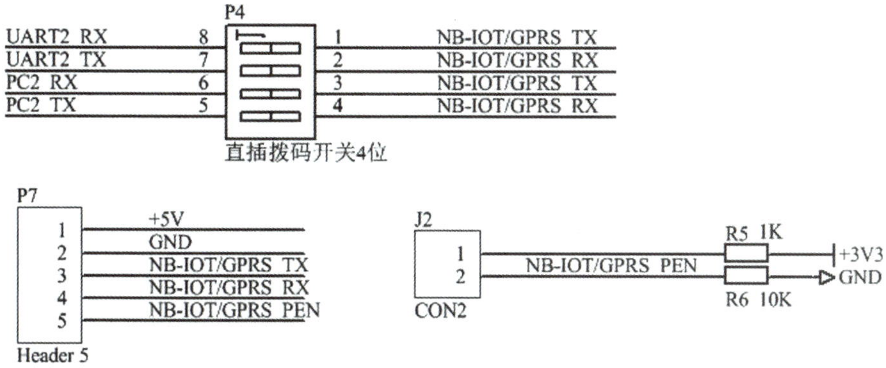

图 1-2-20　USART2-NB-IOT/GPRS 接口电路

（3）UART5-WiFi 接口电路

经计算机、DB9 串口线、拨码开关 P6 的 1—8 及 2—7 后，经 U4，计算机的配置信息可传输到 PC1_RX/PC1_TX，打开拨码开关 P2 的 3—6 及 4—5 后，即可通过计算机对 WiFi 模块进行配置。

配置结束后，关闭拨码开关 P6，关闭拨码开关 P2 的 3—6 及 4—5，打开拨码开关 P2 的 1—8，2—7，即可将 UART5 和 WiFi 模块连接起来，实现数据传输，如图 1-2-21 所示。

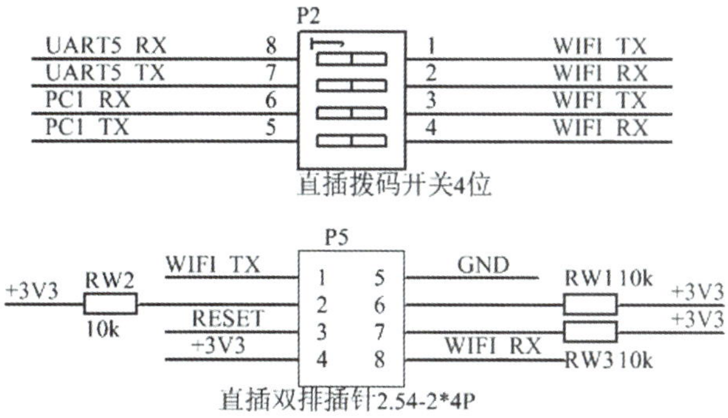

图 1-2-21　UART5-WiFi 接口电路

（4）UART4-485 通信电路

UART4 连接到 485 接口芯片 U6，后连接到接线端 P8，如图 1-2-22。P8 的 A、B 两个接线端接到 485 接口设备，或者通过 485 接口转 USB 模块接到计算机。把 P9 和 P10 短接后，由 ARM 的 PA8 引脚控制 485 接口收发数据的方向，如果 PA8 引脚输出高电平，此时由 ARM 的 UART4 通过 485 接口往外发送数据；如果 PA8 引脚输出低电平，此时由 ARM 的 UART4 通过 485 接口接收外部数据。图 1-2-22 中的几个测试点可以测试串口信号的波形，比如发送或接收 0x55 等，用示波器观察信号波形，加深对串行通信的理解。

图 1-2-22　UART4-485 接口电路

（5）LCD 接口电路

LCD 接口电路如图 1-2-23 所示。该接口适用于 TFT_LCD 液晶屏。TFTLCD 相关的引脚是通过 ARM 来控制液晶的显示的，CS 为片选，低电平有效；RS 为命令/数据控制信号，0 表示命令，1 表示数据；WR 为写使能信号，低电平有效；RD 为读使能信号，低电平有效；RESET 为复位信号，和 ARM 的复位信号相连；D0—D15 为双向数据线。而 T_MISO、T_MOSI 等引脚用来控制实现触摸屏功能。

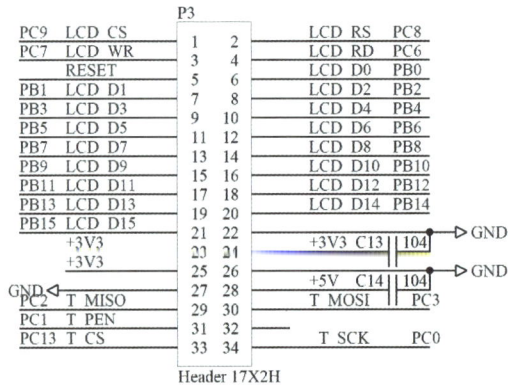

图 1-2-23　LCD 接口电路

（6）外存储器 AT24C16 接口电路

STM32F103RCT6 产生的数据，可以选择存储在芯片之外，即采用外部存储的方式。外部存储可以很好的弥补 ARM 芯片内存不足的状况，为设计带来很大的灵活性。

图 1-2-24 所示为外存储器 AT24C16 接口电路。AT24C 系列存储器是典型的 I2C（Inter-Integrated Circuit，两线式串行总线）产品，有两条串行总线 SCL 和 SDA，分别用于传输串行时钟和串行数据。其 WP 引脚是写保护引脚，该引脚高电平时为写保护，即无法写入；只有该引脚为低电平才可以写入。A0、A1、A2 三个引脚为器件地址选择引脚，

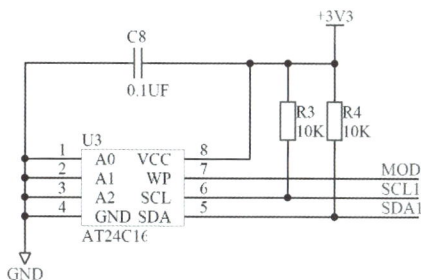

图 1-2-24　外存储器 AT24C16 接口电路

如果总线上连接了 2 个及以上的 AT24C 系列存储器,就需要区分是哪一个了;如果开发板只用了 1 个 AT24C 系列存储器,则三个地址引脚接地即可。

AT24C16 的存储容量为 16 KB,页面数为 128,每页存储 16 字节($128 * 16 * 8 = 16\,384$ 位)。

(7) GPIO 接口扩展电路

能够使用的 GPIO 端口基本都被 GPIO 接口扩展电路引出,如图 1-2-25所示。YJAB1 主要引出的是 GPIOA(PA)和 GPIOB(PB)端口;YJCD1 主要引出的是 GPIOC(PC)端口和 GPIOD(PD)端口。P1 引出的是 SPI 相关引脚。很多引脚都是复用的,使用时需要特别注意。

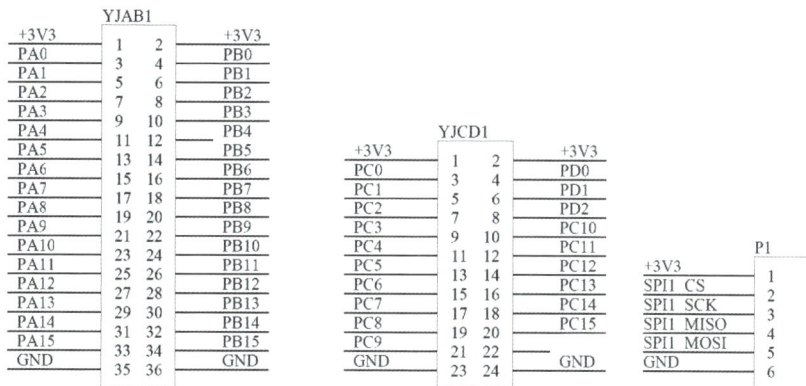

微视频

实验板
原理讲解

图 1-2-25　GPIO 接口扩展电路

2.5　本书程序提要

学习 STM32,可以采用的底层库有 SPL 库、HAL 库、LL 库、Mbed 库等,可以采用的操作系统有 FreeRTOS、uC/OSII、RT-Thread、Mbed OS 等,如表 1-2-1 所示。

本书的第二部分讲解基于 HAL 库的裸机程序、基于 HAL 库的实时操作系统 uC/OSII、基于 HAL 库的实时操作系统 RT-Thread;本书第三部分讲解基于 HAL 库的综合应用案例;本书第四部分讲解 Mbed OS。

表 1-2-1　库函数及操作系统

序号	库或资源	裸机程序	操作系统
1	SPL 库	基于 SPL 的裸机程序	基于 SPL 库的实时操作系统 uC/OS Ⅱ OS 基于 SPL 库的实时操作系统 RT-Thread 基于 SPL 库的其他实时操作系统
2	HAL 库	基于 HAL 的裸机程序	基于 HAL 库的实时操作系统 uC/OS Ⅱ OS 基于 HAL 库的实时操作系统 RT-Thread 基于 HAL 库的其他实时操作系统
3	LL 库	基于 LL 的裸机程序	基于 LL 库的实时操作系统 uC/OS Ⅱ OS 基于 LL 库的实时操作系统 RT-Thread 等 基于 LL 库的其他实时操作系统
4	Mbed 库	Mbed 基本程序	Mbed OS

操作训练

思考与练习

1　如何通过仿真观察灯的状态？如何观察变量 TimingDelay 的变化过程？

2　电源电路中有哪些核心芯片？其功能是什么？

3　请描述下 ARM 最小系统。

4　请讲解 LED 电路，如何让 LED 灯亮、灭？和 LED 串联的电阻的功能是什么？电阻取值的依据？

拓展阅读

STM32 最小
系统电路

拓展阅读

用国产 CH32
替代 STM32

## 第二部分

基于 HAL 库的基本编程训练项目

项目一　GPIO 端口的输出及按键输入

项目简介

　　本项目是入门级的实训项目，主要学习 STM32F10x 系列芯片的基础知识、学习相关的原理、了解在线资源、学会基本编程、学会嵌入式程序的编制及下载程序等。

　　本项目的实训内容分任务一和任务二。任务一主要是通过调用 HAL 库函数操作寄存器来控制 LED；任务二通过读取按键状态来控制 LED，并在按键和 LED 灯的亮灭之间建立联系。

相关知识

一、端口、引脚及输入输出模式

拓展阅读

STM32 的 GPIO
电路原理详解

　　STM32F103RCT6 有常用 GPIO 端口（General-Purpose Input/Output Ports，通用的输入输出端口）3 个，分别是 GPIOA、GPIOB、GPIOC，每个端口有 16 个 GPIO 引脚。STM32F103RCT6 共有 64 个引脚，其中所有的 GPIO 引脚都可以配置成输入或输出模式。输入模式又分为模拟输入、浮空输入、上拉输入、下拉输入；输出模式又分为推挽输出、开漏输出、复用功能推挽输出，复用功能开漏输出等。

　　本项目所指的 GPIO 端口的输出，指输出高电平或低电平，以便控制 GPIO 端口所连接的器件，如 LED 等。任务一正是通过对 LED 的控制来讲解 GPIO 引脚的输出，练习中需要将相关引脚配置为推挽输出模式，以便能提供较大的输出电流。GPIO 端口的输入指读取引脚的输入电平，以判断该引脚连接的是高电压还是低电压，读取的结果为 1 或 0。

二、APB2 外设时钟使能寄存器（RCC_APB2ENR）

　　STM32F10x 系列 ARM 芯片的内核是 Cortex-M3 内核，除此之外，芯片还有很多的外设，如 FLASH、SRAM、GPIO 端口、串口（USART）等。有些外设挂在 APB1 总线上，如 DAC、USB、USART2、USART3、TIM2～TIM7 等；有些外设挂在 APB2 总线上，如

GPIO、ADC1-ADC3、USART1、TIM1、TIM8 等。如果需要用到某个外设,首先应该使能该外设的总线时钟。外设总线时钟使能可通过外设时钟使能寄存器(RCC_APB1ENR和 RCC_APB2ENR)实现。

以下以外设时钟使能寄存器 RCC_APB2ENR 的配置为例加以说明。外设时钟使能寄存器的高 16 位保留,部分低 16 位也保留,如图 2-1-1 所示。

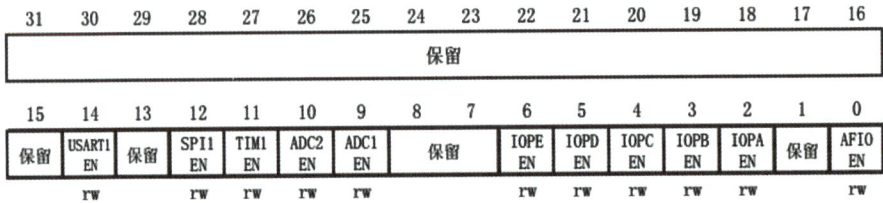

31	30	29	28	27	26	25	24	23	22	21	20	19	18	17	16
保留															

15	14	13	12	11	10	9	8	7	6	5	4	3	2	1	0
保留	USART1 EN	保留	SPI1 EN	TIM1 EN	ADC2 EN	ADC1 EN	保留		IOPE EN	IOPD EN	IOPC EN	IOPB EN	IOPA EN	保留	AFIO EN
	rw		rw	rw	rw	rw			rw	rw	rw	rw	rw		rw

图 2-1-1 外设时钟使能寄存器(RCC-APB2ENR)的配置

要使能 GPIOA,应该让 bit2 = 1,即让 IOPA EN = 1;要使能 GPIOC,应该让 bit4 = 1。通过 HAL 库开启 GPIOA 和 GPIOC 端口时钟的语句如下:

```
__HAL_RCC_GPIOA_CLK_ENABLE();
__HAL_RCC_GPIOC_CLK_ENABLE();
```

而如下直接操作 RCC_APB2ENR 的语句也可以实现同样的功能:

```
RCC->APB2ENR| = 1<<2;
RCC->APB2ENR| = 1<<4;
```

三、端口配置寄存器(GPIOx_CRL 和 GPIOx_CRH)

GPIOx_CRL 是低位端口配置寄存器,其配置 GPIO 引脚范围为 0~7,如图 2-1-2 所示。这是一个 32 位的寄存器,其中 bit0~bit3、bit4~bit7、…、bit28~bit31,每 4 位1 组,总共 8 组。这 8 组是完全类似的。如果 x = A,则 bit0~bit3 负责对 GPIOA0 进行配置,bit4~bit7 负责对 GPIOA1 进行配置,最后的 bit28~bit31 负责对 GPIOA7 进行配置。

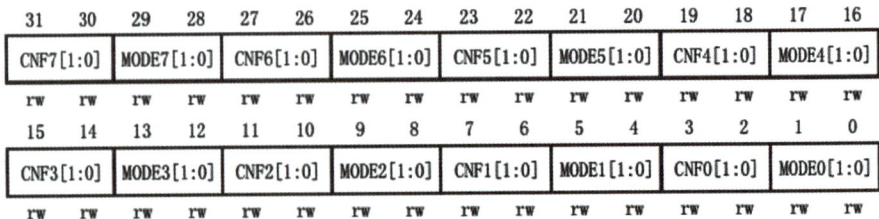

31	30	29	28	27	26	25	24	23	22	21	20	19	18	17	16
CNF7[1:0]		MODE7[1:0]		CNF6[1:0]		MODE6[1:0]		CNF5[1:0]		MODE5[1:0]		CNF4[1:0]		MODE4[1:0]	
rw	rw	rw	rw	rw	rw	rw	rw	rw	rw	rw	rw	rw	rw	rw	rw

15	14	13	12	11	10	9	8	7	6	5	4	3	2	1	0
CNF3[1:0]		MODE3[1:0]		CNF2[1:0]		MODE2[1:0]		CNF1[1:0]		MODE1[1:0]		CNF0[1:0]		MODE0[1:0]	
rw	rw	rw	rw	rw	rw	rw	rw	rw	rw	rw	rw	rw	rw	rw	rw

图 2-1-2 低位端口配置寄存器(GPIOx_CRL)

MODEy[1:0]共 2 位,可以是 00、01、10、11 共 4 种可能。00 代表输入模式,其他均代表输出模式,其中 01 表示最大速度为 10 MHz 的输出模式,10 表示最大速度为 2 MHz 的输出模式,11 表示最大速度为 50 MHz 的输出模式。

CNFy[1:0]共 2 位,也可以是 00、01、10、11 共 4 种可能。当 MODEy[1:0]＝00 时,CNFy[1:0]的意义如下:

CNFy[1:0]＝00,表示模拟输入模式。
CNFy[1:0]＝01,表示浮空输入模式。
CNFy[1:0]＝10,表示上拉/下拉输入模式。
CNFy[1:0]＝11,保留。

当 MODEy[1:0]＝01/10/11 时,CNFy[1:0]的意义如下:

CNFy[1:0]＝00,表示通用推挽输出模式。
CNFy[1:0]＝01,表示通用开漏输出模式。
CNFy[1:0]＝10,表示复用功能推挽输出模式。
CNFy[1:0]＝11,表示复用功能开漏输出模式。

GPIOx_CRH 的功能和 GPIOx_CRL 类似,只是它用来设置 GPIO 端口的高 8 位,如 GPIOA8～GPIOA15 等。

四、端口输出数据寄存器(GPIOx_ODR)

GPIOx_ODR 是一个 32 位的寄存器,用于存放端口的输出信息,如图 2-1-3 所示。端口的输出状态取决于向这个存储器写入的数据。ODR0＝0,GPIOx 的最低位输出 0;ODR0＝1, GPIOx 的最低位输出 1,依次类推。

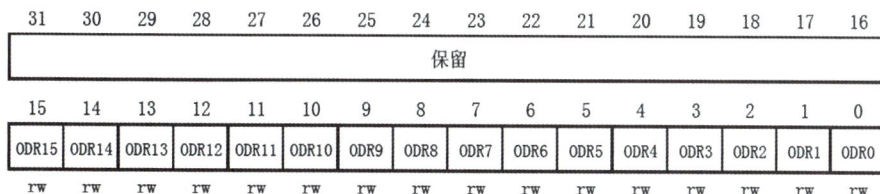

31	30	29	28	27	26	25	24	23	22	21	20	19	18	17	16
保留															

15	14	13	12	11	10	9	8	7	6	5	4	3	2	1	0
ODR15	ODR14	ODR13	ODR12	ODR11	ODR10	ODR9	ODR8	ODR7	ODR6	ODR5	ODR4	ODR3	ODR2	ODR1	ODR0
rw	rw	rw	rw	rw	rw	rw	rw	rw	rw	rw	rw	rw	rw	rw	rw

图 2-1-3　端口输出数据寄存器(GPIOx_ODR)

五、端口输入数据寄存器(GPIOx_IDR)

GPIOx_IDR 是一个 32 位的寄存器,用于存放从端口引脚输入的数据,如图 2-1-4 所示。IDR0＝0,则说明从 GPIOx 的最低位输入 0;IDR0＝1,则说明从 GPIOx 的最低位输入 1。

31	30	29	28	27	26	25	24	23	22	21	20	19	18	17	16
保留															

15	14	13	12	11	10	9	8	7	6	5	4	3	2	1	0
IDR15	IDR14	IDR13	IDR12	IDR11	IDR10	IDR9	IDR8	IDR7	IDR6	IDR5	IDR4	IDR3	IDR2	IDR1	IDR0

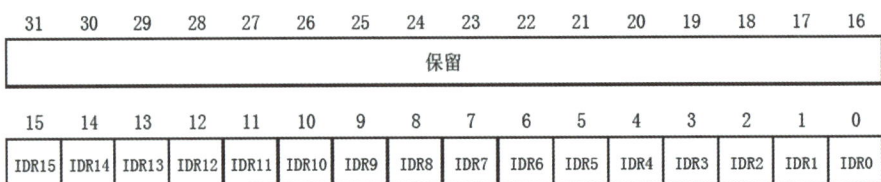

图 2-1-4　端口输入数据寄存器(GPIOx_IDR)

六、端口复位寄存器(GPIOx_BRR)

如图 2-1-5 所示为 16 位的端口复位寄存器(GPIOx_BRR)。如果 BR0＝1,GPIOx 的最低位复位,变为 0;如果 BR15＝1,GPIOx 的最高位复位,变为 0,依次类推。

31	30	29	28	27	26	25	24	23	22	21	20	19	18	17	16
保留															

15	14	13	12	11	10	9	8	7	6	5	4	3	2	1	0
BR15	BR14	BR13	BR12	BR11	BR10	BR9	BR8	BR7	BR6	BR5	BR4	BR3	BR2	BR1	BR0
w	w	w	w	w	w	w	w	w	w	w	w	w	w	w	w

图 2-1-5　端口复位寄存器(GPIOx_BRR)

七、端口置位/清除寄存器(GPIOx_BSRR)

如图 2-1-6 所示为 32 位的置位/清除寄存器(GPIOx_BSRR)。

清除端口 x 的位 y(y＝0、1、2、…、15),**BRy＝0**,对相应的 ODRy 位不产生影响;**BRy＝1**,清除相应的 ODRy 位为 0。

BSy:设置端口 x 的位 y(y＝0、1、2、…、15)。**BSy＝0**:对相应的 ODRy 位不产生影响;**BSy＝1**,设置相应的 ODRy 位为 1。

如果同时设置了 BSy＝1 和 BRy＝1 的对应位,BSy 位起作用,相应 ODRy 位置位。

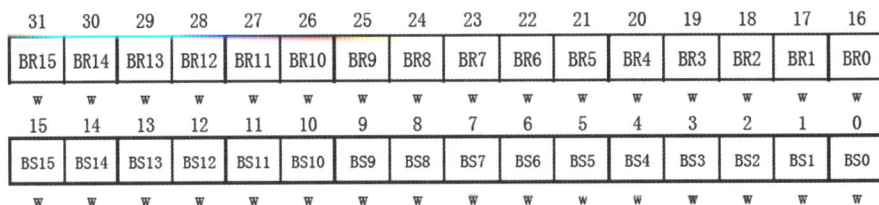

31	30	29	28	27	26	25	24	23	22	21	20	19	18	17	16
BR15	BR14	BR13	BR12	BR11	BR10	BR9	BR8	BR7	BR6	BR5	BR4	BR3	BR2	BR1	BR0
w	w	w	w	w	w	w	w	w	w	w	w	w	w	w	w
15	14	13	12	11	10	9	8	7	6	5	4	3	2	1	0
BS15	BS14	BS13	BS12	BS11	BS10	BS9	BS8	BS7	BS6	BS5	BS4	BS3	BS2	BS1	BS0
w	w	w	w	w	w	w	w	w	w	w	w	w	w	w	w

图 2-1-6　端口置位/清除寄存器(GPIOx_BSRR)

操作训练

任务一　通过调用库函数控制 LED 灯

(一)任务要求

本次实训要求控制四个 LED 小灯每个 1 秒闪烁 1 次。实训的目的是通过 LED 的闪烁实验掌握库函数的调用方法、端口的配置方法、程序执行流程,并体验到程序控制的实际效果。

(二)任务分析

由图1-2-16知道,如果将YJCD2的1—2、3—4、5—6、7—8用跳线帽短接,则可以通过PA0控制LED1,PA1控制LED2,PA2控制LED3,PA3控制LED4。要完成相应的控制任务,需要:使能GPIOA端口时钟、配置引脚PA0~PA4为推挽输出模式;在主函数中,让引脚PA0~PA3每隔一段时间分别输出高低电平,以此来控制所连接的LED灯,使其闪烁。本任务通过HAL库实现对LED灯的控制。

(三)程序设计

第一步:打开CubeMX,在System Core选项的RCC子项中,选择Crystal/Ceramic,即选择外部时钟。

第二步:在System Core选项的RCC子项中,Debug部分选择JTAG(4pins),并注意到Timebase已经默认选择了SysTick,即默认配置了滴答时钟。

第三步:PA0~PA3配置为输出模式。

第四步:配置系统时钟为72 MHz,即在Clock Configuration选项中的HCLK中输入72,然后回车。

第五步:工程命名。

第六步:按GENERATE CODE后产生项目工程,并打开所生成的项目工程。所生成的项目工程是一个基础性的程序模板,在main()函数里面已经调用了函数HAL_Init()、SystemClock_Config()、MX_GPIO_Init()等,分别实现了HAL库的初始化、系统时钟的配置、端口及引脚配置等。

第七步:LED控制方式1。

在/＊USER CODE BEGIN 3 ＊/的后面加入如下语句即可实现对LED1的闪烁控制:

```
HAL_GPIO_TogglePin(GPIOA, GPIO_PIN_0);
HAL_Delay(1000);
```

其中HAL_GPIO_TogglePin(GPIOA,GPIO_PIN_0)函数是让PA0交替输出高低电平,而HAL_Delay(1000)函数是延时1 000 ms,即1 s。

实验效果:这个程序下载到开发板后,LED1每隔1 s闪烁1次。

函数HAL_GPIO_TogglePin()在stm32f1xx_hal_gpio.c中。在stm32f1xx_hal_gpio.c中,还有一个名为HAL_GPIO_WritePin(GPIO_TypeDef＊GPIOx,uint16_t GPIO_Pin,GPIO_PinState PinState)的函数可以实现和HAL_GPIO_TogglePin()同样的功能,使用的灵活度更高。这个函数有3个参数,第一个参数确定端口,第二个参数确定引脚,第三个参数确定引脚的输出状态。

第八步:LED控制方式2。

如果在/＊ USER CODE BEGIN 3 ＊/的后面加入如下语句也可以使得PA0交替输

出高低电平:

```
HAL_GPIO_WritePin(GPIOA,  GPIO_PIN_0, GPIO_PIN_RESET);
HAL_Delay(1000);
HAL_GPIO_WritePin(GPIOA,  GPIO_PIN_0,  GPIO_PIN_SET);
HAL_Delay(1000);
```

实验效果:这个程序下载到开发板后,LED1 每个 1 s 闪烁 1 次(注释掉步骤七的语句)。

第九步:4 个 LED 控制实例。

如果在/＊ USER CODE BEGIN 3 ＊/的后面加入:

```
HAL_GPIO_TogglePin(GPIOA, GPIO_PIN_0);
HAL_GPIO_TogglePin(GPIOA, GPIO_PIN_1);
HAL_GPIO_TogglePin(GPIOA, GPIO_PIN_2);
HAL_GPIO_TogglePin(GPIOA, GPIO_PIN_3);
HAL_Delay(1000);
```

微视频

GPIO 控制:
以 LED 灯为例

实验效果:这个程序下载到开发板后,4 个 LED 同时每隔 1 s 闪烁 1 次(注释掉步骤七、八的语句)。

学习了函数 HAL_GPIO_TogglePin()和 HAL_GPIO_WritePin()后,同学们已经具备了对 STM32F103 系列 ARM 芯片的引脚控制能力,可以通过编程实现对不同控制对象的控制,如制作流水灯、控制蜂鸣器、控制继电器等。

任务二　通过按键控制 LED 灯

由图 1-2-17 知道,如果将 YJCD2 的 9—10、11—12、13—14、15—16 用跳线帽短接,则按键 KEY1 的状态可以通过 PA4 进入 ARM 芯片,按键 KEY2 的状态可以通过 PA5 进入 ARM 芯片,按键 KEY3 的状态可以通过 PA6 进入 ARM 芯片,按键 KEY4 的状态可以通过 PA7 进入 ARM 芯片。如果按键 KEY1 未按下,则 PA4 连接＋3.3 V 的高电压,即输入为 1;如果按键 KEY1 已按下,则 PA4 连接到 GND,即输入为 0,其他类似。如果用按键控制 LED 需要将按键相关的 GPIO 引脚配置为上拉输入,和按键未按下时的输入状态一致。

控制 LED 灯的 PA0～PA3 四个引脚,依然配置成推挽输出,以便提供足够的电流来驱动 LED。

本任务通过 HAL 库实现按键对 LED 灯的控制。

第一步:打开 CubeMX,在 System Core 选项的 RCC 子项中,选择 Crystal/Ceramic,即选择外部时钟。

第二步:在 System Core 选项的 RCC 子项中,Debug 部分选择 JTAG(4pins),并注意到 Timebase 已经默认选择了 SysTick,即默认配置了滴答时钟;PA0～PA3 配置为输出模式。

　　第三步:PA4~PA7 配置为上拉输入模式。

　　第四步:配置系统时钟为 72 MHz,即在 Clock Configuration 选项中的 HCLK 中输入 72,然后回车。

　　在编写程序的时候,首先要读取某个和按键连接的 GPIO 引脚的输入状态,再根据读取的结果确定 LED 灯的亮灭。可通过函数 GPIO_PinState HAL_GPIO_ReadPin(GPIO_TypeDef * GPIOx, uint16_t GPIO_Pin)来读取某个引脚的输入状态,这个函数有 2 个参数,分别是端口和引脚。

　　第五步:命名工程等,并生成工程。

　　第六步:变量定义。

　　可在/ * USER CODE BEGIN PD * /后面先定义一个 8 位变量(即这个变量的最大值是 0xFF):

```
uint8_t   K1 = 0。
```

　　第七步:按键控制 LED 实例 1。

　　在/ * USER CODE BEGIN 3 * /的后面加入如下语句:

```
K1 = HAL_GPIO_ReadPin(GPIOA, GPIO_PIN_4);
if(K1 == 1)HAL_GPIO_WritePin(GPIOA,  GPIO_PIN_0, GPIO_PIN_SET);
else   HAL_GPIO_WritePin(GPIOA,  GPIO_PIN_0, GPIO_PIN_RESET);
```

　　这三句中,第一句用来读取 PA4 的输入状态,函数 HAL_GPIO_ReadPin 读取的结果只有两个,即 1(按键未按下)和 0(按键按下);第二和第三句是一个简单的 if-else 语句,意思是如果按键未按下,LED 灯熄灭;如果按键 1 按下,LED 灯点亮。

　　实验现象:这个程序下载到开发板后,按键 1 控制了 LED1 的亮灭。

　　第八步:按键控制 LED 实例 2,用一个按键控制 4 个 LED:

```
K1 = HAL_GPIO_ReadPin(GPIOA, GPIO_PIN_4);
if(K1 == 1)
{
    HAL_GPIO_WritePin(GPIOA,
GPIO_PIN_0|GPIO_PIN_1|GPIO_PIN_2|GPIO_PIN_3,GPIO_PIN_SET);
}
else
{
    HAL_GPIO_WritePin(GPIOA,
GPIO_PIN_0|GPIO_PIN_1|GPIO_PIN_2|GPIO_PIN_3,GPIO_PIN_RESET);
}
```

实验现象：这个程序下载到开发板后，按键 1 控制了 LED1～LED4 的亮灭。

第九步：按键控制 LED 实例 3，宏定义。

为了更加简捷地控制，可用宏定义的方式，下面列出 main.c：

```c
/* USER CODE BEGIN PM */
#define  K1  HAL_GPIO_ReadPin(GPIOA, GPIO_PIN_4)
/* Private function prototypes - - - - - - - - - - - - - - */
void SystemClock_Config(void);
static void MX_GPIO_Init(void);
while (1)
{
    /* USER CODE END WHILE */
    /* USER CODE BEGIN 3 */
    if(K1 == 1)
    {
        HAL_GPIO_WritePin(GPIOA,
        GPIO_PIN_0|GPIO_PIN_1|GPIO_PIN_2|GPIO_PIN_3,GPIO_PIN_SET);
    }
    else
    {
        HAL_GPIO_WritePin(GPIOA,
        GPIO_PIN_0|GPIO_PIN_1|GPIO_PIN_2|GPIO_PIN_3,GPIO_PIN_RESET);
    }
}
```

实验现象：这个程序下载到开发板后，按键 1 控制了 LED1～LED4 的亮灭，同步骤八。

在上面的程序中，使用了宏定义语句：

```c
#define K1 HAL_GPIO_ReadPin(GPIOA, GPIO_PIN_4)
```

有了此宏定义以后，就可以用 K1 来代替 HAL_GPIO_ReadPin（GPIOA，GPIO_PIN_4）了，即 K1 代表读取按键 K1 的状态。

在任务一和任务二的学习中，有一个重要的函数 MX_GPIO_Init，如下：

```c
static void MX_GPIO_Init(void)
{
  GPIO_InitTypeDef GPIO_InitStruct = {0};
```

```
    /* GPIO Ports Clock Enable */
    __HAL_RCC_GPIOD_CLK_ENABLE();
    __HAL_RCC_GPIOA_CLK_ENABLE();
    __HAL_RCC_GPIOB_CLK_ENABLE();

    /* Configure GPIO pin Output Level */
    HAL_GPIO_WritePin(GPIOA,
GPIO_PIN_0|GPIO_PIN_1|GPIO_PIN_2|GPIO_PIN_3, GPIO_PIN_RESET);

    /* Configure GPIO pins：PA0 PA1 PA2 PA3 */
    GPIO_InitStruct.Pin = GPIO_PIN_0|GPIO_PIN_1|GPIO_PIN_2|GPIO_PIN_3;
    GPIO_InitStruct.Mode = GPIO_MODE_OUTPUT_PP;
    GPIO_InitStruct.Pull = GPIO_NOPULL;
    GPIO_InitStruct.Speed = GPIO_SPEED_FREQ_LOW;
    HAL_GPIO_Init(GPIOA, &GPIO_InitStruct);

    /* Configure GPIO pin：PA4 */
    GPIO_InitStruct.Pin = GPIO_PIN_4;
    GPIO_InitStruct.Mode = GPIO_MODE_INPUT;
    GPIO_InitStruct.Pull = GPIO_NOPULL;
    HAL_GPIO_Init(GPIOA, &GPIO_InitStruct);
  }
```

这个函数实现了端口时钟的开启、PA0～PA3 配置成推挽输出模式、PA4 配置成输入模式等，请同学们根据注释自己理解，并在后续的学习中依据需要自己进行一定的修改，如只要将 GPIO_PIN_4 改为 GPIO_PIN_5 即可配置好按键 KEY2。而如果如下所写：

微视频
按键控制 LED

```
GPIO_InitStruct.Pin = GPIO_PIN_4|GPIO_PIN_5|GPIO_PIN_6|GPIO_PIN_7|;
```

则可以同时配置好四个按键。

思考与练习

1 配置 PB11、PA15 为模拟输入模式，时钟频率 2 MHz；配置 PB15、PC9 为推挽输出模式，时钟频率 10 MHz。
2 请编写程序实现 LED1 和 LED2 交替闪亮。

3 请编写程序,用按键 1 来控制 LED1,用按键 2 来控制 LED2。

4 用万用表测量电压的方式,计算 LED 灯点亮时流过 LED 灯的电流。

5 LED1 闪烁时用示波器观察 PA0 的输出波形(测量方法:示波器的探头接 PA0,示波器的地接开发板的 GND)。

项目二　外部输入中断及应用

项目简介

本项目以外部输入中断为例开始中断的学习，主要练习端口的配置、中断配置等。

本项目的实训内容分任务一和任务二。任务一以按键作为外部输入的来源，控制 LED 灯的亮灭；任务二从某个 GPIO 输出脉冲引发中断，中断后使得某个变量的值发生改变，当变量的值达到一个阈值之后，引起 LED 灯的状态改变。

相关知识

一、中断的概念及 STM32F10x 系列芯片的中断

前面对 LED 亮灭的控制是一种顺序执行的例子：程序的执行是按照固定的时序发生的。

单片机程序在执行的过程中，如果遇到异常事件，就需要停下目前的操作，响应并处理该异常事件，等到异常事件处理结束后，再返回原来的进程，继续原来的操作，这个过程就是中断。中断可以嵌套执行，高优先级的中断能打断低优先级的中断；当几个中断同时发生时，首先响应并处理优先级高的中断，如图 2-2-1 所示。

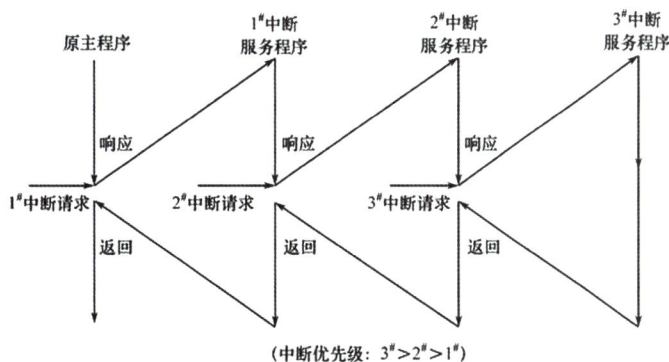

图 2-2-1　中断执行过程

STM32F10x 系列芯片的中断系统由嵌套向量中断控制器(NVIC)负责,该控制器和处理器核的接口紧密相连,可以实现低延迟的中断处理,并能高效地处理晚到的中断。嵌套向量中断控制器管理着包括内核异常等中断。

二、STM32F10x 的中断向量表

CPU 响应中断后,必须由中断源提供地址信息,引导程序进入中断服务子程序,这些中断服务程序的入口地址存放在中断向量表中。内存中专门开辟了一个区域,存放中断向量表(也称中断矢量表),部分中断向量的优先级见表 2-2-1,其他的中断向量请看芯片说明书。根据内核和外设中断优先级,统一标号,标号越小,优先级越大。

表 2-2-1　部分中断向量的优先级

异常序号	异常类型	中断优先级	说　明
1	Reset	-3(最高)	复位
2	NMI	-2	不可屏蔽中断
3	硬件错误	-1	所有类型的失效
4	MemManage	0(可编程)	存储器管理
5	总线错误	1(可编程)	预取指令失败,存储器访问失败
6	应用错误	2(可编程)	未定义的指令或非法状态
7~10	—	—	保留
11~14	略	略	略
15	SysTick	6(可编程)	系统滴答定时器
16~255	IRQ	可编程	外部中断输入

三、中断优先级

中断优先级分抢占式优先级(也称先占式优先级或主优先级)和响应式优先级(也叫从优先级)。抢占式优先级是指可以抢占的中断,比如正在执行优先级为 10 的中断,来了一个优先级为 5 的中断,这时 ARM 会转向优先级为 5 的中断;从优先级不会抢占,但是如果两个中断同时需要执行,则会先执行从优先级高的,但如果已经开始执行其中一个,则不会更改执行顺序。

四、STM32F10x 的外部中断

(1) 外部中断相关引脚

STM32F10x 中,每一个 GPIO 都可以触发一个外部中断,但是 GPIO 的外部中断是以组为单位的,同组间的外部中断同一时间只能使用一个。比如说,PA0、PB0、PC0、PD0、PE0、PF0、PG0 这些为一组,如果使用 PA0 作为外部中断源,则同组其他的引脚就

不能够再作为外部中断的输入引脚使用了。每一组使用一个中断标志 EXTIx。EXTI0～EXTI4 这 5 个外部中断有着自己的单独的中断响应函数,EXTI5～9 共用一个中断响应函数,EXTI10～15 共用一个中断响应函数。STMF103RCT6 引脚与外部中断关系见表 2-2-2。

表 2-2-2　STM32F103RCT6 引脚与外部中断关系

GPIO 引脚	中断标志	中断响应函数	备　注
PA0、PB0、PC0	EXTI0	EXTI0_IRQHandler(void)	3 选 1,不能同时作为外部中断输入引脚
PA1、PB1、PC1	EXTI1	EXTI1_IRQHandler(void)	3 选 1,不能同时作为外部中断输入引脚
PA2、PB2、PC2	EXTI2	EXTI2_IRQHandler(void)	3 选 1,不能同时作为外部中断输入引脚
PA3、PB3、PC3	EXTI3	EXTI3_IRQHandler(void)	3 选 1,不能同时作为外部中断输入引脚
PA4、PB4、PC4	EXTI4	EXTI4_IRQHandler(void)	3 选 1,不能同时作为外部中断输入引脚
PA5、 PB5、 PC5、 PA6、 PB6、 PC6、 PA7、 PB7、 PC7、 PA8、 PB8、 PC8、 PA9、PB9、PC9	EXTI9～5	EXTI9_5_IRQHandler(void)	15 选 1,不能同时作为外部中断输入引脚
PA10、PB10、PC10、PA11、 PB11、PC11、PA12、PB12、 PC12、PA13、PB13、PC13、 PA14、PB14、PC14、PA15、 PB15、PC15	EXTI15～10	EXTI15_10_IRQHandler(void)	18 选 1,不能同时作为外部中断输入引脚

(2) 外部中断配置寄存器(AFIO_EXTICR1)

AFIO_EXTICR1 用来配置外部中断的输入源,举例来说,EXTI0[3:0]如取 0000,则选取的输入源为 PA0;如取 0001,则选取的输入源为 PB0;如取 0010,则选取的输入源为 PC0,如图 2-2-2 所示。

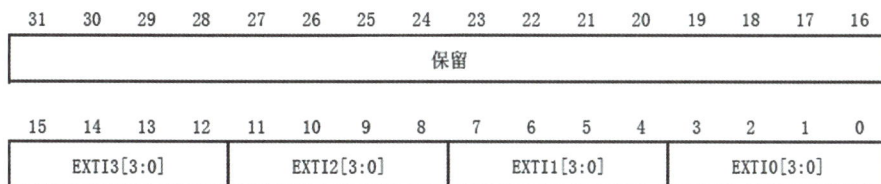

图 2-2-2　外部中断配置寄存器(AFIO_EXTICR1)

AFIO_EXTICR1 可配置 EXTI0～EXTI3,AFIO_EXTICR2 可配置 EXTI4～EX-

TI7，AFIO_EXTICR3 可配置 EXTI8～EXTI11，AFIO_EXTICR4 可配置 EXTI12～EXTI15。

（3）上升沿触发选择寄存器(EXTI_RTSR)

EXTI_RTSR 如图 2-2-3，对应位为 0 时，禁止输入线 x 上的上升沿触发（中断和事件）；对应位为 1 时，允许输入线 x 上的上升沿触发（中断和事件）。

31	30	29	28	27	26	25	24	23	22	21	20	19	18	17	16
保留												TR19	TR18	TR17	TR16
												rw	rw	rw	rw

15	14	13	12	11	10	9	8	7	6	5	4	3	2	1	0
TR15	TR14	TR13	TR12	TR11	TR10	TR9	TR8	TR7	TR6	TR5	TR4	TR3	TR2	TR1	TR0
rw	rw	rw	rw	rw	rw	rw	rw	rw	rw	rw	rw	rw	rw	rw	rw

图 2-2-3   上升沿触发选择寄存器(EXTI_RTSR)

其他相关寄存器不在此介绍，请参照参考手册。

五、弱函数和回调函数

在一个项目工程中，一般的函数只能定义一次，否则就会报错。比如在 main.c 中定义了一个名为 sum 的函数：

```
int sum(int a,int b,int c)
{c = a + b;}
```

同时在 stm32f1xx_hal_gpio.c 中定义了同一个函数，则编译时一定报错。

但是，如果在 stm32f1xx_hal_gpio.c 中定义一个以_weak 作为关键字修饰的名为 sum 的函数，则编译时不会报错：

```
_weak int sum(int a,int b,int c)
{c = a + b;}
```

以关键字_weak 修饰的函数，称为弱函数。

如果只有弱函数，则编译时编译弱函数；如果除弱函数外，还存在同名的普通函数，则优先编译普通函数。

可以在 stm32f1xx_hal_gpio.c 中找到一个弱函数：

```
__weak void HAL_GPIO_EXTI_Callback(uint16_t GPIO_Pin)
{
    /* Prevent unused argument(s) compilation warning */
    UNUSED(GPIO_Pin);
    /* NOTE: This function Should not be modified, when the callback is needed,
```

```
        the HAL_GPIO_EXTI_Callback could be implemented in the user file
    */
 }
```

将此弱函数复制到 main.c 并将关键字_weak 删除：

```
 /* USER CODE BEGIN 4 */
 void HAL_GPIO_EXTI_Callback(uint16_t GPIO_Pin)
 {
    /* Prevent unused argument(s) compilation warning */
 }
```

则编译不会报错。

上面复制过来的名为 HAL_GPIO_EXTI_Callback 的函数，叫回调函数。对回调函数有很多解释，本书不去纠结于哪些定义和解释，只需要知道回调函数是 ST 将中断封装，给使用者的 API（应用程序接口），或者说是在中断时可以调用的中断函数即可。

操作训练

任务一　外部中断输入实验

本任务确定 PA4 和 PA6 作为外部中断的输入引脚，因此需要将这两个引脚的端口时钟打开，设置这两个引脚为浮空输入模式。从外部中断的角度看，PA4 作为输入引脚，是外部中断的第四号，或者说 PA4 属于第四组，其中断标志为 EXTI4，见表 2-3-2。PA4 作为外部中断输入引脚，这种中断事件一定是瞬间触发的，因此，能够作为触发事件的只可能是在脉冲的上升沿或下降沿触发。PA4 中断发生后进入中断处理函数 void EXTI4_IRQHandler(void)。

PA6 也是中断源之一，因此，需要设置中断优先级。PA6 的设置与 PA4 类似，只是 PA6 引起的外部中断属于 EXTI9_5_IRQn；中断发生后进入中断处理函数 void EXTI9_5_IRQHandler(void)。

本任务通过 HAL 库配置外部中断，配置好后，按下 KEY1 或 KEY3 的瞬间，ARM 芯片会捕捉到从 PA4 或 PA6 输入的一个下降沿，进而进入中断，如果将中断和对 LED 灯的亮灭联系起来，即可实现利用中断控制 LED。

外部中断的配置，有如下准备工作需要完成：确定外部中断信号的输入引脚并进行相关设置；开启复用时钟，并在 GPIO 引脚和中断线之间建立映射关系；配置中断模式、触发条件，并使能外部中断；配置中断分组，并使能中断，具体如下：

第一步：打开 CubeMX，RCC 选项选择时钟源为 HSE，Debug 选项选择 JTAG（4pins），配置系统时钟为 72 MHz，即在 Clock Configuration 选项中的 HCLK 中输入

72,然后回车。

第二步:PA0~PA3 配置为输出模式,即 GPIO_Output;PA4 选择 GPIO_EXTI4;PA6 选择 GPIO_EXTI6。

第三步:NVIC 选项中,勾选 EXTI line4 interrupt,并配置其抢占优先级为 3;勾选 EXTI line[9:5] interrupts,并配置其抢占优先级为 2。

第四步:生成基础代码。

第五步:找到 HAL_GPIO_EXTI_Callback 函数,并复制到/* USER CODE BEGIN 4 */后面,并修改如下:

```
/* USER CODE BEGIN 4 */
void HAL_GPIO_EXTI_Callback(uint16_t GPIO_Pin)
{
    if(GPIO_Pin & GPIO_PIN_4){HAL_GPIO_TogglePin(GPIOA, GPIO_PIN_0);}
    if(GPIO_Pin & GPIO_PIN_6){HAL_GPIO_TogglePin(GPIOA, GPIO_PIN_1);}
}
```

这样,一个外部中断控制 LED 的实例已经完成了。

实验现象:编译并下载后,可以看到按键 1(对应 PA4)按下时 LED1 翻转,按键 3(对应 PA6)按下时 LED2 翻转。

下面对外部中断的程序及程序执行等进行讨论。

1. 在 while(1)循环里面,并没有写什么语句,但是当程序执行到 main 函数后,很快会进入 while(1)循环,并且在此循环里一直反复执行。也可以在 while(1)循环里加入:

```
HAL_GPIO_TogglePin(GPIOA, GPIO_PIN_3);
HAL_Delay(1000);
```

让 LED4 每隔 1 s 闪烁 1 次。但是请注意,while(1)循环里面并没有对 LED1 ~ LED3 的控制语句。而如果 LED1~LED3 能够点亮或熄灭,一定是程序跳出了 while(1)这个死循环,进而控制了 LED1~LED3。程序跳出 while(1)这个死循环,进行了其他操作之后,再返回来继续 while(1)里面的操作,即是所谓的中断。

2. EXTI line4 interrupt 的抢占优先级为 3,EXTI line[9:5] interrupts 的抢占优先级为 4,说明 EXTI line4 interrupt 的优先级高,该外部中断可以打断 EXTI line[9:5] interrupts。抢占优先级数字越小,优先级越高。

3. 在 main 函数中,调用了初始化函数 MX_GPIO_Init(void),如下:

```
static void MX_GPIO_Init(void)
{
    GPIO_InitTypeDef  GPIO_InitStruct = {0};
    __HAL_RCC_GPIOA_CLK_ENABLE();                    //开启端口 A 的时钟
```

```
/* Configure GPIO pin Output Level */
HAL_GPIO_WritePin(GPIOA,
GPIO_PIN_0|GPIO_PIN_1|GPIO_PIN_2|GPIO_PIN_3, GPIO_PIN_RESET);

/* 配置和 LED 相关的 4 个引脚：PA0 PA1 PA2 PA3 */
GPIO_InitStruct.Pin = GPIO_PIN_0|GPIO_PIN_1|GPIO_PIN_2|GPIO_PIN_3;
GPIO_InitStruct.Mode = GPIO_MODE_OUTPUT_PP;        //配置为推挽输出模式
GPIO_InitStruct.Pull = GPIO_NOPULL;                //无上拉或下拉
GPIO_InitStruct.Speed = GPIO_SPEED_FREQ_LOW;       //GPIO 低速
HAL_GPIO_Init(GPIOA, &GPIO_InitStruct);            //完成初始化

/* 配置和外部中断相关的 2 个引脚：PA4 PA6 */
GPIO_InitStruct.Pin = GPIO_PIN_4|GPIO_PIN_6;
GPIO_InitStruct.Mode = GPIO_MODE_IT_FALLING;       //配置为下降沿触发
GPIO_InitStruct.Pull = GPIO_PULLUP;                //配置为内部上拉
HAL_GPIO_Init(GPIOA, &GPIO_InitStruct);            //完成 PA4 PA6 的初始化

/* EXTI interrupt init */
HAL_NVIC_SetPriority(EXTI4_IRQn, 3, 0);   //配置抢占优先级为3,响应优先
                                            级为 0
HAL_NVIC_EnableIRQ(EXTI4_IRQn);            //使能 EXTI Line4 中断线

HAL_NVIC_SetPriority(EXTI9_5_IRQn, 4, 0);  //配置抢占优先级为3,响应优
                                            先级为 0
HAL_NVIC_EnableIRQ(EXTI9_5_IRQn);          //使能 EXTI Line4 中断线
}
```

第六步：硬件仿真。

启动仿真后，点击 Run，或按 F5，可以看到，只有当按键 1 或按键 3 按下时，才可以进入对应的中断语句，执行相对应的操作，如图 2-2-4 所示。

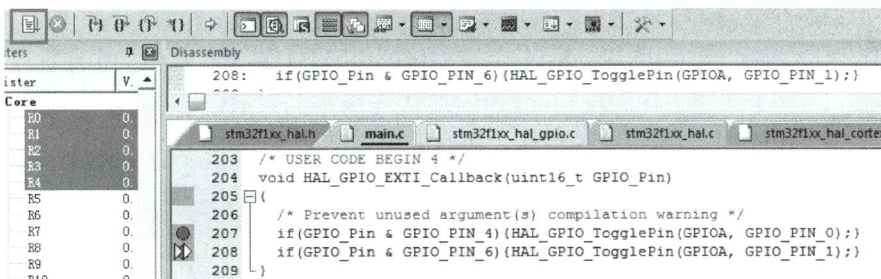

图 2-2-4 外部中断仿真

第七步:拓展实验

可以设置一个变量,如 unit8_t EXTI_Status,然后对回调函数修改如下:

```
void HAL_GPIO_EXTI_Callback(uint16_t GPIO_Pin)
{
    if(GPIO_Pin & GPIO_PIN_4)
        {
        HAL_GPIO_TogglePin(GPIOA, GPIO_PIN_0);
        EXTI_Status = 1;
        }
    if(GPIO_Pin & GPIO_PIN_6)
        {
        HAL_GPIO_TogglePin(GPIOA, GPIO_PIN_1);
        EXTI_Status = 2;
        }
}
```

触发中断后,程序会跳转到相应的中断响应函数去执行。对于本项目,如果 PA4 线上发生中断,则会执行:

```
HAL_GPIO_TogglePin(GPIOA, GPIO_PIN_0);
EXTI_Status = 1;
```

而当 PA6 线上发生中断时,则会执行

```
HAL_GPIO_TogglePin(GPIOA, GPIO_PIN_1);
EXTI_Status = 2;
```

实验现象:仿真时可以看到,EXTI4 中断后,会让 EXTI_Status = 1,而 EXTI9_5 中断后,会让 EXTI_Status = 2。

EXTI_Status 等于 1 或等于 2 对应了不同的按键按下,同学们可以在 while(1)循环里判断 EXTI_Status 的数值,进而进行不同的控制动作。

微视频

如果两个外部中断同时发生,会如何呢? 由于设置的抢占中断优先级不同,数值小的中断优先执行,高优先级的中断会打断低优先级的中断优先执行。

如果抢占优先级相同,而响应优先级不同,则优先响应先来的中断。如果同时到达,则优先响应优先级高的中断。

外部中断

📖 **任务二 脉冲计数实验(选学)**

在任务一中,EXTI_Status 是在 main.c 中定义的一个变量,这个变量在回调函数中分别被置 1 或置 2。现再定义两个变量 pulse1 和 pulse2 如下:

```
/ * USER CODE BEGIN PD * /
uint8_t EXTI_Status = 1;
uint32_t pulse1,pulse2;
```

可编写程序,在没有任何断点的情况下按下按键,用这两个变量记录外部中断所获取的脉冲数目,脉冲计数仿真结果如图 2-2-5 所示:

```
if(GPIO_Pin & GPIO_PIN_4)
    {
    HAL_GPIO_TogglePin(GPIOA, GPIO_PIN_0);
    EXTI_Status=1;
    pulse1++;
    }
if(GPIO_Pin & GPIO_PIN_6)
    {
    HAL_GPIO_TogglePin(GPIOA, GPIO_PIN_1);
    EXTI_Status=2;
    pulse2++;
    }
```

Watch 1		
Name	Value	Type
◆ pulse1	0x00000016	unsigned int

图 2-2-5 脉冲计数仿真结果

可以观察到每来一个脉冲,pulse1(或 pulse2)变量会有相应的改变,脉冲计数的模拟仿真图如图 2-2-6 所示。

Watch 1		
Name	Value	Type
◆ pulse2	0x06	unsigned char
◆ pulse1	0x00	unsigned char

图 2-2-6 脉冲计数的模拟仿真图

项目一中通过按键控制 LED,可以理解为对某引脚输入状态的读取,而本项目所描述的外部中断,抓取的是输入信号的上升沿或下降沿,或者说,输入信号的上升沿或下降沿触发了外部中断,进入外部中断的回调函数。

思考与练习

1 能否通过配置外部中断,通过 PC8 和 PA9 控制 LED 灯?
2 请编写程序,用 PB9、PA14 控制 LED 灯。

项目三　串行通信及应用

项目简介

　　串行通信是微控制器的重要功能之一,STM32 芯片通过串口与外界其他设备之间有了通讯联系。本项目主要学习串口基础知识、串口相关配置以及串口通信编程,实现通过串口发送字符串和变量。本项目主要通过串口线、232 电平转换芯片等,使STM32F103 和计算机之间建立起串行通信关系。

　　本项目的实训内容分为任务一到任务四。任务一主要讲解 UART(Universal Asynchronous Receiver/Transmitter,通用异步收发器)串口配置和阻塞方式发送数据;任务二主要讲解阻塞方式接收数据;任务三主要讲解中断方式接收数据;任务四讲解 printf()函数重定向。

相关知识

一、串行通信简介

　　嵌入式芯片通过串行通信功能搭建起芯片与外部其他设备尤其是上位机之间联系的桥梁,能够使用上位机监控 MCU(Microcontroller Unit,微控制单元)的收发数据,方便进行产品的调试与开发。通过串行通信,由此打开外部世界的大门,实现了简单的物与物相连。因为串口通信协议的简单、便捷,基本上所有的微控制器都支持串口通信。

1.1　串行与并行

　　电路中通常用高低电平表示数据的二进制"0"和"1"。串行通信即在通讯过程中,将二进制数据一位一位地排队进行传输,每次只传输一位数据。串行通信一般会占用一到两根引脚进行数据发送和接收。而与串行通信相对的并行通信,则是占用多个引脚同时进行数据的发送或接收,比如将 8 位数据通过 8 个引脚一次送出。显然,串行通信占用较少的通信线,凭借其更低廉的部署成本和较强的抗干扰能力成为更佳的选择,尤其是在远距离传输中优势更加明显。而且串行可以做到更高的传输频率,其传输效率要比并行高很多。

1.2　串行通信接口标准

从通信方式的角度,可将串行通信分为同步通信和异步通信两种。同步通信需要用一根时钟线进行时钟同步信号传输。比如 SPI(Serial Peripheral Interface,串行外设接口)、I2C(Inter-Integrated Circuit,两线式串行总线)等通信接口,I2C 接口标准通常用在芯片与芯片之间的通信。而异步通信不需要时钟同步也就无需时钟线。比如 UART、1-Wire 等。常见的串行通信接口见表 2-3-1。

表 2-3-1　常见串行通信接口

通信标准	引脚说明	通信方式
UART	TXD:发送端 RXD:接收端 GND:共地	异步通信
1-Wire	DQ:发送/接收端	异步通信
SPI	SCK:同步时钟 MISO:主机输入,从机输出 MOSI:主机输出,从机输入	同步通信
I2C	SCK:同步时钟 SDA:数据输入/输出	同步通信

STM32 的串口通信接口有两种,分别是 UART、USART(Universal Synchronous/Asynchronous Receiver/Transmitter,通用同步异步收发器)。对于大容量 STM32F10x 系列芯片,分别有 3 个 USART 和 2 个 UART。

二、UART 连接方式

许多场合都用到 STM32 与其他芯片或上位机之间进行 UART 通讯,在通信模型的物理层,通常实现两者之间串口通信的连接方式有:串口连串口、USB 转串口、RS232。

(1) 串口连串口

对 51 单片机有了解的读者会知道单片机使用的电平为 TTL 电平(Transistor-Transistor Logic,晶体管-晶体管逻辑电平),TTL 电平逻辑规定,+5 V 等价于逻辑"1",0 V 等价于逻辑"0"。两个芯片之间通过 UART 串口连接进行 TTL 电平通信,双方 GND 共地,同时 TXD 和 RXD 交叉连接。RXD 为数据输入引脚,TXD 为数据发送引脚,串口直连如图 2-3-1 所示。

STM32F103 有 5 个串口,可以进行原生的串口到串口的连接,每个串口对应两根引脚,分别是发送引脚(TXD)和接收引脚(RXD)。只需要通过两根通讯线,即可连接通讯双方串口引脚,需要注意的是一端的发送引脚要连接另一端的接收引脚。这种连接方式可用在例如 STM32 芯片与串口转 WIFI 模块之间。

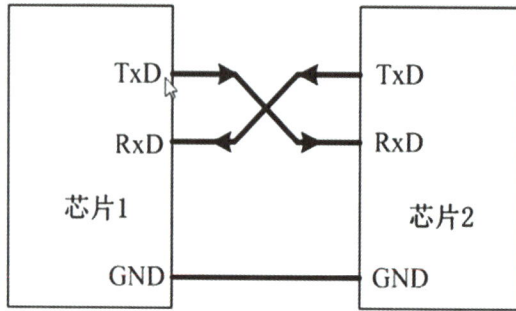

图 2-3-1 串口直连

(2) USB 转串口

若是芯片与上位机(PC 电脑、工控机)进行通信,因为电平不同,除了共地之外,不能直接交叉连接。

现在的电脑一般只有 USB 接口(采用 USB 电平)和 DB9 接口(采用负逻辑电平),笔记本电脑只有 USB 接口。为了使单片机与上位机(PC)进行通信,需要进行电平转换,对于 STM32 芯片也是一样的道理。

如果使用电脑端的 USB 接口,需要进行 USB 电平和 TTL 电平之间的相互转换,例如可使用 CH340、CP2102 这类芯片所制作的 USB 转串口模块,实现电平转换,如图 2-3-2 所示。

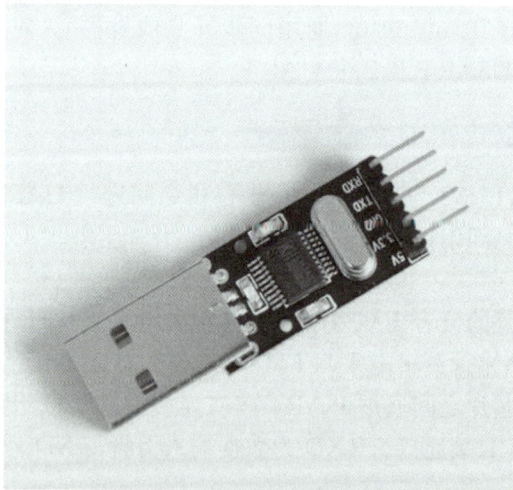

图 2-3-2 CH340 实现电平转换

(3) RS232

电脑端采用 DB9 接口与微控制器串口进行连接时,尽管上位机的 DB9 接口(9 针)有 TXD 和 RXD 引脚,但一般为 RS232 接口标准,电平采用负逻辑,用 -15 V~-3 V 代表逻辑"1", $+3$ V$\sim+15$ V 代表逻辑"0"。所以需要使用 RS232 电平转换芯片(如

MAX232)进行电平之间相互转换,DB9 接口、DB9 接口 9 针引脚及 RS232 电平转换器如图 2-3-3 到图 2-3-5 所示。

图 2-3-3　DB9 接口

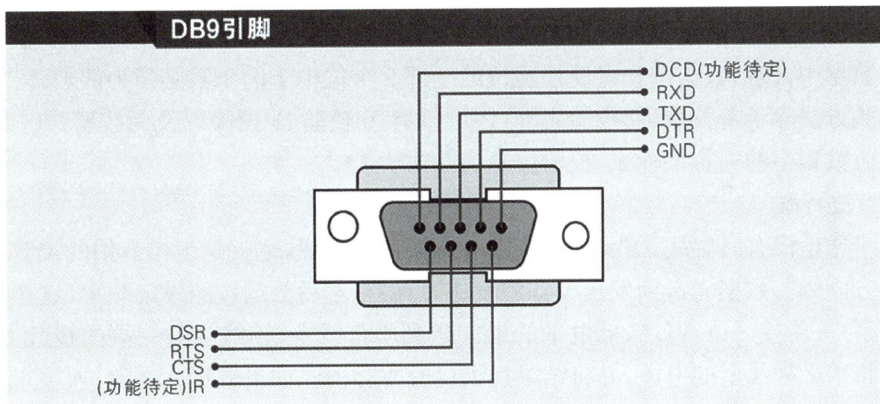

图 2-3-4　DB9 接口 9 针引脚

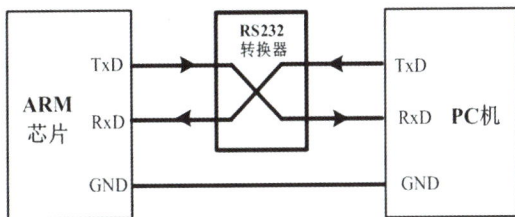

图 2-3-5　RS232 电平转换器

三、通信帧和波特率

硬件连线完成后,通过代码对 STM32 的 SBUF 寄存器(Serial Data Buffer,串行数据缓冲寄存器)的读写操作来实现 MCU 与 PC 的通信。STM32 采用 USART 进行串口通信。在使用串口通信前,需要了解串口相关参数及如何配置,配置完成后方可进行串口通信。

(1) 通信数据格式

UART 串口通信的数据包以帧为单位,常用的帧结构为:1 位起始位 + 8 位数据位 + 1位奇偶校验位(可选)+ 1 位停止位,如图 2-3-6 所示。

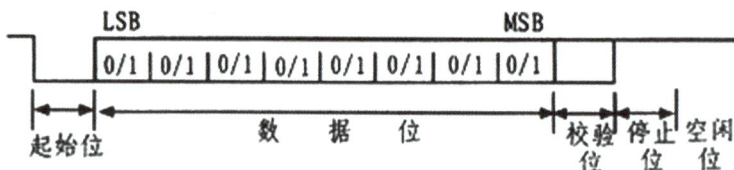

图 2-3-6　帧结构

奇偶校验位分为奇校验和偶校验两种,是一种简单的数据误码校验方法。奇校验是指每帧数据中,包括数据位和奇偶校验位的全部 9 个位中 1 的个数必须为奇数;偶校验是指每帧数据中,包括数据位和奇偶校验位的全部 9 个位中 1 的个数必须为偶数。

校验方法除了奇校验、偶校验之外,还可以有:0 校验、1 校验以及无校验。0/1 校验:不管有效数据中的内容是什么,校验位总为 0 或者 1)。

(2) 波特率

异步通信没有时钟线,需要进行收发双方波特率设置,也就是工作节拍的设置。要求通信双方同频。数据先送到发送设备的发送寄存器,然后数据按照设定频率(这个频率称为波特率)一位接一位,以高、低电平的形式送到串口线上;连线在另一端的接收方,按同样的波特率采样线上的电压,并将结果送入接收寄存器。如果波特率一致,连接正确且距离较短,误码率非常小。此外,在串口中使用 CRC(Cyclic Redundancy Check,循环冗余校验),能够用于检测收到的数据是否存在误码。

四、串口寄存器

STM32 中与串口相关的寄存器包括波特比率寄存器、串口控制寄存器、串口数据寄存器和串口状态寄存器。

(1) 波特比率寄存器(USART_BRR)

USART1 挂在 APB2 总线上,其波特率和 APB2 总线速率 fPCLK2 有关,也和波特比率寄存器 USART_BRR 中的预分频因子有关。计算公式如下:

$$Tx/Rx \text{ 波特率} = fPCLK2/(16 * USARTDIV)$$

波特比率寄存器 U SART_BRR 决定了串口的波特率,其 15:4 位决定了 USARTDIV 的整数部分,其 3:0 位决定了 USARTDIV 的小数部分,如图 2-3-7 所示。

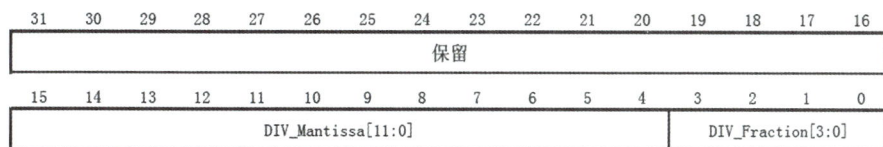

31	30	29	28	27	26	25	24	23	22	21	20	19	18	17	16
保留															

15	14	13	12	11	10	9	8	7	6	5	4	3	2	1	0
DIV_Mantissa[11:0]												DIV_Fraction[3:0]			

图 2-3-7　波特比率寄存器(USART_BRR)

如果 USART_BRR=0x0EA6,则 DIV_Mantissa=234,DIV_Fraction=6,于是 Mantissa (USARTDIV)=234,Fraction (USARTDIV)=6/16=0.375,所以 USARTDIV=234.375。如果 fPCLK2=72M,则 USART1 的波特率为 72MHz/16/234.275=19200 bit/s;同理,如果 USART_BRR=0x1D4C,则 USART1 的波特率为 72MHz/16/468.75=9600 bit/s。

(2) 串口控制寄存器(USART_CR1)

串口控制寄存器(USART_CR1)如图 2-3-8 所示,UE 控制串口的使能,TXEIE 为发送缓冲区空中断使能位,TCIE 为发送完成中断使能位,TE 为发送使能位,RE 为接收使能位。

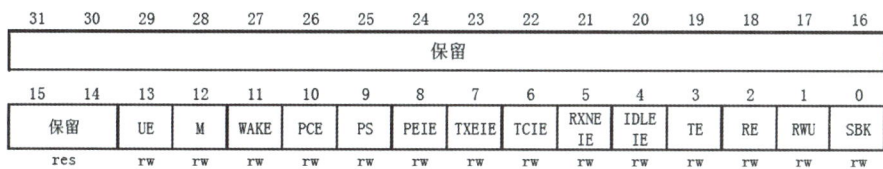

31	30	29	28	27	26	25	24	23	22	21	20	19	18	17	16
保留															

15	14	13	12	11	10	9	8	7	6	5	4	3	2	1	0
保留		UE	M	WAKE	PCE	PS	PEIE	TXEIE	TCIE	RXNE IE	IDLE IE	TE	RE	RWU	SBK
res		rw	rw	rw	rw	rw	rw	rw	rw	rw	rw	rw	rw	rw	rw

图 2-3-8　串口控制寄存器(USART_CR1)

(3) 串口数据寄存器(USART_DR)

串口数据寄存器(USART_DR)如图 2-3-9 所示,DR[8:0]为串口数据,包含了发送或接收的数据,即发送和接收的数据均存放在此寄存器中。

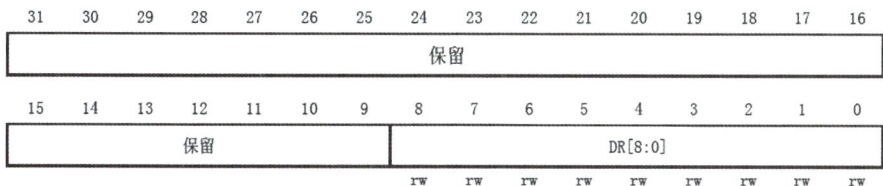

31	30	29	28	27	26	25	24	23	22	21	20	19	18	17	16
保留															

15	14	13	12	11	10	9	8	7	6	5	4	3	2	1	0
保留							DR[8:0]								
							rw	rw	rw	rw	rw	rw	rw	rw	rw

图 2-3-9　串口数据寄存器(USART_DR)

(4) 串口状态寄存器(USART_SR)

串口状态寄存器(USART_SR)如图 2-3-10 所示,RXNE=1,表示已经有数据被接收到了,读取 USART_DR 后该位会被自动清零;TC=1,表示 USART_DR 中的数据已经发送完成。

31	30	29	28	27	26	25	24	23	22	21	20	19	18	17	16
保留															

15	14	13	12	11	10	9	8	7	6	5	4	3	2	1	0
保留						CTS	LBD	TXE	TC	RXNE	IDLE	ORE	NE	FE	PE
						rc w0	rc w0	r	rc w0	rc w0	r	r	r	r	r

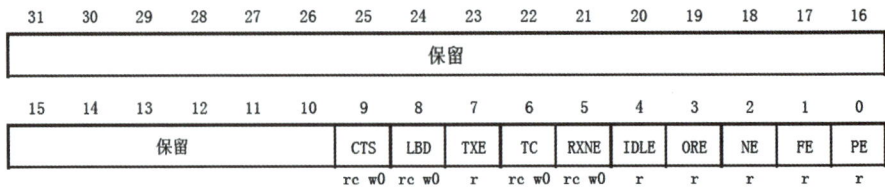

图 2-3-10　串口状态寄存器(USART_SR)

操作训练

在编写程序前,先对电路进行进一步的梳理。如果 ARM 要通过 USART1 发送数据到电脑,需要经过如下的路径:数据从 PA9 输出,到达 U5(CP2102)的 Pin25,经 U5 后送到计算机;同理,电脑发送的数据,要送到 ARM,需要经过如下的路径:从计算机经 USB1 接口,经 U5,从其 Pin26 输出,后从 ARM 的 PA10 输入给 ARM 芯片。

任务一　UART 阻塞方式发送数据

第一步:打开 STM32CubeMX,开启 debug 模式,依次选择“System Core”“SYS”“Debug:JTAG(4pins)”。

第二步:使用外部晶振。

若开发板使用的是外部晶振,依次选择“System Core”“RCC(时钟配置寄存器)”“High Speed Clock(HSE):Crystal/Ceramic Resonator”“Low Speed Clock(LSE):Crystal/Ceramic Resonator”。

第三步:时钟配置,根据开发板的晶振频率进行设置。选择“Clock Configuration”时钟配置标签页。配置 HSE 高速外部时钟为 8 MHz,系统时钟 SYSCLK 经过 AHB 预分频器分频之后得到 AHB 总线时钟,即 HCLK,建议数值为 8 的倍数,最高 72 MHz。

第四步:设置 USART1,依次选择“Connectivity”“USART1”,选择 Mode 模式为“Asynchronous”,即异步模式,无硬件流控。

第五步:设置通讯帧和波特率。还是在上一步界面中,选中下方的“Parameter Settings”,列出了有关通讯帧数据格式和波特率的参数,通常采用 8 位数据位、1 位停止位、无奇偶校验,波特率这里为 115 200 bit/s。

第六步:点击 GENERATE CODE 生成代码。

到此为止已经完成了基本配置并生成了初始化代码。接下来完成用 UART 阻塞方式发送数据。

第七步:定义一个数组并把要发送的内容存入。

其中,发送数组的方法,需要提前定义一个数组,如下:

```
/* USER CODE BEGIN PV */
uint8_t  Rx1Buff[10]="ARM_test";  //定义一个无符号字符型数组:
/* USER CODE END PV */
```

第八步：函数声明。

发送数据用到函数 HAL_UART_Transmit()。函数声明如下所示：

```
HAL_StatusTypeDef HAL_UART_Transmit(UART_HandleTypeDef * huart, uint8_t
* pData, uint16_t Size, uint32_t Timeout)
```

该函数的四个参数解释如下：

参数 * huart：指向要使用的串口结构体变量，串口结构体变量中包含了指定串口的配置信息。例如可以取值为 &huart1。

参数 * pData：待发送数据的缓冲区首地址。

参数 Size：发送的数据长度，可用 sizeof()函数获取发送缓冲区的长度。

参数 Timeout：超时时间，单位 ms。如果超过设置的时间，函数返回 HAL_TIME-OUT。如果超时时间取值为 HAL_MAX_DELAY，处理器就会一直等到数据发送完成再执行下一条语句。

第九步：main.c 中的 while(1)循环程序编写。

打开 main.c，编写程序发送字符串。有两种方法供参考，一种方法是直接发送，一种方法是定义一个数组，发送数组，如下：

```
while (1)
  {
    /* USER CODE BEGIN 3 */
      HAL_UART_Transmit(&huart1, "hello\n", 6, 30);      //直接发送
    HAL_Delay(500);
    HAL_UART_Transmit(&huart1, Rx1Buff, 8, 30);      //发送数组
    HAL_UART_Transmit(&huart1, "\n", 1, 20);      //回车换行
    HAL_Delay(500);
  }
  /* USER CODE END 3 */
```

下载程序后，在电脑端打开串口助手，选择连接的端口号。设置波特率为 115 200 bit/s，与 STM32 开发板波特率保持一致。串口 1 发送字符串结果见图 2-3-11。

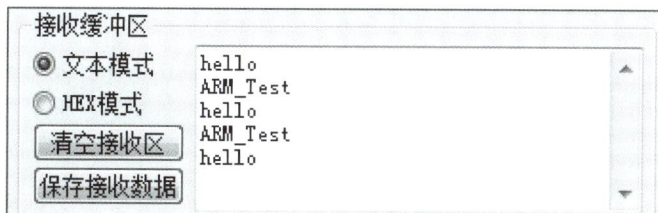

图 2-3-11　串口 1 发送字符串结果

任务二　UART 阻塞方式接收数据

接下来编写代码实现 UART 阻塞方式接收数据,将由串口接收到的数据发送回上位机。需要用到 HAL_UART_Receive(UART_HandleTypeDef ＊ huart,uint8_t ＊ pData,uint16_t Size,uint32_t Timeout)函数,参数说明如下:

参数 ＊ huart:要使用的串口,比如要使用 U(S)ART1,参数就设置为 U(S)ART1 的句柄地址 &huart1。

参数 ＊ pData:接收缓冲区首地址,可把数组的名字书写在这里。

参数 Size:接收数据的长度,可用 sizeof()函数获取接收缓冲区的长度。

参数 Timeout:超时时间,单位 ms。如果超出超时时间,则函数返回 HAL_TIME-OUT。如果超时时间设置为 HAL_MAX_DELAY,处理器会一直等到接收到设置好的数据数量再执行下一条语句。

第一步:打开任务一的程序。

第二步:定义字符数组作为接收缓冲区。注意接收缓冲区长度可大于要接收数据的长度,但是不能小于,如下:

```
uint8_t Rx1Buff[256];                 //如果已定义就不用重复定义了
```

第三步:在/＊ USER CODE BEGIN 3 ＊/和/＊ USER CODE END 3 ＊/之间写入如下语句:

```
while (1)
  {
    /＊ USER CODE BEGIN 3 ＊/
    if(HAL_UART_Receive(&huart1,  Rx1Buff, 1, 20) == HAL_OK)
                              //接收 1byte 并存储
      {
          HAL_UART_Transmit(&huart1, Rx1Buff, 1, 20);  //发送 1byte
      }
    //HAL_Delay(500);
  }
  /＊ USER CODE END 3 ＊/
```

第一句用来接收数据,接收 1 个数据,存入数组 Rx1Buff;第二句用来发送数据,发送数组 Rx1Buff 中的 1 个数据。

图 2-3-12 串口的发送和接收实验结果

上述实验是在 main 函数的 while 循环里编写代码,调用 HAL_UART_Receive()函数和 HAL_UART_Transmit()函数,实现将收到的数据发送回上位机。如果在 for 循环的后面加入延时,则发送和接收会受到很大的影响,这也就是所谓的阻塞接收的缺点所在。串口的发送和接收实验结果见图 2-3-12。

任务三 UART 中断方式收发

UART 中断方式发送和接收函数分别如下所示,每个函数只有三个参数,与阻塞方式完全一致,只是少了超时时间。查询方式需要程序不断去查询有没有数据接收或发送完,所有的时间都放在了这里。相比而言,中断方式效率更高。也就是说,使用中断方式配置并开启串口中断后,程序的主逻辑代码无需再关注串口,只有当有数据接收或发送完成后,会被产生的串口中断打断,转到中断处理函数中处理,处理结束后马上回到主逻辑继续执行。

HAL_StatusTypeDef HAL_UART_Transmit_IT(UART_HandleTypeDef * huart,uint8_t * pData,uint16_t Size)

HAL_StatusTypeDef HAL_UART_Receive_IT(UART_HandleTypeDef * huart,uint8_t * pData,uint16_t Size)

参数 * huart:要使用的串口句柄地址。

参数 * pData:发送/接收缓冲区的首地址,用于存放待发送/接收的数据。

参数 Size:发送/接收缓冲区长度。

中断处理函数如下所示。函数的返回值为_weak,表示这个函数需要用户自己去编写,最终会执行用户所自行编写的回调函数。

```
void HAL_UART_TxCpltCallback(UART_HandleTypeDef * huart);    //发送回调
void HAL_UART_RxCpltCallback(UART_HandleTypeDef * huart);    //接收回调
```

下面通过配置和编程来实现串口 1 的接收中断。

第一步：打开 STM32CubeMX，USART1 配置为非同步（Asynchronous）模式，并且使能 USART1 全局中断（NVIC 选项勾选 USART1 global interrupt），生成 Keil MDK 工程。

第二步：在 main.c 中定义变量：

```
uint8_t RxByte;
uint8_t RxBuff[256];
uint16_t Rx_Count;
```

第三步：在 main.c 中，在/＊ USER CODE BEGIN 2 ＊/后面使能 USART1 接收中断：

```
HAL_UART_Receive_IT(&huart1,&RxByte,1);
```

第四步：在/＊ USER CODE BEGIN 4 ＊/和/＊ USER CODE END 4 ＊/之间编写串口接收回调函数：

```
void HAL_UART_RxCpltCallback(UART_HandleTypeDef ＊ huart)
{
   if(huart－＞Instance == USART1)   //判断是否为串口 1
    {
        RxBuff[Rx_Count＋＋]=RxByte;
        if(RxByte==0x0A)
        {
while(HAL_UART_Transmit_IT(&huart1,RxBuff,Rx_Count)==HAL_OK);
        Rx_Count=0;
        }
        if(Rx_Count＞=254)
        {    Rx_Count=0;    }
        while(HAL_UART_Receive_IT(&huart1,&RxByte,1)==HAL_OK);
    }
}
```

串口的中断接收实验结果见图 2-3-13。

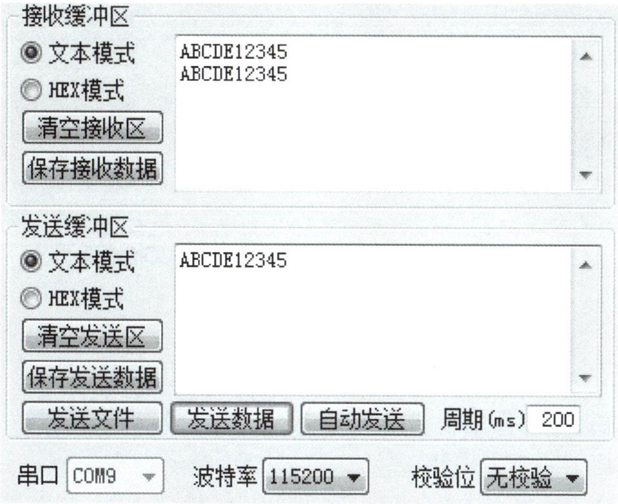

图 2-3-13　串口的中断接收实验结果

任务四　串口 printf( )重定向

在 C 语言的标准库函数中，printf()函数用于格式化字符串并输出到显示器，使用非常方便。在嵌入式应用中可以通过重定向 printf()函数使其输出到串口，更方便地进行串口数据发送。通过如下代码修改 fputc 函数里面的输出指向串口：

```
/*USER CODE BEGIN 0 */
#include "stdio.h"
#ifdef __GNUC__
#define PUTCHAR_PROTOTYPE int __io_putchar(int ch)
#else
#define PUTCHAR_PROTOTYPE int fputc(int ch, FILE *f)
#endif
PUTCHAR_PROTOTYPE
{
    HAL_UART_Transmit(&huart1 , (uint8_t *)&ch, 1, 0xFFFF);
    return ch;
}
/* USER CODE END 0 */
```

点击"Option for Target…"，点击 Target，勾选 Use MicroLib，使用微库。

尝试在 main 函数的 while 循环中，用 printf()输出更灵活的字符串，如：printf("hello，你好\n")，实验结果见图 2-3-14。

图 2-3-14　通过 printf 函数发送字符实验结果

思考与练习

1　如果想要通过串口发送字符串"OPEN"后，LED 灯点亮；发送字符串"SHUT"后，LED 灯熄灭，该如何编写该程序？

2　目前已经学习过两种中断，即串口接收中断、外部中断，请编写程序，同时实现这两种中断，并判断如果第二个中断到来时，第一个中断并没有处理完，会发生怎样的情况？请设计程序并验证。

项目四 液晶显示

项目简介

本项目主要学习如何通过初始化配置、函数调用驱动 TFT LCD，以显示数字、图像、字符、状态等。

相关知识

显示屏对于电子器件来说至关重要，显示屏可以增加电子器件的活力，拓展其使用领域。显示屏比较重要的两个类型是 LED 型（Light Emitting Diode，发光二极管）和 LCD 型（Liquid Crystal Display，液晶显示屏）。LED 型具有耗电少、使用寿命长、成本低、亮度高、故障少、视角大、可视距离远等特点。大家熟知的 1602、12864 属于典型性的 LED 显示屏。

LCD 型主要有 TFT、UFB、TFD、STN 等几种类型。笔记本电脑和台式机上液晶屏常用的是 TFT（Thin Film Transistor，薄膜晶体管），每个液晶像素点都是由集成在像素点后面的薄膜晶体管来驱动，从而可以做到高速度、高亮度、高对比度显示屏幕信息，是目前最好的 LCD 彩色显示设备之一。TFT 具有出色的色彩饱和度，还原能力和更高的对比度，太阳下依然看得非常清楚，但是缺点是比较耗电，而且成本也较高。

教材选用的是驱动 IC 为 ILI9341 的 2.8 英寸的 TFT LCD 液晶彩屏（带触摸屏功能），其分辨率为 320 * 240（RGB），支持 16 位色（6 万 5 千色）显示，工作电压 3.3 V，背光电压 3.3 V（默认）/5 V 可选，触摸屏类型为电阻式，接口方式为 16 位、8080/6800 并口。

TFT LCD 的控制电路需要 21 个引脚，其功能、与 GPIO 引脚的对应关系以及 GPIO 引脚的配置关系见表 2-4-1。

对于 TFTLCD 的应用，建议学习者直接调用 LCD 屏设计、生产或经销公司所提供的现成文件，毕竟自己写驱动不属于初学者能力范围之事。本书选用的是广州市星翼电子科技有限公司提供的 LCD 驱动 C 文件，名为 lcd.c。lcd.c 包含很多的函数，其中和用户关系最为直接的函数有 void LCD_Init(void)、void LCD_DisplayOn(void)、void LCD_DisplayOff(void)、void LCD_DrawPoint(u16 x，u16 y)、void LCD_Clear(u16 color)、 void LCD_DrawLine（u16 x1，u16 y1，u16 x2，u16 y2）、void LCD_DrawRectangle（u16 x1，u16 y1，u16 x2，u16 y2）、void LCD_Draw_Circle（u16 x0，u16 y0，u8 r）、void LCD_ShowChar（u16 x，u16 y，u8 num，u8 size，u8 mode）、void LCD_ShowNum（u16 x，u16 y，u32 num，u8 len，u8 size）、void LCD_ShowString（u16 x，u16 y，u16 width，u16 height，u8 size，u8 ∗ p）等。

表 2-4-1　TFT LCD 的控制电路引脚的功能、与 GPIO 引脚的对应关系、GPIO 引脚的配置关系表

液晶控制引脚	功　　能	对应的 GPIO 引脚	GPIO 引脚的配置方式
LCD_CS	片选信号	PC9	推挽输出
LCD_WR	向 TFT_LCD 写入信号	PC7	推挽输出
LCD_RS	命令/数据标志 0:读/写命令 1:读/写数据	PC8	推挽输出
LCD_RD	从 TFT_LCD 读出信号	PC6	推挽输出
RESET	硬件复位 TFT_LCD（实验发现断电复位效果更好）	同 ARM	不需配置
LCD_D0～LCD_D15	16 位双向数据线	PB0～PB15	推挽输出

操作训练

任务一　TFTLCD 屏驱动及测试

编写程序时,首先通过 STM32CubeMX 新建工程。具体如下:

第一步:通过 CubeMX 新建工程,配置 LCD 显示相关引脚为推挽输出模式,生成 Keil 工程。

第二步:复制 LCD 文件夹(包含 lcd.c 及 lcd.h)到工程文件夹中。

第三步:打开工程,点击图标 将 lcd.c 加入工程;

在 Options for Target - 》C/C + + - 》include Paths 中包含头文件 lcd.h;

在 main.c 中包含头文件 lcd.h,如♯include "lcd.h"即可调 LCD 显示的若干函数。

第四步:在 main.c 中调用 LCD_Init()函数,方法是在 lcd.c 中找到 LCD_Init(void)函数,并将其函数名复制到/ ∗ Initialize all configured peripherals ∗ /和/ ∗ USER CODE BEGIN 2 ∗ /之间,删除 void,如下:

```
LCD_Init();
```

第五步:依据实际电路修改 LCD_Init()函数,主要修改接口部分,如下:

```
void LCD_Init(void)
{
    GPIO_InitTypeDef GPIO_InitStruct = {0};
    __HAL_RCC_GPIOC_CLK_ENABLE();
    __HAL_RCC_AFIO_CLK_ENABLE();
    __HAL_AFIO_REMAP_SWJ_NOJTAG();                      //禁用JTAG,通过SWJ下载

    /* Configure GPIO pins : PC6 PC7 PC8 PC9 */
    GPIO_InitStruct.Pin =
    GPIO_PIN_6|GPIO_PIN_7|GPIO_PIN_8|GPIO_PIN_9;
    GPIO_InitStruct.Mode = GPIO_MODE_OUTPUT_PP;
    GPIO_InitStruct.Pull = GPIO_NOPULL;
    GPIO_InitStruct.Speed = GPIO_SPEED_FREQ_LOW;
    HAL_GPIO_Init(GPIOC, &GPIO_InitStruct);

    HAL_GPIO_WritePin(GPIOC, GPIO_PIN_6|GPIO_PIN_7|GPIO_PIN_8|
        GPIO_PIN_9, GPIO_PIN_SET);

    GPIO_InitStruct.Pin = GPIO_PIN_All;
    GPIO_InitStruct.Mode = GPIO_MODE_OUTPUT_PP;
    GPIO_InitStruct.Pull = GPIO_NOPULL;
    GPIO_InitStruct.Speed = GPIO_SPEED_FREQ_LOW;
    HAL_GPIO_Init(GPIOB, &GPIO_InitStruct);

    HAL_GPIO_WritePin(GPIOB, GPIO_PIN_All,  GPIO_PIN_SET);
    HAL_Delay(50);
    .....
}
```

依据表 2-4-1 所示,LCD 初始化的过程,需要将 PC6～PC9,以及 PB0～PB15 全部配置成推挽输出模式即可,这也是上述初始化函数 LCD_Init 开始需要进行重点修改的地方。需要注意的是,LCD 屏的控制用到了 PB3 和 PB4,而 STM32F10x 系列的 MCU 复位后,PA13～15,以及 PB3～4 默认配置为 JTAG 功能。因此,需要禁用 JTAG,而换用 SWJ 下载。在 MX_GPIO_Init() 函数已经实现了引脚的初始化,因此 void LCD_Init(void) 函数的关键语句其实是禁用 JTAG。

第六步:main.c 编程。

可以在 while(1) 之前进行 LCD 显示,这样的话,所显示的内容只传送一次给 LCD

屏；也可以在 while(1)之后进行 LCD 显示，如此每循环一次就会传送显示内容一次；也可以限定某些条件进行显示。

下面举一个在 while(1)之前进行 LCD 显示的例子：

```
        LCD_Init();
    / * USER CODE BEGIN 2  *  /
        POINT_COLOR = RED;     //确定像素点的颜色为红色
        LCD_ShowChar(20,40,0x33,24,0);      //显示字符 3
        LCD_ShowString(50,150,200,24,24,"CortexM3 ARM");
        LCD_ShowNum(50,100,2368,3,24);
    / * USER CODE END 2  *  /
```

LCD 显示的过程，即是把若干个像素点点亮的过程，因此首先对像素点的颜色进行确定，用的语句是 POINT_COLOR = RED。

LCD_ShowChar(u16 x, u16 y, u8 num, u8 size, u8 mode)是一个显示字符的函数，其中的参数 x 和 y 表示要显示字符的坐标位置；参数 num 表示要显示的字符，如果要显示字符 3，则 num = 0x33，如要显示 a，则 num = a ；参数 size 表示要显示的字符的大小，最大为可取值 12、16、24；参数 mode 表示字符的叠加方式，0 表示不叠加。

LCD_ShowString(u16 x, u16 y, u16 width, u16 height, u8 size, u8 * p)是一个显示字符串的函数，其中的参数 x 和 y 表示要显示字符的坐标位置；参数 width 和 height 表示要显示区域的大小；参数 size 表示显示字符大小；参数 * p 是一个指针，指向要显示字符串的起始地址。

📖 任务二　状态、数字及图形显示

接着任务一的程序继续介绍一些实际的应用例子。

状态显示：

上面的例子已经成功地显示了字符串，下面讨论如何显示 LED 灯的状态。

第一步：定义 2 个数组：

```
u8 led_On[6] = {"O", "N"},led_OFF[6] = {"O", "F", "F"};
```

第二步：在点亮 LED 语句后面加入：

```
LCD_ShowString(30,140,200,16,16,led_On);
```

在熄灭 LED 语句后面加入：

```
LCD_ShowString(30,140,200,16,16,led_OFF);
```

数字的显示：

void LCD_ShowChar(u16 x, u16 y, u8 num, u8 size, u8 mode)函数可以显示一个

字符,其中参数 x 和 y 是起始坐标;参数 num 是要显示的字符;参数 size 指字体大小,可选 12/16/24;参数 mode 指叠加方式,mode＝1 是叠加方式,mode＝0 是非叠加方式。显示的十进制数数字范围从 0～127,显示的十六进制数数字范围从 0x00～0x7f。

显示数字的函数是 void LCD_ShowNum(u16 x,u16 y,u32 num,u8 len,u8 size),显示的数字在 0～4294967295 范围内。

如果加入如下语句,也可以通过显示字符串的方式来显示变量的值。

```
u8 xx[4];
sprintf((char * )xx,"x = % 2d",x);
LCD_ShowString(30,170,200,16,16,xx);
```

其中,sprintf 语句的功能是把字符串"x = "和变量 x 的值合成为一个较长的字符串;字符串通过 LCD_ShowString(u16 x,u16 y,u16 width,u16 height,u8 size,u8 * p)函数显示在 TFTLCD 上。

指数计算及计算结果显示:

可以输入如下语句,通过调用指数计算函数来计算 2 的 3 次幂,并进行显示:

```
u8 x,xx[4];
x = LCD_Pow(2,3);
sprintf((char * )xx,"2^3 = % d",x);
LCD_ShowString(30,40,200,16,24,xx);
```

图形显示:

可以调用的函数有如下的一些,通过简单的调用可以实现画点、画线、画圆、画方框、进行颜色的填充等:

```
LCD_DrawPoint(u16 x,u16 y);
LCD_Fast_DrawPoint(u16 x,u16 y,u16 color);
LCD_Set_Window(u16 sx,u16 sy,u16 width,u16 height);画方框
LCD_Fill(u16 sx,u16 sy,u16 ex,u16 ey,u16 color);填颜色
void LCD_DrawLine(u16 x1, u16 y1, u16 x2, u16 y2);画线
void LCD_DrawRectangle(u16 x1, u16 y1, u16 x2, u16 y2);画方框
LCD_Draw_Circle(u16 x0,u16 y0,u8 r);画圆
```

微视频

TFT LCD 的
驱动及相关
函数的调用

思考与练习

1 请编写程序,在 TFTLCD 上显示 LED 的状态,如 LED1 灯亮的时候,显示 LED1 ON;LED1 熄灭的时候,显示 LED1 OFF。

2 请在 TFTLCD 上显示一个表格,在表格内显示时间信息等。

项目五 模/数转换器及应用

项目简介   🔍

本项目将介绍 STM32 的模/数转换功能。利用 STM32 的 ADC（Analog to Digital Conveter，模/数转换器）将电压的模拟量转换成数字量，经 ARM 处理后在液晶或串口终端显示出来。

本项目实训内容分为三个任务：任务一利用 STM32 的 ADC 通道 6（PA6）来采样外部电压值，并将采样的结果显示到 TFT-LCD 上；任务二采集多个通道的电压信号，通过串口传送给计算机；任务三读取芯片内部的温度并通过仿真显示。

相关知识   🔍

一、STM32 内置模数转换器简介

利用模/数转换器可以将模拟信号转换为更容易被处理和存储的数字信号。STM32F101/102 系列只有 1 个模/数转换器，STM32F103 系列拥有 2～3 个模/数转换器。STM32 的 ADC 是 12 位逐次逼近型的模/数转换器，有 18 个通道，可测量 16 个外部和 2 个内部信号源，ADC 通道与 GPIO 对应表见表 2-5-1。

表 2-5-1   ADC 通道与 GPIO 对应表

ADCx_chx	GPIO	ADCx_chx	GPIO	ADCx_chx	GPIO
ADC1_IN0	PA0	ADC2_IN0	PA0	ADC3_IN0	PA0
ADC1_IN1	PA1	ADC2_IN1	PA1	ADC3_IN1	PA1
ADC1_IN2	PA2	ADC2_IN2	PA2	ADC3_IN2	PA2
ADC1_IN3	PA3	ADC2_IN3	PA3	ADC3_IN3	PA3
ADC1_IN4	PA4	ADC2_IN4	PA4	ADC3_IN4	PF6
ADC1_IN5	PA5	ADC2_IN5	PA5	ADC3_IN5	PF7

ADCx_chx	GPIO	ADCx_chx	GPIO	ADCx_chx	GPIO
ADC1_IN6	PA6	ADC2_IN6	PA6	ADC3_IN6	PF8
ADC1_IN7	PA7	ADC2_IN7	PA7	ADC3_IN7	PF9
ADC1_IN8	PB0	ADC2_IN8	PB0	ADC3_IN8	PF10
ADC1_IN9	PB1	ADC2_IN9	PB1		
ADC1_IN10	PC0	ADC2_IN10	PC0	ADC3_IN10	PC0
ADC1_IN11	PC1	ADC2_IN11	PC1	ADC3_IN11	PC1
ADC1_IN12	PC2	ADC2_IN12	PC2	ADC3_IN12	PC2
ADC1_IN13	PC3	ADC2_IN13	PC3	ADC3_IN13	PC3
ADC1_IN14	PC4	ADC2_IN14	PC4	STM32F103RBT6 只有 2 个 ADC	
ADC1_IN15	PC5	ADC2_IN15	PC5		
ADC1_IN16		内部温度传感器			
ADC1_IN17		内部参考电压			

各通道的 A/D 转换可以按单次、连续、扫描或间断模式执行。模/数转换的结果可以左对齐或右对齐方式存储在 16 位数据寄存器中。模拟看门狗特性允许应用程序检测输入电压是否超出用户定义的高/低阈值。

STM32F103 的 ADC 供电点要求在 2.4～3.6 V 之间，一般选 ADC 参考电压为 ARM 芯片的供电电压，ADC 输入电压应不大于 ADC 参考电压。

二、规则通道组和注入通道组

STM32 的模式转换分为规则通道组和注入通道组。规则通道组相当于正常运行，每循环一次（或满足某些条件时）转换一次，获得模/数转换的结果；注入通道组相当于中断，中断可以打断程序的正常运行，也可以打断规则通道组的运行。也就是说，在规则通道组转换过程中，如果满足注入通道组的中断条件的话，会中断规则通道组去运行注入通道组。

三、ADC 相关寄存器

（1）ADC 规则数据寄存器（ADC_DR）

ADC 规则数据寄存器（ADC_DR）如图 2-5-1 所示，ADC2DATA[15:0]表示 ADC2 转换的数据（ADC2 data）；DATA[15:0]保存规则转换的数据（Regular data）。

（2）ADC 控制寄存器（ADC_CR1、ADC_CR2）

ADC 控制寄存器有 2 个，分别是 ADC_CR1 和 ADC_CR2。ADC_CR1 如图 2-5-2所示，其中 AWDEN=1，意味着在规则通道上开启模拟看门狗，而 AWDEN=0，

31	30	29	28	27	26	25	24	23	22	21	20	19	18	17	16
ADC2DATA[15:0]															
r	r	r	r	r	r	r	r	r	r	r	r	r	r	r	r
15	14	13	12	11	10	9	8	7	6	5	4	3	2	1	0
DATA[15:0]															
r	r	r	r	r	r	r	r	r	r	r	r	r	r	r	r

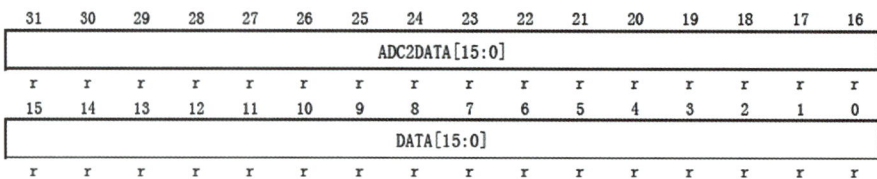

图 2-5-1　ADC 规则数据寄存器（ADC_DR）

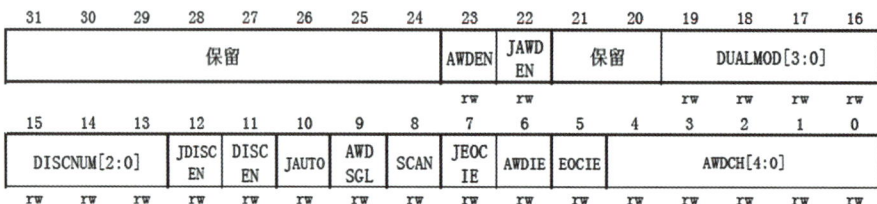

31	30	29	28	27	26	25	24	23	22	21	20	19	18	17	16
保留								AWDEN	JAWD EN	保留		DUALMOD[3:0]			
								rw	rw			rw	rw	rw	rw
15	14	13	12	11	10	9	8	7	6	5	4	3	2	1	0
DISCNUM[2:0]			JDISC EN	DISC EN	JAUTO	AWD SGL	SCAN	JEOC IE	AWDIE	EOCIE		AWDCH[4:0]			
rw	rw	rw	rw	rw	rw	rw	rw	rw	rw	rw		rw	rw	rw	rw

图 2-5-2　ADC 控制寄存器（ADC_CR1）

意味着在规则通道上禁止模拟看门狗；与此类似，JAWDEN＝1，意味着在注入通道上开启模拟看门狗，而 JAWDEN＝0，意味着在注入通道上禁止模拟看门狗；DUALMOD[3：0]进行双模式选择；SCAN 位选择扫描模式；EOCIE 位控制是否选择 EOC 中断（EOC：转换结束），EOCIE＝1，允许 EOC 中断，EOCIE＝0，禁止 EOC 中断。

ADC_CR2 如图 2-5-3 所示，ADC_CR2 的 SWSTART＝1，开始转换规则通道；JSW-START＝1，开始转换注入通道；ALIGN＝1，数据左对齐，ALIGN＝0，数据右对齐；DMA＝1，使用直接存储器访问模式；ADON＝1，开启 ADC 并启动转换，0：关闭 ADC 转换/校准，并进入断电模式。

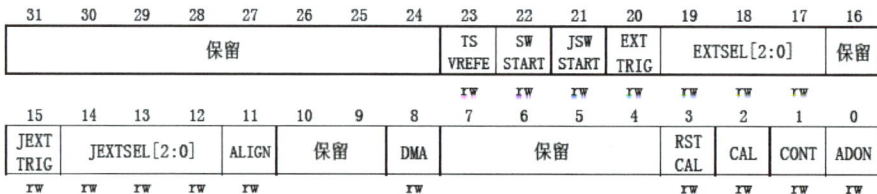

31	30	29	28	27	26	25	24	23	22	21	20	19	18	17	16
保留								TS VREFE	SW START	JSW START	EXT TRIG	EXTSEL[2:0]			保留
								rw	rw	rw	rw	rw	rw	rw	
15	14	13	12	11	10	9	8	7	6	5	4	3	2	1	0
JEXT TRIG	JEXTSEL[2:0]			ALIGN	保留		DMA	保留				RST CAL	CAL	CONT	ADON
rw	rw	rw	rw	rw			rw					rw	rw	rw	rw

图 2-5-3　ADC 控制寄存器 2（ADC_CR2）

（3）ADC 状态寄存器（ADC_SR）

ADC 状态寄存器（ADC_SR）如图 2-5-4 所示。ADC_SR 的 STRT 是规则通道开始位，STRT＝1，规则通道转换已开始；JSTRT 为注入通道开始位，JSTRT＝1，注入通道组转换已开始，JSTRT＝0，注入通道组转换未开始，该位由硬件在注入通道组转换开始时设置，由软件清除；JEOC 为注入通道转换结束位，JEOC＝1，注入通道转换结束；EOC 为转换结束位，EOC＝1，转换结束。

31	30	29	28	27	26	25	24	23	22	21	20	19	18	17	16
保留															

15	14	13	12	11	10	9	8	7	6	5	4	3	2	1	0
保留											STRT	JSTRT	JEOC	EOC	AWD
											rc w0	rc w0	rc w0	rc w0	rc w0

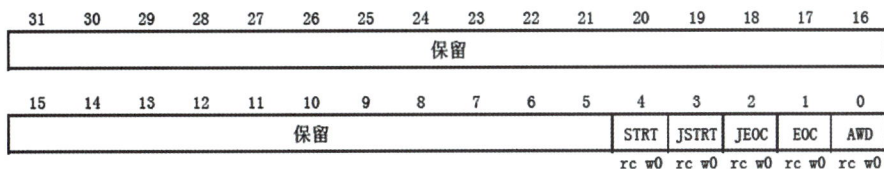

图 2-5-4   ADC 状态寄存器(ADC_SR)

操作训练

任务一   单通道电压采集及 LCD 显示

本任务利用 STM32 的 ADC1 进行模数转换,选择通道 6,通道和引脚的对应关系是 ADC1_IN6-PA6,将采集到单通道电压值显示在 TFT LCD 屏上。

(一)硬件设计

首先实现对 ADC1_IN6 的 ADC 采集转换。由于 PA6 外接按键,因此输入给 PA6 的电压只有两个数值,即 0 和 3.3 V;按键按下,PA6 接地。

(二)程序设计

第一步:打开 CubeMX,点击 Analog,点击 ADC1,勾选 IN6,可以看到引脚 PA6 被配置成 ADC1_IN6,PA6 的底色变成绿色。其他选择默认设置。

第二步:产生代码。

第三步:变量定义。定义一个 uint16_t 型的变量 advalu1 用来存放 ADC 转换后的数字量,定义一个 float 型的变量 x1,定义一个 uint8_t 型(8 位的无符号字符型)的字符串 string[]:

```
uint16_t advalu1 = 0;
float x1;
uint8_t string[] = {0,0};
```

第四步:初始化 ADC 并校准 ADC。已从 adc.c 中调用 MX_ADC1_Init(void)函数,进行 ADC 初始化;读者需要在 stm32f1xx_hal_adc_ex.c 中调用 HAL_ADCEx_Calibration_Start()函数,进行 ADC 校准。

第五步:进行指示性显示:

```
MX_GPIO_Init();
MX_ADC1_Init();
/* USER CODE BEGIN 2 */
LCD_Init();
POINT_COLOR = BLACK;                        //字体颜色
```

```
LCD_ShowString(20,80,100,24,24,"CH:");       //指示后面的数字为通道号
LCD_ShowString(20,120,100,24,24,"AD:");      //指示后面的数字为数字量
  if(HAL_ADCEx_Calibration_Start(&hadc1)! = HAL_OK)
    {  Error_Handler();  }                   //ADC 校准
/ * USER CODE END 2 * /
```

第六步:在主函数的 while(1)循环中启动 ADC 转换,获得结果并进行显示:

```
/ * USER CODE BEGIN 3 * /
HAL_ADC_Start(&hadc1);                    //启动 ADC 转换
HAL_ADC_PollForConversion(&hadc1, 50);   //等待函数,等待一次采集的完成
advalu1 = HAL_ADC_GetValue(&hadc1);      //ADC 转换结果,在 0—0xFFF 之间
HAL_ADC_Stop(&hadc1);                     //停止 ADC 转换
x1 = advalu1 * 3.3/0xfff;                 //ADC 结果计算,范围 0—3.3 V
sprintf(string," % s % 0.3f \n","volt:",x1);
                     //将字符串 volt 和 ADC 结果连接成一个较长的字符串 string
LCD_ShowString(50,150,200,24,24,string);  //在 LCD 上显示字符串 string
HAL_Delay(300);                           //适当延时
```

第七步:编译、下载,观察现象,可以看到在液晶屏上分 3 行,第一行显示 ADC 通道;第二行显示采集到的数字量,由于 STM32 的 ADC 是 12 位的,其最大值为 0xFFF,即 4095,转换结果应该是在 0~0xFFF(0~4095)之间的数字量;第三行将采集到的数字量转换为对应的电压值,TFT LCD 上显示的 ADC 相关内容如图 2-5-5 所示。

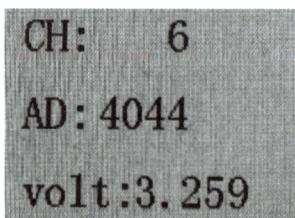

图 2-5-5　TFT LCD 上显示的 ADC 相关内容

任务二　多通道电压采集及串口传输

选择 STM32 的 ADC1 通道 6(ADC1_IN8,PA6)、通道 7(ADC1_IN9,PA7)、通道 14(ADC1_IN14,PC4)来采样外部电压值,并利用串口 USART1 将电压值输出。ADC 输入引脚的选择依赖于电路,建议选用悬空或者接电位器的引脚,如本任务的 PC4 外接电位器,可容易调节模拟输入大小;悬空引脚可以通过杜邦线等连接到 VCC 或 GND。接按键的引脚可以直接按动按键连接到 VCC 或 GND。

(一) 硬件设计

首先实现对 ADC1_IN14 的 ADC 采集转换。由于 PA6 和 PA7 外接按键,因此 PA6 和 PA7 的输入电压只有两个数值,即 0 和 3.3 V;当用跳线帽短接 JC11 和 JC2 后, PC4 和 DWQ1 的抽头连接在一起,其输入电压在 0~3.3 V 之间可变。

(二) 程序设计

第一步:基本配置。打开 STM32CubeMX,完成 RCC、SYS、系统时钟等的配置。

第二步:配置 ADC1。点击 Analog,点击 ADC1,在右侧的 Mode 选项中,勾选 IN6、IN7、IN14。

在 ADC1 右侧的 Configuration 选项中,有 5 个配置子项,分别是 NVIC Settings、DMASettings、GPIOSettings、Parameter Settings、UserConstants。

配置 Parameter Settings,其中 ADCs_Common_Settings 选择默认设置(Independent mode)。ADC_Settings 选择右对齐,并使能扫描转换模式(Scan Conversion Mode),使能不连续转换模式(Discontinuous Conversion Mode)。转换的通道数目(Number of Conversion)选择 3,ADC_Regular_ConversionMode 选择使能规则转换,并将 Rank1 与 Channel 6 对应,Rank2 与 Channel 7 对应,Rank3 与 Channel 14 对应,如图 2-5-6 所示。这样,就给三个通道的转换确定了一个次序,即在启动转换之后,转换次序依次是通道 6,通道 7,通道 14。

∨ ADCs_Common_Settings	
Mode	Independent mode
∨ ADC_Settings	
Data Alignment	Right alignment
Scan Conversion Mode	Enabled
Continuous Conversion Mode	Disabled
Discontinuous Conversion Mode	Enabled
Number Of Discontinuous Conversions	1
∨ ADC_Regular_ConversionMode	
Enable Regular Conversions	Enable
Number Of Conversion	3
External Trigger Conversion Source	Regular Conversion launched by software
∨　　　　Rank	1
Channel	Channel 6
Sampling Time	1.5 Cycles
∨　　　　Rank	2
Channel	Channel 7
Sampling Time	1.5 Cycles
∨　　　　Rank	3
Channel	Channel 14
Sampling Time	1.5 Cycles

图 2-5-6 ADC 的配置

第三步:配置串口,波特率配置为 9600 bit/s。

第四步:产生代码。这时在/ * Initialize all configured peripherals * /后面已经自

动调用了配置好的初始化函数:

```
MX_GPIO_Init();
MX_USART1_UART_Init();
MX_ADC1_Init();
MX_DMA_Init();
```

第五步:定义数组如 uint32_t ADC_Value[5]。

第六步:进行 ADC 校准、启动 ADC 转换并通过 MDA 传送数据:

```
if(HAL_ADCEx_Calibration_Start(&hadc1)！ = HAL_OK )
  {
      Error_Handler();
  }
  HAL_ADC_Start_DMA(&hadc1,(uint32_t * )&ADC_Value, 100);    //启动
ADC 的 DMA 转换
```

第七步:在 while(1)中启动 ADC 转换并将数据存入数组 ADC_Value[i],转换结束后停止 ADC 转换,并传输数据,主要语句如下:

```
for(int i = 0;i<3;i + + )
  {
      HAL_ADC_Start(&hadc1);
      HAL_ADC_PollForConversion(&hadc1, 50);
                              //等待函数,等待一次采集的完成
      ADC_Value[i] = HAL_ADC_GetValue(&hadc1);
  }
      HAL_ADC_Stop(&hadc1);
      for(int i = 0;i<3;i + + )
  {
      ad1[0] = i + 0x30;   //通道标记,0 代表 CH6,代表 CH7, 2 代表 CH14
                          //ad1[1]是空格,在此处未加以改变
      ad1[2] = ADC_Value[i]/1000 + 0x30;   //取千位数字并改成字符
      ad1[3] = (ADC_Value[i] % 1000)/100 + 0x30;
                              //取百位数字并改成字符
      ad1[4] = (ADC_Value[i] % 100)/10 + 0x30;
                              //取十位数字并改成字符
      ad1[5] = ADC_Value[i] % 10 + 0x30;   //取个位数字并改成字符
```

```
HAL_UART_Transmit(&huart1, ad1, 6, 0xff);   //发送数组
HAL_UART_Transmit(&huart1,"\n", 1, 0xff);   //发送回车换行
HAL_Delay(1000);
}
```

实验结果如图 2-5-7 所示。

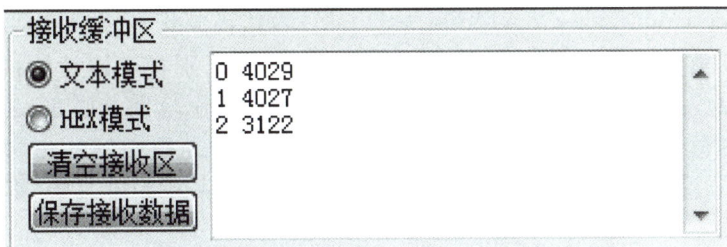

图 2-5-7　多通道电压采集及串口传输实验结果

本任务配置了 3 个 ADC 通道(ADC1_IN6、ADC1_IN7、ADC1_IN14),并将转换后的数字量经过处理传输到计算机。下面详细讲解设置步骤:

(1) GPIO 与 ADC 的时钟使能

STM32F103RCT6 的 ADC1 的通道 ADC1_IN6、ADC1_IN7、ADC1_IN14 对应引脚 PA6、PA7、PC14,所以,先要使能 PORTA 及 PORTC 的时钟,时钟使能在 MX_GPIO_Init 函数中实现,如下:

```
__HAL_RCC_GPIOA_CLK_ENABLE();
__HAL_RCC_GPIOC_CLK_ENABLE();
```

ADC1 的时钟也需要打开,这部分工作在 HAL_ADC_MspInit() 函数中实现,该函数使能 ADC 时钟,设置时钟源,使能 ADC Pin,设置为输入模式,可选 DMA,中断等。

(2) 设置 PA6、PA7、PC14 为模拟输入

设置在 HAL_ADC_MspInit() 函数中实现,代码如下:

```
GPIO_InitStruct.Pin = GPIO_PIN_4;
GPIO_InitStruct.Mode = GPIO_MODE_ANALOG;        //PC4 配置为模拟输入
HAL_GPIO_Init(GPIOC, &GPIO_InitStruct);


GPIO_InitStruct.Pin = GPIO_PIN_6|GPIO_PIN_7;
GPIO_InitStruct.Mode = GPIO_MODE_ANALOG;        //PA6、PA7 配置为模拟输入
HAL_GPIO_Init(GPIOA, &GPIO_InitStruct);
```

（3）ADC 规则数据寄存器（ADC_DR）与程序设置

上述 3 个通道的规则组转换，每个通道的数据最终都要存入寄存器 ADC_DR，这样下一次，或者另一个通道的数据会覆盖掉原来的数据。因此需要有 2 个保障，一是需要给采集限定严格的顺序，一是需要尽快读取所采集的数据。

参数 ADC_ScanConvMode 用来设置是否开启扫描模式，规定了模/数转换工作在扫描模式（多通道）还是单次（单通道）模式，可以设置这个参数为 ENABLE 或者 DISABLE。

参数 ADC_ContinuousConvMode 规定了模/数转换工作在连续还是单次模式，可以设置这个参数为 ENABLE 或者 DISABLE。两者的区别在于连续转换是直到所有的数据转换完成后才停止转换，而单次转换则只转换一次数据就停止，要再次触发转换才可以。参数 ADC_ExternalTrigConv 是用来设置启动规则转换组转换的外部事件。在 stm32f10x_adc.h 中搜索 ADC_ExternalTrigConv，查看参数列表如图 2-5-8 所示。

Table 9. ADC_ExternalTrigConv 定义表

ADC_ExternalTrigConv	描述
ADC_ExternalTrigConv_T1_CC1	选择定时器 1 的捕获比较 1 作为转换外部触发
ADC_ExternalTrigConv_T1_CC2	选择定时器 1 的捕获比较 2 作为转换外部触发
ADC_ExternalTrigConv_T1_CC3	选择定时器 1 的捕获比较 3 作为转换外部触发
ADC_ExternalTrigConv_T2_CC2	选择定时器 2 的捕获比较 2 作为转换外部触发
ADC_ExternalTrigConv_T3_TRGO	选择定时器 3 的 TRGO 作为转换外部触发
ADC_ExternalTrigConv_T4_CC4	选择定时器 4 的捕获比较 4 作为转换外部触发
ADC_ExternalTrigConv_Ext_IT11	选择外部中断线 11 事件作为转换外部触发
ADC_ExternalTrigConv_None	转换由软件而不是外部触发启动

图 2-5-8　ADC_ExternalTrigConv 参数列表

这里有三种触发方式，第一种是软件触发，参数为 ADC_ExternalTrigConv_None；第二种是定时器触发；第三种是外部中断触发，参数为 ADC_ExternalTrigConv_Ext_IT11，选择 EXTI 线 11 作为外部触发事件。这里选择软件触发，选择值为 ADC_ExternalTrigConv_None 即可。设置好后在后面步骤需要调用 HAL_ADC_Start(&hadc1) 函数，这样触发才会启动。

参数 DataAlign 用来设置 ADC 数据对齐方式是左对齐还是右对齐。在 stm32f10x_adc.h 中搜索 DataAlign，查看参数列表如下：

```
#define ADC_DataAlign_Right          ((uint32_t)0x00000000)
#define ADC_DataAlign_Left           ((uint32_t)0x00000800)
```

由于默认是从低位开始传输数据，所以建议采用右对齐方式，因为这样处理数据会比较方便，参数为 ADC_DataAlign_Right。

参数 ADC_NbrOfChannel 规定了顺序进行规则转换的 ADC 通道的数目。

通过上面对每个参数的讲解，下面看看 ADC 初始化的范例：

```
hadc1.Instance = ADC1;                                    //ADC 事件为 ADC1
hadc1.Init.ScanConvMode = ADC_SCAN_ENABLE;                //多通道,需要使能扫描
hadc1.Init.ContinuousConvMode = DISABLE;                  //禁止连续转换
hadc1.Init.DiscontinuousConvMode = DISABLE;
hadc1.Init.ExternalTrigConv = ADC_SOFTWARE_START;         //转换由软件启动
hadc1.Init.DataAlign = ADC_DATAALIGN_RIGHT;               //ADC 数据右对齐
hadc1.Init.NbrOfConversion = 3;   //进行规则转换的 ADC 通道的数目,3 个通道
```

（4）设置规则序列通道及采样时间

多通道采样,必须设置各通道转换顺序,同时设置该通道的采样时间,如下:

```
sConfig.Channel = ADC_CHANNEL_6;
sConfig.Rank = ADC_REGULAR_RANK_1;   //CH6 是启动转换后,首先被转换的通道
sConfig.SamplingTime = ADC_SAMPLETIME_13CYCLES_5;
if (HAL_ADC_ConfigChannel(&hadc1, &sConfig) ! = HAL_OK)
{
    Error_Handler();
}
```

最后一个参数为采样时间,在 stm32f10x_adc.h 中搜索 ADC_SampleTime 查看其参数列表。前面介绍 AD 转换时间 = 采样时间 + 12.5 个 ADC 时钟周期(步骤 3 中设置好 ADCCLK = 12 MHz,ADC 时钟周期则为 1/12 MHz)。为了获得较高的准确度,采样时间建议尽量长一点。如果设置采样时间参数为 ADC_SampleTime_239Cycles5 即239.5倍 ADC 时钟周期,则转换时间 = (239.5 + 12.5) * ADC 时钟周期 = 252 * ADC 时钟周期 = 252/12 MHz = 21 us。

```
#define ADC_SampleTime_1Cycles5               ((uint8_t)0x00)
                                              //1.5 倍 ADC 时钟周期
```

（5）读取 ADC 值

读取 ADC 值分 3 步,即开启 AD 转换,等待转换结束,读取转换结果,如下:

```
HAL_ADC_Start(&hadc1);
HAL_ADC_PollForConversion(&hadc1, 50);   //等待函数,等待一次采集的完成
ADC_Value[i] = HAL_ADC_GetValue(&hadc1);
```

这个过程再执行一次,就会读取下一个通道的数值。读取的结果是一个有效值为 12 位的数字量,如果需要和输入的模拟量对应,则可以通过如下的语句计算:

```
x1 = HAL_ADC_GetValue(&hadc1) * 3.3/0xfff;
```

x1 是预先设置的一个 float 型变量。如此计算的 x1 结果在 0～3.3 V 之间。

(6) 输出数字量和电压值

调用开发板配套的串口库函数来输出变量 ADC_Value 的值。在开发板配套的串口库文件 myusart.h,包含库函数 void MX_USART1_UART_Init(void)。

AD 转换流程图如图 2-5-9 所示。

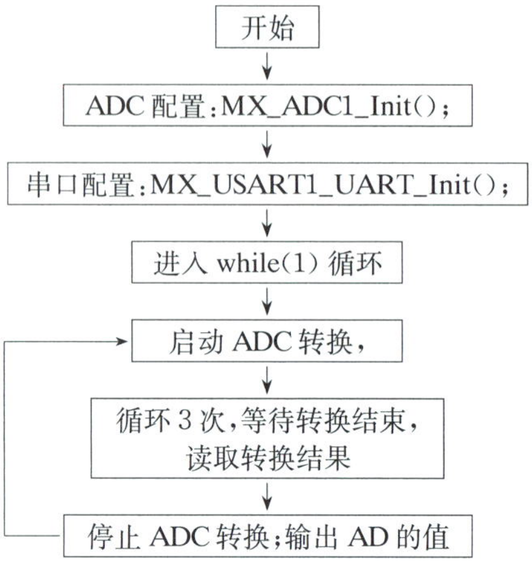

图 2-5-9　AD 转换流程图

📖 任务三　STM32F10x 芯片内部温度读取

STM32 有一个温度传感器,可以用来测量 CPU 及内核周围温度。内部温度传感器和 ADC1 的通道 16 相连,通过读取内置温度传感器的数据,获取温度信息。内部温度读取的本质是进行 AD 转换,获取和温度相关的电压值。

实现方法如下:

内部温度读取也是进行 AD 转换,首先,初始化过程中,需要先使能内部温度传感器;其次,选择读取通道 16(ADC1_IN1)的 AD 值;最后,需将电压值转换为温度值。这三点特殊的地方体现在函数 MX_ADC1_Init()中:

```
volt = ADC_Value[0] * 3.3/4096.0;
temperature = (1.43 - volt)/4.3 + 25;
```

其中 volt 为所测的芯片内部的电压值,该电压值和温度呈线性关系。

编程训练:

复制上一个任务的文件夹,将该文件夹的名字改为"Internal Temperature",并修改工程名为"Internal Temperature"。双击打开工程,在 ADC_Config(void)函数中,在使能 ADC 之前,添加如下两句:

```
ADC_RegularChannelConfig(ADC1, ADC_Channel_16, 1, ADC_SampleTime_239Cycles5);
ADC_TempSensorVrefintCmd(ENABLE);                    //使能温度传感器
```

在 ADC_Config(void)函数的后面，新建一个 float Read_Temperature(void)函数：

```
float Read_Temperature(void)
{
    uint16_t  tempdata;
    float  temperature;
    float  volt;
    HAL_ADC_Start(&hadc1);
    HAL_ADC_PollForConversion(&hadc1, 50);
    tempdata = HAL_ADC_GetValue(&hadc1);
    HAL_ADC_Stop(&hadc1);
    volt = (tempdata * 3.3)/4096.0;
    temperature = (1.43 - volt)/4.3 + 25;
    return temperature;
}
```

在 while(1)循环中，直接调用函数 Read_Temperature()来读取芯片内部温度即可。读取的温度值可以在 TFT LCD 上显示，或通过串口发送，内部温度读取仿真结果，如图2-5-10所示。

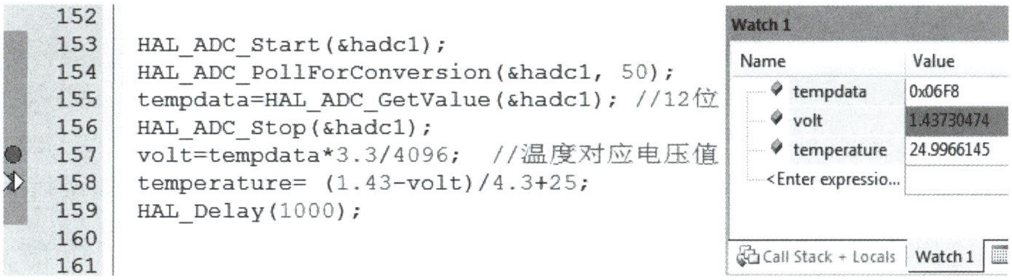

```
152
153    HAL_ADC_Start(&hadc1);
154    HAL_ADC_PollForConversion(&hadc1, 50);
155    tempdata=HAL_ADC_GetValue(&hadc1);  //12位
156    HAL_ADC_Stop(&hadc1);
157    volt=tempdata*3.3/4096;   //温度对应电压值
158    temperature= (1.43-volt)/4.3+25;
159    HAL_Delay(1000);
160
161
```

Watch 1	
Name	Value
tempdata	0x06F8
volt	1.43730474
temperature	24.9966145
<Enter expressio...	

微视频

ADC

图 2-5-10　内部温度读取仿真结果

思考与练习

1　AD 转换过程，需要进行哪些设置？

2　数据的左对齐、右对齐有什么不同？ 如何编写程序验证？

3　如何编程实现 5 路 ADC？

项目六　数/模转换器及应用

项目简介

本项目主要练习 STM32F10x 系列 ARM 的数/模转换功能,即数字量到模拟量的转换。主要掌握 DAC(Digital to Analog Converter,数/模转换器)初始化、DAC 的实现方法等。

本项目实训内容分为三个任务:任务一主要讲解某个 DAC 通道输出的模拟信号送至某个 ADC 通道进行 AD 转换,DAC 和 ADC 的结果均显示在 TFT LCD 上;任务二讲解通过配置 DAC 输出三角波;任务三讲解通过配置 DAC 输出正弦波。

相关知识

一、STM32F103RCT6 的 DAC 通道

对于 STM32F10x 系列芯片来说,只有大容量芯片才具备 DAC 功能。STM32F103RBT6 的内存大小是 128 KB,属于中等容量的芯片,没有 DAC 功能,而STM32F103RCT6 的内存大小是 256 KB,属于大容量芯片,具有内部 DAC 功能(见表2-6-1)。STM32F103RCT6 内部 DAC 模块输入的可以是 12 或 8 位的数字量,输出的是模拟信号。在 12 位输入模式下,DAC 可以设置成左对齐或者右对齐。STM32F103RCT6 有两个 DAC 输出通道,分别是 PA4 和 PA5。

表 2-6-1　DAC 通道

器件型号	引脚数	容量大小	DAC 通道
STM32F103RBT6	64	128 KB	无 DAC 功能
STM32F103RCT6	64	256 KB	有 DAC 功能,DAC 输出引脚:PA4 和 PA5

二、STM32F10x 系列芯片的 DAC 配置基础

STM32F10x 系列芯片的 DAC 是 12 位的,其最小值为 0,最大值为 0xfff = (4095)

10,因此,其输出模拟电压值的计算公式为:

$$DAC\ 输出 = V_{REF} \times \frac{DOR}{4095}$$

输出电压的范围为 $0 \sim V_{REF}$, $V_{REF} = 3.3\ V$ 。

单 DAC 通道模式的数据寄存器的结构如图 2-6-1 所示,分别显示 8 位右对齐、12 位左对齐、12 位右对齐。

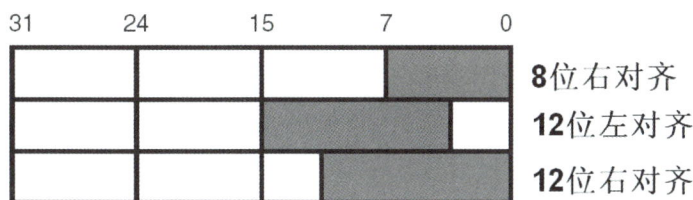

图 2-6-1 单 DAC 通道模式的数据寄存器结构图

下面了解两个主要的寄存器。

第一个是 DAC 控制寄存器 DAC_CR,如图 2-6-2 所示。其低 16 位用来控制通道 1,而高 16 位用来控制通道 2。EN1 为使能位,EN1 = 1,则使能 DAC 通道 1;BOFF1 为输出缓存控制位,一般为 1;TEN1 位为触发使能位,不需要触发时,TEN1 = 0;TSEL1 共 3 位,为触发选择控制位,不需要触发时,这 3 位全部为 0 即可;WAVE1 共 2 位,00 选择关闭波形生成,01 使能噪声波形发生器,1x 使能三角波发生器;MAMP1[3:0]为屏蔽/幅值选择控制器;DMAEN1 为 DMA 使能位。DAC 通道 2 的控制和 DAC 通道 1 类似。

图 2-6-2 DAC 控制寄存器(DAC_CR)

第二个是数据保持寄存器 DAC_DHR12R1,是通道 1 的 12 位右对齐数据保持寄存器,如图 2-6-3 所示。其保存的数据的大小决定了 DAC 第一个通道所输出电压的大小,即 PA4 输出电压的大小。

图 2-6-3 数据保持寄存器(DAC_DHR12R1)

操作训练 🔍

📖 任务一　DAC 输出

（一）DAC 基本配置

如前所述，STM32F103RCT6 有两路 DAC 输出，需要配置两个寄存器来实现 DAC 功能，其中控制寄存器 DAC_CR 用来控制 DAC 输出，对其的配置体现在 DAC 初始化函数中；数据保持寄存器 DAC_DHR12R1 决定了输出模拟量的大小。

第一步：打开 CubeMX，RCC 选择 Crystal...；SYS 选择 JTAG4；时钟选择，配置 HCLK 为 72 MHz。

第二步：DAC 配置，点击 Analog，点击 DAC，在右侧的 DAC Mode and Configuration 选项中，勾选 OUT1 Configuration；DAC 的其他参数暂不改变。

第三步：引脚配置，PA4 选择 DAC_OUT1。

第四步：生成代码，可以看到在/* Initialize all configured peripherals */后面已经有了 DAC 初始化函数 MX_DAC_Init()；这个函数完成了配置，即实现了对控制寄存器 DAC_CR 的操作。

第五步：在/* USER CODE BEGIN 2 */后面加入语句：

```
HAL_DAC_Start(&hdac,DAC_CHANNEL_1);      //开启 DAC 通道 1
```

以开启 DAC 通道 1 的 DAC 转换。

第六步：在 while(1)循环里面，加入以下语句以改变输出模拟量的大小：

```
HAL_DAC_SetValue(&hdac,DAC_CHANNEL_1,DAC_ALIGN_12B_R,0xabc);
```

这个函数在 stm32f1xx_hal_dac.c 文件中，其中的第二个参数确定要修改的 DAC 的通道，目前选择通道 1，即 PA4；第四个参数（以下定义为 DAC_date）如 3000，确定了输出模拟量的大小，其值在 0～0xFFF 之间。如果第四个参数等于 0，则 PA4 输出 0 V，如果第四个参数等于 0xFFF（或 4095），则 PA4 输出 3.3 V，其他均可以推算。

经过这 5 步之后，即完成了 DAC 的配置，可以用万用表测量 PA4 的输出电压是否随着函数 HAL_DAC_SetValue 的控制而改变。

需要特别注意的是，在 DAC 部分，PA4 引脚不能再和按键电路连接在一起，需要把 KEY1 位置的跳线帽去掉。

（二）按键修改 DAC 输出

上面的程序实现了 DAC 的配置，但是对 DAC 的输出值改变比较困难，每改变一次，就需要重新修改并下载程序一次。

下面完善程序内容。配置 PA6 和 PA7 为输出模式，通过按键 KEY3 来增加 DAC 输

出,DAC_date 每次增加 200;如果 DAC_date 大于 4095,DAC_date 置 0;

通过按键 KEY4 来减小 DAC 输出,DAC_date 每次减小 200;如果 DAC_date 小于 0, DAC_date 置 0,程序段如下:

```
KEY3 = HAL_GPIO_ReadPin(GPIOA,  GPIO_PIN_6);
KEY4 = HAL_GPIO_ReadPin(GPIOA,  GPIO_PIN_7);
if(KEY3 = = 0)
   {
   HAL_GPIO_TogglePin(GPIOA, GPIO_PIN_0);
   HAL_Delay(300);
   DAC_date + = 200;

HAL_DAC_SetValue(&hdac,DAC_CHANNEL_1,DAC_ALIGN_12B_R,DAC_date);
                                                //设置 DAC 值
   }
if(KEY4 = = 0)
   {
   DAC_date - = 200;
   HAL_GPIO_TogglePin(GPIOA, GPIO_PIN_1);
   HAL_Delay(300);

HAL_DAC_SetValue(&hdac,DAC_CHANNEL_1,DAC_ALIGN_12B_R,DAC_date);
                                                //设置 DAC 值
   }
```

如此修改之后,可以用按键 3 和 4 来改变 DAC 输出,用万用表来测量,观察结果。

(三) DAC 结果的 TFTLCD 显示

如果希望自动测量,可以将 PA4 和 PC4 连接起来,这样 PA4 的模拟输出成为 PC4 的模拟输入,然后将 PC4 的测量结果(即 DAC 的输出值)在 TFT LCD 上进行显示。

程序方面需要做的工作有:加入 lcd.c 和 lcd.h;PC4 配置成模拟输入模式;在上述程序的后面加入如下语句:

```
adcx = Get_Adc_Average(ADC_CHANNEL_1,10);        //得到 ADC 转换值
temp = (float)adcx * (3.3/4096);                 //得到 ADC 电压值
adcx = temp;
LCD_ShowxNum(94,190,temp,1,16,0);                //显示电压值整数部分
temp - = adcx;
temp * = 1000;
LCD_ShowxNum(110,190,temp,3,16,0X80);            //显示电压值的小数部分
```

注意 adcx、temp 是需要预先定义的变量，如 uint16_t adcx、float temp。

本任务完整的程序流程图如图 2-6-4 所示。

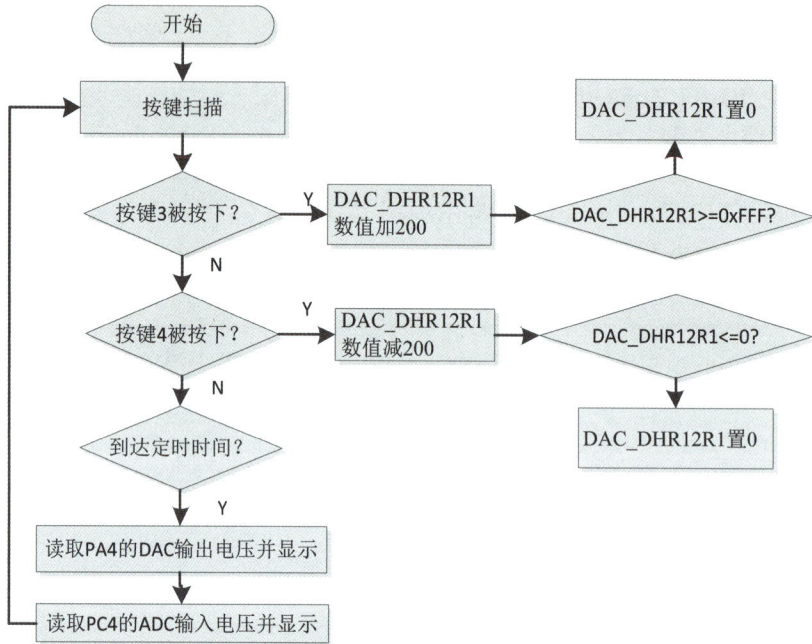

图 2-6-4　任务流程图

任务一的核心是通过按键改变寄存器 DAC_DHR12R1 的数值，来影响模拟输出值的大小。核心语句如下：

```
DAC_SetChannel1Data(DAC_Align_12b_R, dacval);
```

任务二　输出三角波（选学）

三角波是周期性的信号，从原理上来说，只需要让变量 dacval 周期性的变化即可。不过，STM32F10x 的 HAL 库具有直接输出三角波的函数，只需要在设置好 DAC 后调用函数即可。以下通过和任务一的比较来说明设置的要点。

首先选择触发信号。DAC 转换可以由外部事件触发，比如定时器、外部中断线等。本实例通过 TIM6 中断来产生触发信号。配置定时器 TIM6 作为定时器使用，定时器中断 1 次，dacval 的值增加或减小 1，具体看 dacval 的值和最大值之间的关系，在达到最大值之前增加，到达最大值之后减小。每隔一定的时间（TIM_Period），计数器的值加 1（TIM_CounterMode_Up），输出电压逐渐升高；当 dacval 的数值达到或超过幅值（最大值，该最大值和输出的模拟电压的最大值相关）后，递减计数，输出电压逐渐降低。这样就可以产生三角波。三角波的周期决定于定时器的周期。

在任务一基础上的三角波配置过程如下:

TIM6:Mode 部分勾选 Activated;Configuration 选项的 Parameter Settings,需要设置一下计数周期如 2000,Trigger Event Selection 选择 Update Event。

DAC:除勾选 OUT1 Configuration 外,还要勾选 External Trigger;在 DAC 的 Parameter Settings 部分,Trigger 选择 Timer 6 Trigger Out event,即 TIM6 触发切换;Wave generation mode 部分,选择产生三角波 Triangle wave generation;三角波的最大幅度可以选择 4095、2047 等,选择 4095,则三角波的最大值为 3.3 V。

上述配置完成之后,即可生成代码。生成的代码已经完成了初始化工作,但还需要启动 DAC,设置初始的 DAC 值,并启动 TIM6,如下:

```
HAL_DAC_Start(&hdac,DAC_CHANNEL_1);                      //开启 DAC 通道 1
HAL_DAC_SetValue(&hdac,DAC_CHANNEL_1,DAC_ALIGN_12B_R,0);//设置 DAC 值
HAL_TIM_Base_Start(&htim6);
```

主要程序如下:

```
void MX_DAC_Init(void)
{
  DAC_ChannelConfTypeDef sConfig = {0};
  hdac.Instance = DAC;
  if (HAL_DAC_Init(&hdac)! = HAL_OK)
  {
    Error_Handler();
  }
  sConfig.DAC_Trigger = DAC_TRIGGER_T6_TRGO; //TIM6 作为 DAC 切换的触发源
  sConfig.DAC_OutputBuffer = DAC_OUTPUTBUFFER_ENABLE;
  if (HAL_DAC_ConfigChannel(&hdac, &sConfig, DAC_CHANNEL_1)! = HAL_OK)
  {
    Error_Handler();                                    //产生三角波
  }
  if (HAL_DACEx_TriangleWaveGenerate(&hdac, DAC_CHANNEL_1, DAC_TRIANGLE-
AMPLITUDE_2047)! = HAL_OK)
  {
    Error_Handler();
  }
}
  int main(void)
  {
```

```
uint16_t DAC_date;

HAL_Init();

SystemClock_Config();

MX_GPIO_Init();

MX_DAC_Init();

MX_TIM6_Init();

HAL_DAC_Start(&hdac,DAC_CHANNEL_1);                        //开启 DAC 通道 1

HAL_DAC_SetValue(&hdac,DAC_CHANNEL_1,DAC_ALIGN_12B_R,0);
                                                          //设置 DAC 初始值

HAL_TIM_Base_Start(&htim6);                               //启动 TIM6


while (1)
  {
      HAL_Delay(300);
  }
}
```

用示波器测得 PA4 的三角波输出结果如图 2-6-5 所示。

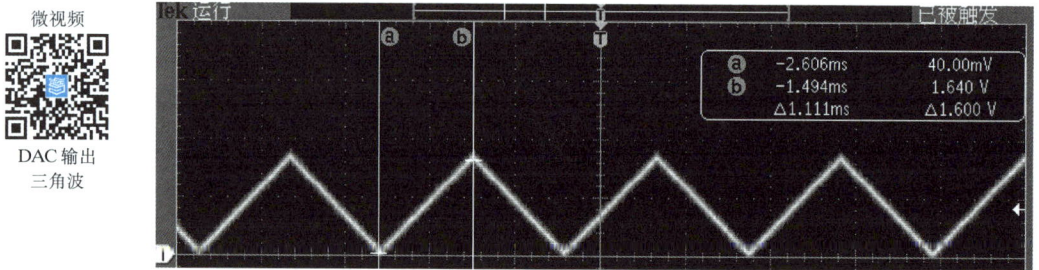

微视频

DAC 输出
三角波

图 2-6-5　三角波输出结果

任务三　输出正弦波(选学)

输出正弦波的原理和输出三角波的原理类似,即在不同的时刻输出的不同的 DAC 值,即出现不同的曲线。本任务采用查表法实现正弦波的输出。实现的过程是将和正弦波相关的数据先写入内存,然后从内存定时读取数据,以改变 DAC 的输出,示意框图如图 2-6-6 所示。

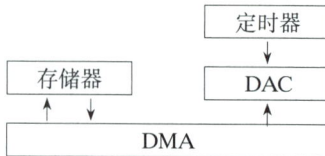

图 2-6-6　通过 DMA 输出正弦波的示意框图

STM32CubeMX 的配置要点如下：

第一步：打开 CubeMX，RCC 选择 Crystal…；SYS 选择 JTAG4；时钟选择，配置 HCLK 为 72 MHz。

第二步：DAC 配置，点击 Analog，点击 DAC，在右侧的 DAC Mode and Configuration 选项中，勾选 OUT1 Configuration；点击 DAC 的 DMA Settings 配置，点击 Add，选择 DAC_CH1，在 Mode 中，选择 Circular；点击 DAC 的 Parameter Settings，Output Buffer 选择 Disabled，Trigger 选择 Timer 6 Trigger Out event，Wave generation mode 选择 Disabled。

第三步：TIM6 配置，在 Timers 中点击 TIM6，Mode 勾选 Activated；Configuration 配置，NVIC Settings，TIM6 global interrupt，勾选 Enabled；Configuration 配置，Parameter Settings，预分频系数输入 1000-1，周期 Period 输入 12-1，Trigger Event Selection 选择 **Update Event**。

第四步：生成代码；可以看到在/＊ Initialize all configured peripherals ＊/后面已经有了 DAC 初始化函数 MX_DAC_Init()；这个函数完成了配置，即实现了对控制寄存器 DAC_CR 的操作；已经有了 DMA 初始化函数 MX_DMA_Init()；有了 TIM 配置函数 MX_TIM6_Init()。

第五步：完善 main.c 文件，如下：

```
const uint16_t Sine12bit[100] = {
0x0800,0x0881,0x0901,0x0980,0x09FD,0x0A79,0x0AF2,0x0B68,0x0BDA,0x0C49,
0x0CB3,0x0D19,0x0D79,0x0DD4,0x0E29,0x0E78,0x0EC0,0x0F02,0x0F3C,0x0F6F,
0x0F9B,0x0FBF,0x0FDB,0x0FEF,0x0FFB,0x0FFF,0x0FFB,0x0FEF,0x0FDB,0x0FBF,
0x0F9B,0x0F6F,0x0F3C,0x0F02,0x0EC0,0x0E78,0x0E29,0x0DD4,0x0D79,0x0D19,
0x0CB3,0x0C49,0x0BDA,0x0B68,0x0AF2,0x0A79,0x09FD,0x0980,0x0901,0x0881,
0x0800,0x077F,0x06FF,0x0680,0x0603,0x0587,0x050E,0x0498,0x0426,0x03B7,
0x034D,0x02E7,0x0287,0x022C,0x01D7,0x0188,0x0140,0x00FE,0x00C4,0x0091,
0x0065,0x0041,0x0025,0x0011,0x0005,0x0001,0x0005,0x0011,0x0025,0x0041,
0x0065,0x0091,0x00C4,0x00FE,0x0140,0x0188,0x01D7,0x022C,0x0287,0x02E7,
0x034D,0x03B7,0x0426,0x0498,0x050E,0x0587,0x0603,0x0680,0x06FF,0x077F,
};                                                          //输入或复制
uint16_t DualSine12bit[100];
void SystemClock_Config(void);
int main(void)
{    uint8_t Idx;
     HAL_Init();
     SystemClock_Config();
     MX_GPIO_Init();
     MX_DMA_Init();
     MX_DAC_Init();
```

```
MX_TIM6_Init();
for (Idx = 0; Idx <100; Idx + + )
{  DualSine12bit[Idx] = (Sine12bit[Idx] << 16) + (Sine12bit[Idx]);
}
    HAL_DAC_Start_DMA(&hdac,DAC_CHANNEL_1,(uint32_t * )DualSine12bit,
100,DAC_ALIGN_12B_R);
    HAL_TIM_Base_Start(&htim6);
    while (1) {     }
}
```

也可用如下的小型数组:

```
const uint16_t Sine12bit[32] =                    //代表正弦波的 DAC 数组
    {
    2047, 2447, 2831, 3185, 3498, 3750, 3939, 4056, 4095, 4056,
    3939, 3750, 3495, 3185, 2831, 2447, 2047, 1647, 1263, 909,
    599, 344, 155, 38, 0, 38, 155, 344, 599, 909, 1263, 1647
    }
    for (Idx = 0; Idx < 32; Idx + + )
    {
    DualSine12bit[Idx] = (Sine12bit[Idx] << 16) + (Sine12bit[Idx]);
    }
    HAL_DAC_Start_DMA(&hdac,DAC_CHANNEL_1,(uint32_t * )DualSine12bit,
100,DAC_ALIGN_12B_R);
    HAL_TIM_Base_Start(&htim6);
```

正弦波输出结果如图 2-6-7 所示。

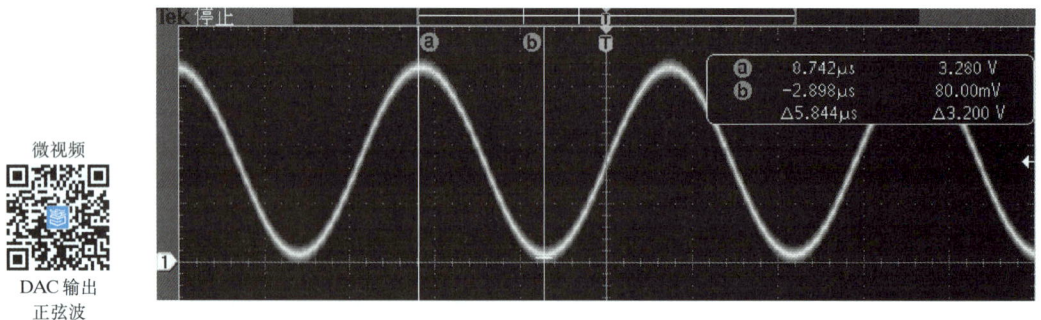

图 2-6-7　正弦波输出结果

微视频

DAC 输出
正弦波

思考与练习

1　如何将 DAC 的结果显示到 TFT LCD?

2　如何通过 DA 的方式输出幅值可调的方波?

项目七 定时器及应用

项目简介

本项目采用通用定时器完成 3 个任务：任务一利用通用定时器实现任意时间的定时，控制小灯闪烁——使用 TIM3 的定时器中断来控制 LED1 的翻转，在主函数用 LED0 的翻转来提示程序正在运行；任务二利用 PWM 控制 LED 灯的亮度，以此来模拟直流电机的调速；任务三利用输入捕获完成频率计数（配上合适的硬件可以实现电机的测速）。

相关知识

一、STM32F10x 定时器分类及时钟源介绍

除了看门狗定时器和滴答时钟 SYSTICK 外，STM32 中还有 8 个 16 位的定时器 TIM1～TIM8，STM32 的定时器是个强大的模块，使用的频率很高。其中 TIM6 和 TIM7 是基本定时器，TIM2～TIM5 为通用定时器，TIM1 和 TIM8 为高级定时器。基本定时器 TIM6 和 TIM7 只具备最基本的定时功能，就是累加的时钟脉冲数超过预定值时，能触发中断或触发 DMA 请求；通用定时器 TIM2～TIM5 除了基本定时外，还具有输出比较、输出 PWM（Pulse Width Modulation，脉冲宽度调制）和输入捕获（可用于测量输入脉冲频率和脉宽）等功能；高级定时器 TIM1 和 TIM8 除了具备通用定时器的功能外，还具有刹车和用于 PWM 驱动电路的 Deadtime 控制等功能，因此高级定时器适合用于电机的控制。

（1）基本定时器

基本定时器 TIM6 和 TIM7 只具备最基本的定时功能，就是累加的时钟脉冲数超过预定值时，能触发中断或触发 DMA 请求。

这两个基本定时器使用的时钟源都是 TIMxCLK，时钟源经过 PSC（Prescaler，预分频器）输入至脉冲计数器 TIMx_CNT，基本定时器只能工作在向上计数模式，在重载寄存器 TIMx_ARR 中保存的是定时器的溢出值。

工作时，脉冲计数器 TIMx_CNT 由时钟触发进行计数，当 TIMx_CNT 的计数值 X

等于重载寄存器 TIMx_ARR 中保存的数值 N 时,产生溢出事件,可触发中断或 DMA 请求,然后 TIMx_CNT 的值重新被置为 0,重新向上计数。

(2) 通用定时器

相对于基本定时器,通用定时器 TIM2～TIM5 比较复杂。除了基本的定时功能外,通用定时器还能够用来输出 PWM 脉冲,或用来测量输入脉冲的频率等,通用定时器还具有编码器的接口。

通用定时器的基本计时功能与基本定时器相同,同样把时钟源经过预分频器 PSC 输出到脉冲计数器 TIMx_CNT 累加,溢出时就产生中断或 DMA 请求。

而通用定时器比基本定时器多出的功能,就是因为通用定时器多出了一种寄存器——捕获/比较寄存器 TIMx_CRR,它在输入时被用于捕获(存储)输入脉冲在电平发生翻转时脉冲计数器 TIMx_CNT 的当前计数值,从而实现脉冲的频率测量;在输出时被用来存储一个脉冲数值,把这个数值用于与脉冲计数器 TIMx_CNT 的当前计数值进行比较,根据比较结果进行不同的电平输出。

STM32 的通用定时器是一个通过可编程预分频器驱动的 16 位自动装载计数器(CNT)构成。使用定时器预分频器和 RCC 时钟控制器预分频器,脉冲长度和波形周期可以在几个微秒到几个毫秒间调整。STM32 的每个通用定时器都是完全独立的,没有互相共享任何资源。

STM32 的通用定时器(TIM2～TIM5)功能包括:①16 位向上、向下、向上/向下自动装载计数器(TIMx_CNT);②16 位可编程(可以实时修改)预分频器(TIMx_PSC),计数器时钟频率的分频系数为 1～65 535 之间的任意数值;③4 个独立通道(TIMx_CH1～4),这些通道可以用来作为输入捕获、输出比较、PWM 生成(边缘或中间对齐模式)和单脉冲模式输出等;④可使用外部信号(TIMx_ETR)控制定时器和定时器互连(可以用 1 个定时器控制另外一个定时器)的同步电路;⑤如下事件发生时产生中断/DMA,如更新[计数器向上溢出/向下溢出、计数器初始化(通过软件或者内部/外部触发)]、触发事件(计数器启动、停止、初始化或者由内部/外部触发计数)、输入捕获、输出比较等。

(3) 高级定时器

TIM1 和 TIM8 是两个高级定时器,具有基本、通用定时器的所有功能,还具有三相6 步电机的接口、刹车功能(break down)及用于 PWM 驱动电路的死区时间控制等,使得它非常适合于电机的控制。

(4) 定时器的时钟源

从时钟源方面来说,通用定时器比基本定时器多了一个选择,它可以使用外部脉冲作为定时器的时钟源。如果选择内部时钟源的话则与基本定时器一样,也为 TIMx_CLK。但要注意的是,所有定时器(包括基本、通用和高级)使用内部时钟时,定时器的时钟源都被称为 TIMx_CLK,但 TIMx_CLK 的时钟来源并不是完全一样的。

TIM2～TIM7 也就是基本定时器和通用定时器,TIMxCLK 的时钟来源是 APB1 预分频器的输出。当 APB1 的分频系数为 1 时,则 TIM2～7 的 TIMx_CLK 直接等于该APB1 预分频器的输出,而 APB1 的分频系数不为 1 时,TIM2～7 的 TIMxCLK 则为

APB1 预分频输出的 2 倍。

如在常见的配置中，AHB = 72 MHz，而 APB1 预分频器的分频系数被配置为 2，则 TIM2～TIM7 的时钟 TIMxCLK = (AHB/2) * 2 = 72 MHz。

而对于 TIM1 和 TIM8 这两个高级定时器，TIMxCLK 的时钟来源则是 APB2 预分频器的输出，同样它也根据分频系数分为两种情况。

常见的配置中 AHB = 72 MHz，APB2 预分频器的分频系数被配置为 1，此时 TIMxCLK 则直接等于 APB2 预分频器的输出，即 TIM1 和 TIM8 的时钟 TIMxCLK = AHB = 72 MHz。

虽然这种配置下最终 TIMxCLK 的时钟频率相等，但必须清楚时钟来源是有区别的。TIMxCLK 是定时器内部的时钟源，但在时钟输出到脉冲计数器 TIMx_CNT 前，还经过一个预分频器 PSC，最终用于驱动脉冲计数器 TIMx_CNT 的时钟频率根据预分频器 PSC 的配置而定。

二、控制 STM32F10x 的通用定时器的寄存器

STM32 通用定时器比较复杂，下面仅介绍与本项目密切相关的几个控制通用定时器的寄存器。

（1）控制寄存器 1（TIMx_CR1），该寄存器各位功能描述见表 2-7-1。

表 2-7-1　控制寄存器 1（TIMx_CR1）各位功能描述

位	位功能描述
位 15:10	保留，始终读为 0
位 9:8	**CKD[1:0]**：时钟分频因子（Clock division）定义在定时器时钟（CK_INT）频率与数字滤波器（ETR，TIx）使用的采样频率之间的分频比例。 00：tDTS = tCK_INT； 01：tDTS = 2 x tCK_INT； 10：tDTS = 4 x tCK_INT； 11：保留
位 7	**ARPE**：自动重装载预装载允许位（Auto-reload preload enable）。 0：TIMx_ARR 寄存器没有缓冲； 1：TIMx_ARR 寄存器被装入缓冲器
位 6:5	**CMS[1:0]**：选择中央对齐模式（Center-aligned mode selection）。 00：边沿对齐模式。计数器依据方向位（DIR）向上或向下计数； 01：中央对齐模式 1。计数器交替地向上和向下计数。配置为输出的通道（TIMx_CCMRx 寄存器中 CCxS = 00）的输出比较中断标志位，只在计数器向下计数时被设置； 10：中央对齐模式 2。计数器交替地向上和向下计数。配置为输出的通道（TIMx_CCMRx 寄存器中 CCxS = 00）的输出比较中断标志位，只在计数器向上计数时被设置； 11：中央对齐模式 3。计数器交替地向上和向下计数。配置为输出的通道（TIMx_CCMRx 寄存器中 CCxS = 00）的输出比较中断标志位，在计数器向上和向下计数时均被设置。 注：在计数器开启时（CEN = 1），不允许从边沿对齐模式转换到中央对齐模式

续 表

位	位功能描述
位 4	**DIR**：方向（Direction）。 0：计数器向上计数； 1：计数器向下计数。 注：当计数器配置为中央对齐模式或编码器模式时，该位为只读
位 3	**OPM**：单脉冲模式（One pulse mode）。 0：在发生更新事件时，计数器不停止； 1：在发生下一次更新事件（清除 CEN 位）时，计数器停止
位 2	**URS**：更新请求源（Update request source）软件通过该位选择 UEV 事件的源。 0：如果已使能更新中断或 DMA 请求，则下述任一事件产生更新中断或 DMA 请求： －计数器溢出/下溢； －设置 UG 位； －从模式控制器产生的更新； 1：如果已使能更新中断或 DMA 请求，则只有计数器溢出/下溢才产生更新中断或 DMA 请求
位 1	**UDIS**：软件通过该位允许/禁止 UEV（更新事件）的产生。 0：允许 UEV。更新事件由下述任一事件产生： －计数器溢出/下溢； －设置 UG 位； －从模式控制器产生的更新； 具有缓存的寄存器被装入预装载值（译注：更新影子寄存器）； 1：禁止 UEV。不产生更新事件，影子寄存器（ARR、PSC、CCRx）保持其原有值。如果设置了 UG 位或从模式控制器发出了一个硬件复位，则计数器和预分频器被重新初始化
位 0	**CEN**：使能计数器。 0：禁止计数器； 1：使能计数器。 注：在软件设置了 CEN 位后，外部时钟、门控模式和编码器模式才能工作。触发模式可以自动地通过硬件设置 CEN 位。在单脉冲模式下，当发生更新事件时，CEN 被自动清除

在本实验中，只用到了 TIMx_CR1 的最低位，也就是计数器使能位，该位必须置 1，才能让定时器开始计数。

（2）DMA/中断使能寄存器（TIMx_DIER），该寄存器是一个 16 位的寄存器，其各位功能描述见表 2-7-2。

表 2-7-2　DMA/中断使能寄存器（TIMx_DIER）各位功能描述

位	位功能描述
位 15	保留，始终读为 0
位 14	**TDE**：允许触发 DMA 请求（Trigger DMA request enable）。 0：禁止触发 DMA 请求； 1：允许触发 DMA 请求
位 13	保留，始终读为 0

续　表

位	位功能描述
位 12	**CC4DE**:允许捕获/比较 4 的 DMA 请求(Capture/Compare 4 DMA request enable)。 0:禁止捕获/比较 4 的 DMA 请求; 1:允许捕获/比较 4 的 DMA 请求
位 11	**CC3DE**:允许捕获/比较 3 的 DMA 请求(Capture/Compare 3 DMA request enable)。 0:禁止捕获/比较 3 的 DMA 请求; 1:允许捕获/比较 3 的 DMA 请求
位 10	**CC2DE**:允许捕获/比较 2 的 DMA 请求(Capture/Compare 2 DMA request enable)。 0:禁止捕获/比较 2 的 DMA 请求; 1:允许捕获/比较 2 的 DMA 请求
位 9	**CC1DE**:允许捕获/比较 1 的 DMA 请求(Capture/Compare 1 DMA request enable)。 0:禁止捕获/比较 1 的 DMA 请求; 1:允许捕获/比较 1 的 DMA 请求
位 8	**UDE**:允许更新的 DMA 请求(Update DMA request enable)。 0:禁止更新的 DMA 请求; 1:允许更新的 DMA 请求
位 7	保留,始终读为 0
位 6	**TIE**:触发中断使能(Trigger interrupt enable)。 0:禁止触发中断; 1:使能触发中断
位 5	保留,始终读为 0
位 4	**CC4IE**:允许捕获/比较 4 中断(Capture/Compare 4 interrupt enable)。 0:禁止捕获/比较 4 中断; 1:允许捕获/比较 4 中断
位 3	**CC3IE**:允许捕获/比较 3 中断(Capture/Compare 3 interrupt enable)。 0:禁止捕获/比较 3 中断; 1:允许捕获/比较 3 中断
位 2	**CC2IE**:允许捕获/比较 2 中断(Capture/Compare 2 interrupt enable)。 0:禁止捕获/比较 2 中断; 1:允许捕获/比较 2 中断
位 1	**CC1IE**:允许捕获/比较 1 中断(Capture/Compare 1 interrupt enable)。 0:禁止捕获/比较 1 中断; 1:允许捕获/比较 1 中断
位 0	**UIE**:允许更新中断(Update interrupt enable)。 0:禁止更新中断; 1:允许更新中断

TIMx_DIER 寄存器的第 0 位是更新中断允许位,该位设置为 1,是允许由于更新事件所产生的中断。

(3) 预分频寄存器(TIMx_PSC),该寄存器用设置对时钟进行分频,然后提供给计数器,作为计数器的时钟。该寄存器各位功能描述见表 2-7-3。

位	位功能描述
位 15:0	PSC[15:0]:预分频器的值; 计数器的时钟频率 CK_CNT 等于 $f_{CK\_PSC}/(PSC[15:0]+1)$; PSC 包含了当更新事件产生时装入当前预分频器寄存器的值

定时器的时钟来源有 4 个:

① 内部时钟(CK_INT) f_{CK_PSC}。

② 外部时钟模式 1:外部输入脚(TIx)。

③ 外部时钟模式 2:外部触发输入(ETR)。

④ 内部触发输入(ITRx):使用 A 定时器作为 B 定时器的预分频器(A 为 B 提供时钟)。

这些时钟,具体选择哪个可以通过 TIMx_SMCR 寄存器的相关位来设置。CK_INT时钟是从 APB1 倍频得来的,STM32 中除非 APB1 的时钟分频数设置为 1,否则通用定时器 TIMx 的时钟是 APB1 时钟的 2 倍,当 APB1 的时钟不分频的时候,通用定时器 TIMx的时钟就等于 APB1 的时钟。高级定时器的时钟不是来自 APB1,而是来自 APB2 的。

(4)自动重装载寄存器(TIMx_ARR),该寄存器在物理上实际对应着 2 个寄存器。一个是程序员可以直接操作的,另外一个是程序员看不到的,这个看不到的寄存器在《STM32 参考手册》里面被叫做影子寄存器。事实上真正起作用的是影子寄存器。根据TIMx_CR1 寄存器中 APRE 位的设置:APRE=0 时,预装载寄存器的内容可以随时传送到影子寄存器,此时两者是连通的;而 APRE=1 时,在每一次更新事件时,才把预装在寄存器的内容传送到影子寄存器。TIMx_ARR 寄存器各位功能描述见表 2-7-4。

位	位功能描述
位 15:0	ARR[15:0]:自动重装载的值。 ARR 包含了将要装载入实际的自动重装载寄存器的数值,当自动重装载寄存器的值为空时,计数器不工作

(5)状态寄存器(TIMx_SR)该寄存器用来标记当前与定时器相关的各种事件/中断是否发生。该寄存器各位功能描述见表 2-7-5。

位	位功能描述
位 15:13	保留,始终读为 0
位 12	**CC4OF**:捕获/比较 4 重复捕获标记(Capture/Compare 4 overcapture flag)。仅当相应的通道被配置为输入捕获时,该标记可由硬件置 1。置 0 可清除该位。 0:无重复捕获产生; 1:当计数器的值被捕获到 TIMx_CCR1 寄存器时,CC1IF 的状态已经为 1

位	位功能描述
位 11	**CC3OF**：捕获/比较 3 重复捕获标记（Capture/Compare 3 overcapture flag）（含义同 CC4OF）
位 10	**CC2OF**：捕获/比较 2 重复捕获标记（Capture/Compare 2 overcapture flag）（含义同 CC4OF）
位 9	**CC2OF**：捕获/比较 2 重复捕获标记（Capture/Compare 2 overcapture flag）（含义同 CC4OF）
位 8：7	保留，始终读为 0
位 6	**TIF**：触发器中断标记（Trigger interrupt flag）。 当发生触发事件（当从模式控制器处于除门控模式外的其他模式时，在 TRGI 输入端检测到有效边沿，或门控模式下的任一边沿）时由硬件对该位置 1。由软件清 0。 0：无触发器事件产生； 1：触发器中断等待响应
位 5	保留，始终读为 0
位 4	**CC4IF**：捕获/比较 4 中断标记（Capture/Compare 4 interrupt flag）。 如果通道 **CC1** 配置为输出模式，且当计数器值与比较值匹配时该位由硬件置 1，但在中心对称模式下除外（参考 TIMx_CR1 寄存器的 CMS 位）。由软件清 0。 0：无匹配发生； 1：TIMx_CNT 的值与 TIMx_CCR1 的值匹配。 如果通道 **CC1** 配置为输入模式，且当捕获事件发生时该位由硬件置 1，由软件清 0 或通过读 TIMx_CCR1 清 0。 0：无输入捕获产生； 1：计数器值已被捕获（拷贝）至 TIMx_CCR1（在 IC1 上检测到与所选极性相同的边沿）
位 3	**CC3IF**：捕获/比较 3 中断标记（Capture/Compare 3 interrupt flag）（含义同 CC4IF）
位 2	**CC2IF**：捕获/比较 2 中断标记（Capture/Compare 2 interrupt flag）（含义同 CC4IF）
位 1	**CC1IF**：捕获/比较 2 中断标记（Capture/Compare 2 interrupt flag）（含义同 CC4IF）
位 0	**UIF**：更新中断标记（Update interrupt flag）。 当产生更新事件时该位由硬件置 1。由软件清 0。 0：无更新事件产生； 1：更新中断等待响应。当寄存器被更新时该位由硬件置 1。 　－若 TIMx_CR1 寄存器的 UDIS＝0、URS＝0，当 TIMx_EGR 寄存器的 UG＝1 时产生更新事件（软件对计数器 CNT 重新初始化）； 　－若 TIMx_CR1 寄存器的 UDIS＝0、URS＝0，当计数器 CNT 被触发事件重初始化时产生更新事件（参考同步控制寄存器的说明）

只要对以上几个寄存器进行简单的设置，就可以使用通用定时器了，并且可以产生中断。

定时器中断是否发生，可以看其能否进入中断服务函数里面，可以通过翻转 LED 控制管脚的电平，来指示定时器中断的产生。

下面以通用定时器 TIM3 为实例，来说明要经过哪些步骤，才能达到这个要求，并产生中断。定时器相关的库函数主要集中在 HAL 库文件 stm32f1xx_hal_tim.h 和

stm32f1xx_hal_tim.c 文件中。

定时器配置步骤如下：

（1）TIM3 时钟使能

HAL 中定时器使能是通过宏定义标识符来实现对相关寄存器操作的，方法如下：

```
__HAL_RCC_TIM3_CLK_ENABLE();                          //使能 TIM3 时钟
```

（2）初始化定时器参数，设置自动重装值，分频系数，计数方式等

在 HAL 库中，定时器的初始化参数是通过初始化函数 HAL_TIM_Base_Init 实现的：

```
HAL_StatusTypeDef HAL_TIM_Base_Start_IT(TIM_HandleTypeDef * htim);
```

该函数只有一个入口参数，就是 TIM_HandleTypeDef 类型结构体指针，结构体类型的定义：

```
typedef struct
{
    TIM_TypeDef                     * Instance;
    TIM_Base_InitTypeDef            Init;
    HAL_TIM_ActiveChannel           Channel;
    DMA_HandleTypeDef               * hdma[7U];
    HAL_LockTypeDef                 Lock;
    __IO HAL_TIM_StateTypeDef       State;
}TIM_HandleTypeDef;
```

① 第一个参数 Instance 是寄存器基地址。和串口、看门狗等外设一样，一般外设的初始化结构体定义的第一个成员变量都是寄存器基地址。这在 HAL 库中都定义好了，比如要初始化定时器 1，则其值设置为 TIM1 即可。

② 第二个参数 Init 为真正的初始化结构体 TIM_Base_InitTypeDef 类型，给结构体定义如下：

```
typedef struct
{
uint32_t Prescaler;                          //预分频系数
uint32_t CounterMode;                        //计数方式
uint32_t Period;                             //自动装载值 ARR
uint32_t ClockDivision;                      //时钟分频因子
uint32_t RepetitionCounter;
uint32_t AutoReloadPreload;
}TIM_Base_InitTypeDef;
```

该初始化结构体中,参数 Prescaler 是用来设置分频系数的;参数 CounterMode 是用来设置计数方式,可以设置为向上计数、向下计数方式还有中央对齐计数方式,比较常用的是向上计数模块 TIM_CounterMode_Up 和向下计数模式 TIM_CounterMode_Down;参数 Period 是设置自动重载计数周期值;参数 ClockDivision 是用来设置时钟分频因子,也就是定时器时钟频率 CK_INT 与数字滤波器所使用的采样时钟之间的分频比;参数 RepetitionCounter 用来设置活跃通道,用在高级定时器中;参数 AutoReloadPreload 用来设置自动重新加载预载。

③ 第三个参数 Channel 用来设置活跃通道。取值范围内:HAL_TIM_ACTIVE_CHANNEL_1 ～ HAL_TIM_ACTIVE_CHANNEL_4。每个定时器最多有四个通道可以用来做输出比较、输入捕获等功能之用。

④ 第四个参数 hdma 是定时器的 DMA 功能时用到的。

⑤ 第五个参数 Lock 和第六个参数 State,是状态过程标识符,是 HAL 库用来记录和标志定时器处理过程。定时器初始化范例如下:

```
TIM_HandleTypeDef TIM3_Handler;                                //定时器句柄
TIM3_Handler.Instance = TIM3;                                  //通用定时器 3
TIM3_Handler.Init.Prescaler = 7199;                            //分频系数
TIM3_Handler.Init.CounterMode = TIM_COUNTERMODE_UP;            //向上计数器
TIM3_Handler.Init.Period = 4999;                               //自动装载值
TIM3_Handler.Init.ClockDivision = TIM_CLOCKDIVISION_DIV1; //时钟分频因子
TIM3_Handler.Init.AutoReloadPreload = TIM_AUTORELOAD_PRELOAD_ENABLE;
                                                               //使能自动重载
HAL_TIM_Base_Init(&TIM3_Handler);
```

(3) 使能定时器更新中断,使能定时器

HAL 库中,使能定时器更新中断和使能定时器两个操作可以在函数 HAL_TIME_Base_Start_IT()中一次完成的,如下:

```
HAL_StatusTypeDef HAL_TIM_Base_Start_IT(TIM_HandleTypeDef * htim);
```

该函数只有一个入口参数。调用该定时器之后,会首先调用__HAL_TIM_ENABLE_IT 宏定义使能更新中断,然后调用宏定义__HAL_TIM_ENABLE 使能相应的定时器。单独使能/关闭定时器中断和使能/关闭定时器方法如下:

```
__HAL_TIM_ENABLE_IT(htim, TIM_IT_UPDATE); //使能句柄制定的定时器更新中断
__HAL_TIM_DISABLE_IT(htim, TIM_IT_UPDATE);  //关闭句柄指定的定时器更新中断
__HAL_TIM_ENABLE(htim);                     //使能句柄 htim 指定的定时器
__HAL_TIM_DISABLE(htim);                    //关闭句柄 htim 指定的定时器
```

(4) TIM3 中断优先级设置

在定时器中断使能之后，因为要产生中断，必不可少地要设置 NVIC 的相关寄存器，设置中断优先级。HAL 库为定时器初始化定义了回调函数 HAL_TIM_Base_MspInit。

一般情况下，与 MCU 有关的使能，以及中断优先级配置会放在该回调函数内部。函数如下：

```
void HAL_TIM_Base_MspInit(TIM_HandleTypeDef * htim);
```

(5) 编写中断服务函数

在最后，还是要编写定时器中断服务函数，通过该函数来处理定时器产生的相关中断。通常情况下，在中断产生后，通过状态寄存器的值来判断此次产生的中断属于什么类型，然后执行相关的操作。这里使用的是更新（溢出）中断，所以在状态寄存器 SR 的最低位。在处理完中断之后应该向 TIM3_SR 的最低位写 0，来清除该中断标志。

对于定时器中断，HAL 库封装了处理过程。下面以定时器 3 的更新中断为例来讲解。

首先，中断服务函数是不变的，定时器 3 的中断服务函数为：

```
void TIM3_IRQHandler(void);
```

一般情况下用户是在中断服务函数内部编写中断控制逻辑。但是 HAL 库为用户定义了新的定时器中断共用处理函数 HAL_TIM_IRQHandler，在每个定时器的中断服务函数内部都会调用该函数。函数如下：

```
void HAL_TIM_IRQHandler(TIM_HandleTypeDef * htim);
```

该函数内部会对相应的中断标志进行详细判断，确定中断来源后，会自动清掉该中断标志位，同时调用不同类型的中断回调函数。所以用户的中断控制逻辑只用编写在中断回调函数中，并且中断回调函数中不需要清中断标志位。定时器更新中断回调函数为：

```
void HAL_TIM_PeriodElapsedCallback(TIM_HandleTypeDef * htim);
```

用户可以通过以上步骤用通用定时器的更新中断来控制 LED 的定时亮灭。

定时器的主要功能体现在定时（计数）、PWM（输出）、输入捕获（输入）等。

三、PWM 及相关寄存器

PWM 是利用微处理器的数字输出来对模拟电路进行控制的一种非常有效的技术。简单一点，就是对脉冲宽度的控制。

STM32 的定时器除了 TIM6 和 TIM7。其他的定时器都可以用来产生 PWM 输出。其中高级定时器 TIM1 和 TIM8 可以同时产生多达 7 路的 PWM 输出。而通用定时器也能同时产生 4 路的 PWM 输出，这样，STM32 最多可以同时产生 30 路 PWM 输出。

要使 STM32 的高级定时器 TIM1 和 TIM8 产生 PWM 输出,除了前面介绍的几个寄存器(ARR、PSC、CR1 等)外,还需要用到其他 4 个寄存器(通用定时器则只需要 3 个),来控制 PWM 的输出。这四个寄存器分别是:捕获/比较模式寄存器(TIMx_CCMR1/2)、捕获/比较使能寄存器(TIMx_CCER)、捕获/比较寄存器(TIMx_CCR1~4)以及刹车和死区寄存器(TIMx_BDTR)。

(1) 捕获/比较模式寄存器(TIMx_CCMR1/2),该寄存器总共有 2 个,TIMx_CCMR1 和 TIMx_CCMR2。TIMx_CCMR1 控制 CH1 和 CH2,而 TIMx_CCMR2 控制 CH3 和 CH4。TIMx_CCMR1 和 TIMx_CCMR2 寄存器被分为 2 层(表 2-7-6),上层对应于输出比较模式,下层对应于输入捕获模式。上下层的选择由 CC1S[1:0](ch1)、CC2S[1:0](ch2)、CC3S[1:0](ch3)、CC4S[1:0](ch4)控制,其中 00 选择输出比较,其他选择输入。

表 2-7-6　捕获/比较模式寄存器(TIMx_CCMR1)的双层结构

15	14	13	12	11	10	9	8	7	6	5	4	3	2	1	0
OC2CE	OC2M[2:0]			OC2PE	OC2FE	CC2S[1:0]		OC1CE	OC1M[[2:0]			OC1PE	OC1FE	CC1S[1:0]	
IC2F[3:0]				IC2PSC[1:0]		CC2S[1:0]		IC1F[3:0]				IC1PSC[1:0]		CC1S[1:0]	

模式设置位 OCxM 由 3 位组成,总共可以配置成 7 种模式,如果要设置为 PWM 模式,这 3 位必须设置为 110/111。这两种 PWM 模式的区别就是输出电平的极性相反。另外 CCxS 用于设置通道的方向(输入/输出)默认设置为 0,就是设置通道作为输出使用。

(2) 捕获/比较使能寄存器(TIMx_CCER),该寄存器控制着各个输入输出通道的开关。

该寄存器的 CC1E 位是输入/捕获 1 输出使能位,要想 PWM 从 IO 口输出,这个位必须设置为 1。

(3) 捕获/比较寄存器(TIMx_CCR1~4),该寄存器总共有 4 个,对应 4 个输通道 CH1~4。因为这 4 个寄存器都差不多,仅以 TIMx_CCR1 为例介绍,该寄存器各位功能描述见表 2-7-7。

表 2-7-7　捕获/比较寄存器(TIMx_CCR1)各位功能描述

位	位功能描述
位 15:0	CCR1[[15:0]:捕获/比较 1 的值。 **若 CC1 通道配置为输出:** CCR1 包含了装入当前捕获/比较 1 寄存器的值(预装载值)。 　如果在 TIMx_CCMR1 寄存器(OC1PE 位)中未选择预装载功能,写入的数值会立即传输至当前寄存器中。否则只有当更新事件发生时,此预装载值才传输至当前捕获/比较寄存器中。 　当前捕获/比较寄存器参与同计数器 TIMx_CNT 的比较,并在 OC1 端口上产生输出信号。 **若 CC1 通道配置为输入:** CCR1 包含了由上一次输入捕获 1 事件(IC1)传输的计数器值

在输出模式下,该寄存器的值与 CNT 的值比较,根据比较结果产生相应动作。利用这点,通过修改这个寄存器的值,就可以控制 PWM 的输出脉宽了。本项目使用的是

TIM1 的通道 1,所以需要修改 TIM1_CCR1 以实现脉宽控制 DS0 的亮度。

如果是通用定时器,则配置以上三个寄存器就够了;如果是高级定时器,还需要配置:刹车和死区寄存器(TIMx_BDTR),该寄存器结构见表 2-7-8。

表 2-7-8　刹车和死区寄存器(TIMx_BDTR)结构

15	14	13	12	11	10	9	8	7	6	5	4	3	2	1	0
MOE	AOE	BKP	BKE	OSSR	OSSI	LOCK[1:0]					DTG[7:0]				

该寄存器,首要关注位为最高位:MOE 位,要想高级定时器的 PWM 正常输出,则必须设置 MOE 位为 1,否则不会有输出。注意:通用定时器不需要配置这个。其他位就不一一介绍了。

四、通过 TIM1_CH1 输出 PWM 的配置步骤

PWM 一样使用定时器功能,所以相关的函数设置同样在库函数文件 stm32f1xx_hal_tim.h 和 stm32f1xx_hal_tim.c 文件中。

(1) 开启 TIM1 和 GPIO 时钟,配置 PA8 为复用推挽输出

要使用 TIM1,必须先开启 TIM1 的时钟,还要使能 PORTA 的时钟,并配置 PA8 为复用输出,因为 TIM1_CH1 通道将使用 PA8 的复用功能作为输出。HAL 库使能 TIM1 时钟和 GPIO 时钟方法是:

```
__HAL_RCC_TIM1_CLK_ENABLE();          //使能定时器 1
__HAL_RCC_GPIOA_CLK_ENABLE();         //开启 GPIOA 时钟
GPIO_Initure.Mode = GPIO_MODE_AF_PP;  //复用推挽输出
```

(2) 初始化 TIM1 的 ARR 和 PSC 等参数

初始化定时器的 ARR 和 PSC 等参数是通过函数 HAL_TIM_Base_Init 来实现的,但使用定时器的 PWM 输出功能时,HAL 库为用户提供了一个独立的定时器初始化函数 HAL_TIM_PWM_Init,该函数如下:

```
HAL_StatusTypeDef HAL_TIM_PWM_Init(TIM_HandleTypeDef * htim);
```

该函数实现的功能以及使用方法和 HAL_TIM_Base_Init 类似,作用是初始化定时器的 ARR 和 PSC 等参数。HAL 库为定时器的 PWM 输出定义了单独的 MSP 回调函数 HAL_TIM_PWM_MspInit,也就是说当用户调用 HAL_TIM_PWM_Init 进行 PWM 初始化之后,该函数内部会调用 MSP 回调函数 HAL_TIM_PWM_MspInit。当用户使用 HAL_TIM_Base_Init 初始化定时器参数时,它内部调用的回调函数为 HAL_TIM_Base_MspInit。

(3) 设置 TIM1_CH1 的 PWM 模式、输出比较极性、比较值等参数

下面设置 TIM1_CH1 为 PWM 模式(默认时是冻结的),因为 LED0 是低电平亮,而本项目希望当 CCR1 的值小的时候,LED0 变暗;CCR1 值大的时候,LED0 变亮。通过

配置 TIM1_CCMR1 的相关位来控制 TIM1_CH1 的模式。

在 HAL 库函数中,PWM 通道是通过函数 HAL_TIM_PWM_ConfigChannel 来设置的:

```
HAL_StatusTypeDef HAL_TIM_PWM_ConfigChannel(TIM_HandleTypeDef * htim,
TIM_OC_InitTypeDef * sConfig, uint32_t Channel);
```

第一个参数 htim 是定时器初始化句柄,TIM_HandleTypeDef 结构体指针类型,这和 HAL_TIM_PWM_Init 函数调用时参数保持一致即可。

第二个参数 sConfig 是 TIM_OC_IniTypeDef 结构体指针类型,是该函数最重要的参数。该参数用来设置 PWM 输出模式、极性、比较值等重要参数。该结构体定义:

```
typedef struct
{
uint32_t OCMode;                        //PWM 模式
  uint32_t Pulse;                       //捕获比较值
  uint32_t OCPolarity;                  //极性
  uint32_t OCNPolarity;
  uint32_t OCFastMode;                  //快速模式
  uint32_t OCIdleState;
  uint32_t OCNIdleState;
}TIM_OC_InitTypeDef;
```

结构体变量 OCMode 用来设置模式,本项目设置为 PWM 模式 1。结构体变量 Pulse 用来设置捕获比较值。结构体变量 TIM_OCPolarity 用来设置输出极性是高还是低。其他参数 TIM_OutputNState、TIM_OCNPolarity、TIM_OCIdleState 和 TIM_OCNIdleState 是高级定时器才用到的。

第三个参数 Channel 用来选择定时器通道,取值范围 TIM_CHANNEL_1～TIM_CHANNEL_4。

具体实现代码为:

```
TIM_OC_InitTypeDef TIM1_CH1Handler;              //定时器 1 通道 1 句柄
TIM1_CH1Handler.OCMode = TIM_OCMODE_PWM1;        //模式选择 PWM1
TIM1_CH1Handler.Pulse = arr/2;
//设置比较值,此值用来确定占空比,默认比较值为自动重装载值的一半,即占空比为 50 %
TIM1_CH1Handler.OCPolarity = TIM_OCPOLARITY_LOW;     //输出比较极性为低
HAL_TIM_PWM_ConfigChannel(&TIM1_Handler, &TIM1_CH1Handler, TIM_CHANNEL_1);
                                                 //配置 TIM1 通道 1
```

（4）使能 TIM1，使能 TIM1_CH1 输出

在完成以上设置之后，需要使能 TIM1 并且使能 TIM1_CH1 输出。在 HAL 库中，函数 HAL_TIM_PWM_Start 可以用来实现这两个功能，函数声明如下：

```
HAL_StatusTypeDef HAL_TIM_PWM_Start(TIM_HandleTypeDef * htim, uint32_t Channel);
```

该函数第二个参数 Channel 是用来设置要使能的通道号。

HAL 库也提供了单独使能定时器的输出通道函数，如下：

```
void TIM_CCxChannelCmd(TIM_TypeDef * TIMx, uint32_t Channel, uint32_t ChannelState);
```

（5）修改 TIM1_CCR1 来控制占空比

经过以上设置后，PWM 已经可以输出了，只是其占空比和频率都是固定的。通过修改 TIM1_CCR1 可以控制 CH1 的输出占空比，继而控制 LED 的亮度。在 HAL 库中调用函数 HAL_TIM_PWM_ConfigChannel 函数进行 PWM 配置的时候可以设置比较值，用户也可以自己编写程序改写输出占空比实现小灯亮度调节。

五、输入捕获及相关寄存器

输入捕获模式可以用来测量脉冲宽度或者测量频率。STM32 的定时器，除了 TIM6 和 TIM7，其他定时器都有输入捕获功能。STM32 的输入捕获，简单的说就是通过检测 TIMx_CHx 上的边沿信号，在边沿信号发生跳变（比如上升沿/下降沿）的时候，将当前定时器的值（TIMx_CNT）存放到对应的通道的捕获/比较寄存器（TIMx_CCRx）里面，完成一次捕获。同时还可以配置捕获时是否触发中断/DMA 等。

用 TIM2_CH1 来捕获高电平脉宽，也就是要先设置输入捕获为上升沿检测，记录发生上升沿的时候 TIM2_CNT 的值。然后配置捕获信号为下降沿捕获，当下降沿到来时，发生捕获，并记录此时的 TIM2_CNT 值。这样，前后两次 TIM2_CNT 之差，就是高电平的脉宽，同时 TIM2 的计数频率是知道的，从而可以计算出高电平脉宽的准确时间。

需要用到的寄存器有：TIMx_ARR、TIMx_PSC、TIMx_CCMR1、TIMx_CCER、TIMx_DIER、TIMx_CR1、TIMx_CCR1。这些寄存器在前面都有提到，这里仅针对性的介绍这几个寄存器的配置。

① TIMx_ARR 和 TIMx_PSC，这两个寄存器用来设置自动重装载值和 TIMx 的时钟分频，用法同前面介绍的，这里不再介绍。

② 捕获/比较模式寄存器 TIMx_CCMR1，这个寄存器在输入捕获的时候，非常有用，其各位功能描述见表 2-7-9。

表 2-7-9　捕获/比较模式寄存器（TIMx_CCMR1）各位功能描述

位	位功能描述
位 7:4	IC1F[3:0]:输入捕获 1 滤波器（Input capture 1 filter）。 这几位定义了 TI1 输入的采样频率及数字滤波器长度。 数字滤波器由一个事件计数器组成,它记录到 N 个事件后会产生一个输出的跳变: 0000:无滤波器,以 f_{DTS} 采样; 1000:采样频率 $f_{SAMPLING}=f_{DTS}/8, N=6$; 0001:采样频率 $f_{SAMPLING}=f_{CK\_INT}, N=2$; 1001:采样频率 $f_{SAMPLING}=f_{DTS}/8, N=8$; 0010:采样频率 $f_{SAMPLING}=f_{CK\_INT}, N=4$; 1010:采样频率 $f_{SAMPLING}=f_{DTS}/16, N=5$……
位 3:2	C1PSC[1:0]:输入/捕获 1 预分频器（Input capture 1 prescaler）。 这 2 位定义了 CC1 输入（IC1）的预分频系数。 一旦 CC1E=0（TIMx_CCER 寄存器中）,则预分频器复位。 00:无预分频器,捕获输入口上检测到的每一个边沿都触发一次捕获; 01:每 2 个事件触发一次捕获; 10:每 4 个事件触发一次捕获; 11:每 8 个事件触发一次捕获
位 1:0	CC1S[1:0]:捕获/比较 1 选择（Capture/Compare 1 selection）位 1:0。 这 2 位定义通道的方向（输入/输出）,及输入脚的选择: 00:CC1 通道被配置为输出; 01:CC1 通道被配置为输入,IC1 映射在 TI1 上; 10:CC1 通道被配置为输入,IC1 映射在 TI2 上; 11:CC1 通道被配置为输入,IC1 映射在 TRC 上。此模式仅工作在内部触发器输入被选中时（由 TIMx_SMCR 寄存器的 TS 位选择）。 注:CC1S 仅在通道关闭时（TIMx_CCER 寄存器的 CC1E=0）才是可写的

当在输入捕获模式下使用的时候,TIMx_CCMR1 明显是针对 2 个通道的配置,低八位[7:0]用于捕获/比较通道 1 的控制,而高八位[15:8]则用于捕获/比较通道 2 的控制,而 CCMR2 是用来控制通道 3 和通道 4。

这里用到的是 TIM2 的捕获/比较通道 1,重点介绍 TIMx_CCMR1 的[7:0]位（高 8 位配置类似）,其中 CC1S[1:0],这两位用于 CCR1 的通道方向配置,如果设置 IC1S[1:0]=01,也就是配置为输入,且 IC1 映射在 TI1 上（关于 IC1、TI1 不明白的,可以看《STM32 参考手册》14.2 节的图 98-通用定时器框图）,CC1 即对应 TIMx_CH1。

输入捕获 1 预分频器 IC1PSC[1:0]:如果 1 次边沿就触发 1 次捕获,则 IC1PSC[1:0]=00 即可。

输入捕获 1 滤波器 IC1F[3:0],这个用来设置输入采样频率和数字滤波器长度。其中,f_{CK_INT} 是定时器的输入频率（TIMxCLK）,一般为 72 MHz,而 f_{DTS} 则是根据TIMx_CR1 的 CKD[1:0]的设置来确定的,如果 CKD[1:0]设置为 00,则 $f_{DTS}=f_{CK\_INT}$。N 值就是滤波长度,举个简单的例子:假设 IC1F[3:0]=0011,并设置 IC1 映射到通道 1 上,且为上升沿触发,则在捕获到上升沿的时候,再以 fCK_INT 的频率,连续采样到 8 次通道 1 的电平,如果都是高电平,则说明确实是一个有效的触发,就会触发输入捕获中断（如果开启了的话)。这样可以滤除那些高电平脉宽低于8个采样周期的脉冲信号,从而达到滤波的效果。如果不做滤波处理,设置 IC1F[3:0]＝0000 即可,只要采集到上升沿,就触发捕获。

③ 捕获/比较使能寄存器 TIMx_CCER,本项目要用到这个寄存器的最低 2 位,CC1E 和 CC1P 位。这两个位的功能描述见表 2-7-10。

表 2-7-10　捕获/比较使能寄存器(TIMx_CCER)最低 2 位功能描述

位	位功能描述
位 1	CC1P:输入/捕获 1 输出极性(Capture/Compare 1 output polarity)。 CC1 通道配置为输出: 0:OC1 高电平有效。 1:OC1 低电平有效。 CC1 通道配置为输入,该位选择是 IC1 还是 IC1 的反相信号作为触发或捕获信号: 0:不反相:捕获发生在 IC1 的上升沿;当用作外部触发器时,IC1 不反相; 1:反相:捕获发生在 IC1 的下降沿;当用作外部触发器时,IC1 反相
位 0	CC1E:输入/捕获 1 输出使能(Capture/Compare 1 output enable)。 CC1 通道配置为输出: 0:关闭输入捕获,OC1 禁止输出。 1:开启输入捕获,OC1 信号输出到对应的输出引脚。 CC1 通道配置为输入,该位决定了计数器的值是否能捕获入 TIMx_CCR1 寄存器: 0:捕获禁止; 1:捕获使能

要使能输入捕获,必须设置 CC1E＝1,而 CC1P 则根据自己的需要来配置。

如果需要用到中断来处理捕获数据,则必须开启通道 1 的捕获比较中断,即 CC1IE 设置为 1。

控制寄存器:TIMx_CR1,只用到它的最低位,也就是用来使能定时器的,前面已有介绍。

捕获/比较寄存器(TIMx_CCR1):该寄存器用来存储捕获发生时,TIMx_CNT 的值。从 TIMx_CCR1 就可以读出通道 1 捕获发生时刻的 TIMx_CNT 值,通过两次捕获(一次上升沿捕获,一次下降沿捕获)的差值,就可以计算出高电平脉冲的宽度。

至此,已把本项目需要用到的几个寄存器介绍完了。本项目要通过输入捕获,来获取 TIM2_CH1(PA0)输入信号的周期宽度,通过测周期法实现频率的测量。

六、库函数设置输入捕获的配置步骤

(1) 开启 TIM2 时钟,配置 PA0 为浮空输入

要使用 TIM2,必须先开启 TIM2 的时钟,还要配置 PA0 为浮空输入。

(2) 初始化 TIM2,设置 TIM2 的 ARR 和 PSC

在开启了 TIM2 的时钟之后,要设置 ARR 和 PSC 两个寄存器的值来设置输入捕获的自动重装载值和计数频率。

(3) 设置 TIM2 的输入比较参数,开启输入捕获

输入比较参数的设置包括映射关系、滤波、分频以及捕获方式等。这里需要设置通道 1 为输入模式,且 IC1 映射到 TI1(通道 1)上面,并且不使用滤波器(提高响应速度),上升沿捕获。

(4) 使能定时器捕获中断(设置 TIM2 的 DIER 寄存器)

因为要捕获的是信号周期宽度,捕获在中断里面做,所以必须开启捕获中断。HAL 库中开启定时器中断方法为:

```
__HAL_TIM_ENABLE_IT(&TIM2_Handler, TIM_IT_UPDATE);   //使能更新中断
```

HAL 库还提供了一个函数同时开启定时器的输入捕获通道和使能捕获中断,如下:

```
HAL_StatusTypeDef HAL_TIM_IC_Start_IT(TIM_HandleTypeDef * htim, uint32_t
Channel);
```

该函数同时还使能了定时器,一个函数具备三个功能。

如果不需要开启捕获中断,只是开启输入捕获功能,HAL 库函数为:

```
HAL_StatusTypeDef HAL_TIM_IC_Start(TIM_HandleTypeDef * htim, uint32_t
Channel);
```

(5) 使能定时器(设置 TIM2 的 CR1 寄存器)

还需打开定时器的计数器开关,启动 TIM2 的计数器,开始输入捕获。

如果用户调用了 HAL_TIM_IC_Start_IT 函数来开启输入捕获通道以及输入捕获中断,实际上它同时也开启了相应的定时器。单独的开启定时器的方法为:

```
__HAL_TIM_ENABLE();                          //开启定时器方法
```

(6) 设置 NVIC 中断优先级

如果使用到中断,在系统初始化之后,需要先设置中断优先级。一般情况下 NVIC 配置都会放在 MSP 回调函数中。对于输入捕获功能,回调函数为:

```
HAL_TIM_IC_MspInit;
```

(7) 编写中断服务函数

最后编写中断服务函数,定时器 2 中断服务函数为:

```
void TIM2_IRQHandler(void);
```

一般情况下,用户都不把中断控制逻辑直接编写在中断服务函数中,因为 HAL 库提供了一个共用的中断处理入口参数 HAL_TIM_IRQHandler,该函数中会对中断来源进

行判断然后调用相应的中断处理回调函数,HAL库提供了多个中断处理回调函数,使用到捕获中断的回调函数为:

```
void HAL_TIM_IC_CaptureCallback(TIM_HandleTypeDef * htim)    //捕获中断
```

需要根据具体任务重新定义这个函数,编写中断处理控制逻辑即可。

操作训练

✎ 任务一 定时器中断

本任务用到的硬件资源有:指示灯LED2、定时器TIM3。

本任务将通过TIM3的中断来控制LED2的亮灭,LED2的电路前面已有介绍。而TIM3属于STM32的内部资源,只需要软件设置即可正常工作。

(一)任务要求

本次实训要求控制LED小灯1秒闪烁1次。实训的目的是通过LED的闪烁实验掌握库函数的调用方法、端口的配置方法、程序执行流程,并体验到程序控制的实际效果。

(二)任务分析

由图1-2-16知道,如果将YJCD2的34用跳线帽短接,则可以通过PA1控制LED2。要完成相应的控制任务,需要:使能GPIOA端口时钟、配置引脚PA0为推挽输出模式;在定时器中断回调函数中,让引脚PA1反转,以此来控制所连接的LED灯,使其闪烁。

本任务通过HAL库实现对LED灯的控制。步骤如下:

第一步:打开STM32 CubeMX,在System Core选项的RCC子项中,选择Crystal/Ceramic,即选择外部时钟;在System Core选项的RCC子项中,Debug部分选择JTAG(4pins),并注意到Timebase已经默认选择了SysTick,即默认配置了滴答时钟。

第二步:PA1配置为输出模式。

第三步:配置系统时钟为72 MHz。

第四步:TIM3中断配置,步骤如下:

(1)在Pinout-〉TIM3配置项中,配置Clock Source为Internal Clock。

(2)进入Configuration-〉TIM3配置项,在弹出的界面中点击Parameter Settings选项卡,Counter Settings配置栏下面的五个选项就是用来配置定时器的。配置预分频系数Prescaler为7 199,计数模式配置为"Up",计数周期Counter Period配置为4 999,使能自动装载功能(Enable)。

设置为递增计数模式,预分频器设置为7 200−1,即7 200分频,则定时器的频率为10 000 Hz,一个脉冲的时间为1/10 000 s。则若要定时0.5 s,则自动重载寄存器设置为5 000−1。

(3)进入Configuration-〉NVIC配置页,在弹出的界面中点击NVIC选项卡,配置Interrput Table中TIM3 global interrupt,使能中断,配置抢占优先级和相应优先级。

第五步：设置工程名，存储位置，选择编译器后，按 GENERATE CODE 生成代码。

第六步：启动定时器。

打开所生成的项目工程。所生成的项目工程是一个基础性的程序模板，在 main()函数里面已经调用了函数 HAL_Init()、SystemClock_Config()、MX_GPIO_Init()等，分别实现了 HAL 的初始化，系统时钟的配置，端口及引脚配置等。

在 main.c 文件中 while(1)循环前面添加启动基本定时器中断模式计数：

```
HAL_TIM_Base_Start_IT(&htim3);
```

把 main()函数里 while 循环里的代码注释掉，while 循环里面为空。

第七步：设计回调函数。

在 main.c 文件后面 USER CODE BEGIN 4 和 USER CODE END 4 中间添加中断回调函数。定时器中断处理函数中翻转一次 LED0 的电平：

```
void HAL_TIM_PeriodElapsedCallback(TIM_HandleTypeDef * htim)
{
    if(TIM3 == htim ->Instance)
        HAL_GPIO_TogglePin(GPIOA, GPIO_PIN_1);
}
```

TIM 溢出中断的硬件仿真结果如图 2-7-1 所示。

```
147    /* USER CODE BEGIN 4 */
148    void HAL_TIM_PeriodElapsedCallback(TIM_HandleTypeDef *htim)
149 □{
150        if(TIM3==htim->Instance)
151            HAL_GPIO_TogglePin(GPIOA, GPIO_PIN_1);
152    }
```

图 2-7-1　TIM3 溢出中断硬件仿真

代码分析：在 main()函数中调用 HAL_TIM_Base_Start_IT(&htim3)函数开启定时器，定时器从 0 开始计数，当计数到 5 000 - 1，即 4 999 时，产出上溢出事件，计数器又从 0 开始继续计数。由于开启了定时器中断，所以发生上溢出事件时会触发定时器中断。程序会转跳到中断服务函数中运行。在中断服务函数中翻转 LED 的电平。下次定时器再次溢出触发中断继续翻转 LED 的电平。如果没有错误，将看到 LED2 不停闪烁（每 1 s 闪烁 1 次）。

微视频

定时器及定时器中断

任务二　PWM 信号输出

本任务用到的硬件资源有：定时器 TIM2 的通道 1（对应 PA0，指示灯 LED1）、TIM2 的通道 2（对应 PA1）。

非复用情况下，TIM1 的独立通道是 PA8、PA9、PA10、PA11；TIM2 的独立通道是

PA0、PA1、PA2、PA3;TIM3 的独立通道是 PA6、PA7、PB0、PB1。所有 TIM 的独立通道均可从"STM32F10xxx 参考手册"中查找到。本任务是让某独立通道输出的 PWM 控制 LED,而实际电路中,LED1 连接到 PA0,因此,可配置 TIM2 的 CH1、CH2 输出 PWM 波。占空比高时 LED 暗,占空比小时 LED 亮。

使用 STM32CubeMX 配置 PWM 输出的配置步骤和配置定时器中断的配置步骤非常接近,步骤如下:

第一步:在 Pinout－〉TIM2 配置项中,配置 Clock Source 为 Internal Clock,配置 Channel1 的值为 PWM generation CH1,配置 Channel 2 的值为 PWM generation CH2。

第二步:进入 Configuration－〉TIM2 配置页,在弹出的界面中点击 Parameter Settings 选项卡,Counter Settings 配置栏下面的四个选项就是用来配置定时器的预分频系数、自动装载值、计数模式以及时钟分频因子。配置 Prescaler 输入 360－1,配置 Counter Period 输入 2 000－1,auto-reload preload 选择 Enable,配置 PWM generation Channel 1 的 pulse 为 200,配置 PWM generation Channel 2 的 pulse 为 600。

第三步:PWM 输出实验并没有使用到中断,所以不需要使能中断和配置 NVIC,经过上面的配置就可以生成工程源码。

第四步:生成代码只是完成了初步配置,要实现实际功能还需要在 main.c 文件中添加一个用户 PWM 设置函数,设置 pulse 的值可以修改脉宽,函数如下:

```
void user_pwm_setvalue(uint16_t value)
{
    TIM_OC_InitTypeDef sConfigOC;
    sConfigOC.OCMode = TIM_OCMODE_PWM1;
    sConfigOC.Pulse = value;
    sConfigOC.OCPolarity = TIM_OCPOLARITY_HIGH;
    sConfigOC.OCFastMode = TIM_OCFAST_DISABLE;
    HAL_TIM_PWM_ConfigChannel(&htim2, &sConfigOC, TIM_CHANNEL_1);
    HAL_TIM_PWM_Start(&htim2, TIM_CHANNEL_1);
}
```

第五步:调用函数设置脉冲宽度,并启动 PWM:

```
/* USER CODE BEGIN 2 */
user_pwm_setvalue(200);
HAL_TIM_PWM_Start(&htim2, TIM_CHANNEL_1);
HAL_TIM_PWM_Start(&htim2, TIM_CHANNEL_2);
```

在完成软件设计之后,可以采用软件仿真的方法并用 Analysis Windows 观察 PWM 波形。设置方法为:在 Setup 中输入 PORTx.x(如 PORTA.2 等)然后回车;PA0、PA1 输

出 PWM 波形软件仿真结果如图 2-7-2 所示:

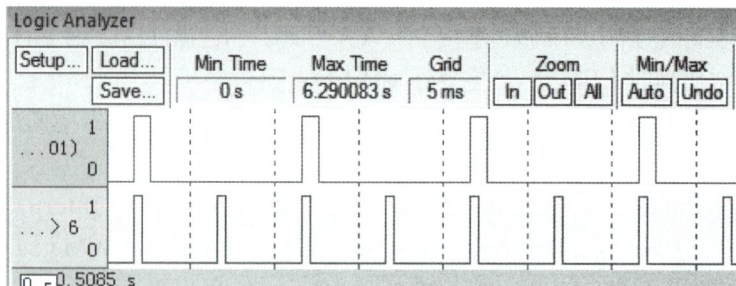

图 2-7-2　PWM 波形软件仿真结果

拓展配置:按键改变脉冲宽度实验。

在 while 循环中编写如下程序不断修改脉宽,实现 LED 亮度渐变。Pulse 的值最大为 2 000,从 0 开始,每 100 ms 增加 100,当增加到 2 000 时,又逐渐递减到 0:

```
HAL_Delay(100);
if(pwm_value == 0) step = 100;
if(pwm_value == 2000) step = -100;
pwm_value += step;
user_pwm_setvalue(pwm_value);
```

在 main.c 函数前面声明 pwm_value, step 变量,user_pwm_setvalue()函数。至此,软件设计就完成了。从死循环函数可以看出程序控制 pwm_value 的值从 0 变到 2 000,然后又从 2 000 变到 0,如此循环,因此 DS0 的亮度也会跟着从暗变到亮,然后又从亮变到暗。

将编译好的文件下载到 STM32 开发板上,观看其运行结果是否与编写的一致。如果没有错误,将看 LED1 不停的由暗变到亮,然后又从亮变到暗。每个过程持续时间大概为 3 秒钟。可用示波器观察如图 2-7-3 所示的波形。

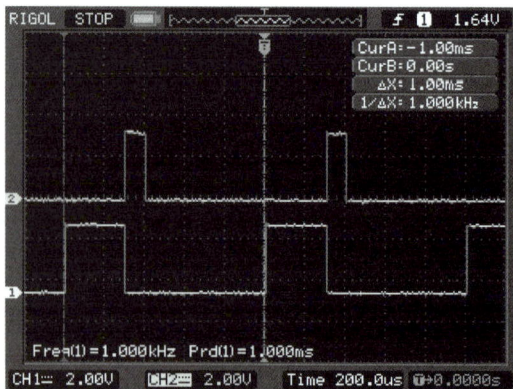

微视频

定时器及
PWM 的产生

图 2-7-3　用示波器观察 PWM 图

任务三　输入捕获及频率测量

本实验用到的硬件资源有:液晶屏、方波信号源、定时器 TIM2。主要任务是捕获 TIM2_CH1(PA0)输入信号,通过捕获输入信号上升沿间隔时间,采用测周期法实现频率测量,实现频率测量,频率值显示在液晶屏。

使用 STM32CubeMX 配置输入捕获功能初始化代码步骤如下:

第一步:打开 STM32CubeMX,在 Pinout－〉TIM2 配置项中,配置 Clock Source 为 Internal Clock,配置 Channel1 的值为 Input Capture direct mode。

第二步:进入 Configuration－〉TIM2 配置,在弹出的界面中点击 Parameter Settings 选项卡,Counter Settings 配置栏下面的五个选项就是用来配置定时器的预分频系数、自动装载值、计数模式、时钟分频因子以及自动装载使能。预分频系数 Prescaler 输入 71,向上计数,周期 0xFFFF,自动装载 Disable。

在界面的 Input Capture Channel 1 配置栏配置输入捕获通道 1 的捕获极性,分频系数、映射、滤波器等参数,捕获极性选择上升沿 Rising Edge。

第三步:进入 Configuration－〉NVIC 配置页中,在弹出的界面中点击 NVIC 选项卡,配置 Interrupt Table 中的 TIM2 global interrupt,使能中断,配置抢占优先级和相应优先级。

第四步:命名、存储路径、编译器选择、生成代码。

第五步:启动 TIM2。主函数 main 中添加__HAL_TIM_ENABLE(&htim2)函数启动 TIM2。另外还需要添加 HAL_TIM_IC_CaptureCallback 中断处理回调函数。

第六步:设计输入捕获中断回调函数 HAL_TIM_IC_CaptureCallback():

```
uint16_t IC1Value;
uint16_t Frequency_in;
void HAL_TIM_IC_CaptureCallback(TIM_HandleTypeDef * htim)
{
  static uint16_t IC1Value_temp;
  uint16_t temp;
  if(TIM2 == htim－〉Instance)
   {
    IC2Value = HAL_TIM_ReadCapturedValue(&htim2, TIM_CHANNEL_1);
                        //获取当前捕获计数值
    temp = IC1Value - IC1Value_temp;
                        //当前捕获值减去上次捕获值,输入信号的周期值
    Frequency_in = 1000000/temp;
                        //转换成对应频率值,计数时基 1us 时对应的转换
    IC1Value_temp = IC1Value;              //保存本次捕获计数值
   }
}
```

在完成软件设计之后,Frequency_in 的值就是当前输入信号的频率值,可以通过观察变量 Frequency_in 获取实时频率,后续可以将 Frequency_in 通过编程显示到液晶屏上,方便观察与读取,输入捕获硬件仿真结果如图 2-7-4 所示。

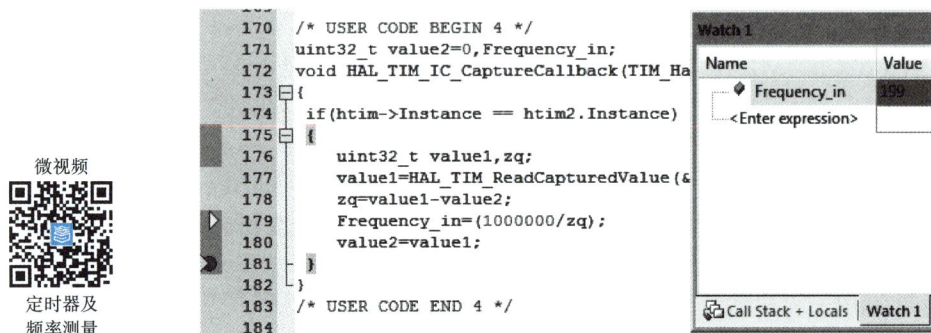

微视频

定时器及
频率测量

```
170   /* USER CODE BEGIN 4 */
171   uint32_t value2=0,Frequency_in;
172   void HAL_TIM_IC_CaptureCallback(TIM_Ha
173 ⊟ {
174     if(htim->Instance == htim2.Instance)
175 ⊟   {
176       uint32_t value1,zq;
177       value1=HAL_TIM_ReadCapturedValue(&
178       zq=value1-value2;
179       Frequency_in=(1000000/zq);
180       value2=value1;
181     }
182   }
183   /* USER CODE END 4 */
184
```

Watch 1

Name	Value
Frequency_in	199
<Enter expression>	

Call Stack + Locals | Watch 1

图 2-7-4　输入捕获硬件仿真结果

思考与练习

1. 请分别用 TIM2、TIM6 实现定时器功能。

2. 请分别用 TIM1、TIM8 实现 PWM 波的输出。

3. 请分别用 TIM1、TIM8 实现频率测量。

拓展阅读

理解 STM32
控制中常见
的 PID 算法

项目八　实时时钟(RTC)及应用

项目简介

本项目讲解 RTC(Real Time Clock,实时时钟)的使用过程,让同学们能够通过对寄存器设置和函数调用的方法实现对 RTC 的配置,为后续的学习打下基础,并提供一个通过串口配置 RTC 实现实时时钟的范例;对实时时钟的显示可以通过硬件仿真、LCD、串口观察到。通过本项目的学习可以进一步加深大家对 STM32 的了解,以及对于定时器的认识。

本项目实训内容分为两个任务:任务一主要讲解 RTC 的配置及仿真验证;任务二主要讲解通过 TFTLCD 显示时间信息。

相关知识

一、RTC 基础知识

RTC 是一个独立的定时器,RTC 模块拥有一组连续计数的计数器,在相应软件配置下,可提供时钟日历的功能。修改计数器的值可以重新设置系统当前的时间和日期。

RTC 模块和时钟配置系统的寄存器是在后备区域的(即 BKP),通过 BKP 后备区域来存储 RTC 配置的数据可以让在系统复位或待机模式下唤醒后 RTC 里面配置的数据维持不变。处于后备区的寄存器在断电后依靠 VBAT 供电,当系统在待机模式下被唤醒,或系统复位或电源复位时,处于后备区的寄存器也不会被复位,这样就保证了时间信息的安全。

PWR 为电源的寄存器,需要用到的是电源控制寄存器(PWR_CR),通过使能 PWR_CR 的 DBP 位来取消后备区域 BKP 的写保护。

RTC 由一组可编程计数器组成,分成两个主要模块。第一个模块是 RTC 的预分频模块,它可编程产生最长为 1 秒的 RTC 时间基准 TR_CLK。RTC 的预分频模块包含了一个 20 位的可编程分频器(RTC 预分频器)。如果在控制寄存器 RTC_CR 中设置了相应的允许位,则在每个 RTC 的 TR_CLK 周期中,产生一个中断(秒中断)。第二个模块是一个 32 位的可编程计数器,可被初始化为当前的系统时间。系统时间按 TR_CLK 周期累加,并与存储在 RTC_ALR 寄存器中的可编程时间相比较,如果控制寄存器 RTC_CR

中设置了相应允许位,比较匹配时将产生一个闹钟中断。

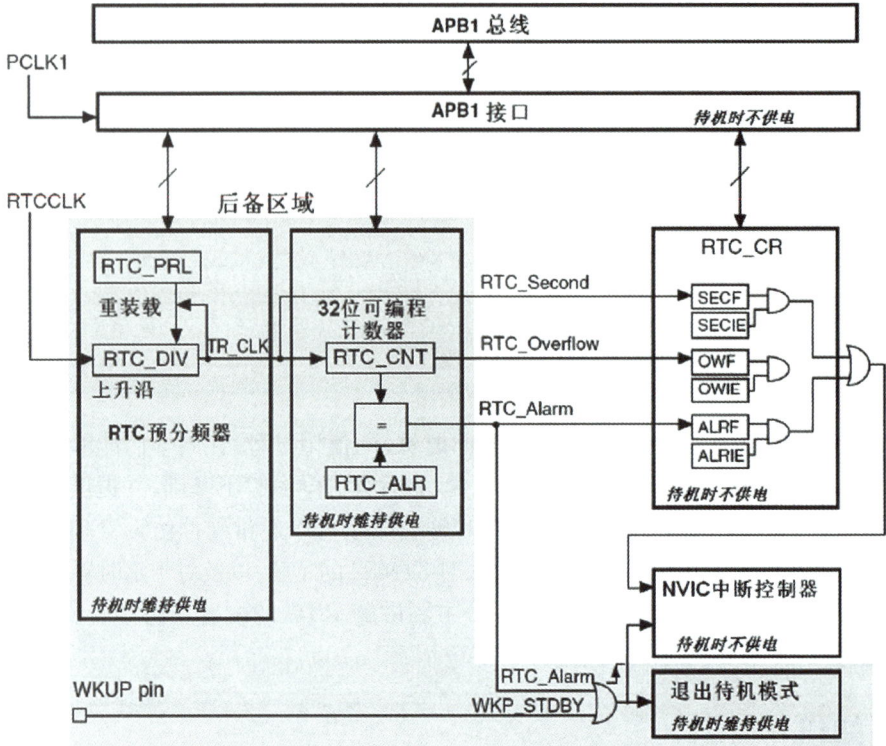

图 2-8-1　RTC 模块和时钟配置系统框图

RTC 模块和时钟配置系统框图如图 2-8-1 所示。RTC 的配置主要由两部分构成,第一部分通过 APB1 接口实现,这一部分可以通过配置 APB1 总线实现;另一部分在后备区域,需要对后备区域进行操作。对后备区域,需要设置 RTC 预分频系数,并在可编程计数器 RTC_CNT 中写入当前的系统时间等。

二、RTC 编程思路

RTC 的编程思路大致如下:获得 1 Hz 的秒信号、每秒中断 1 次并对秒信号计数、通过运算获得时间信息,RTC 时钟配置原理图如图 2-8-2 所示。

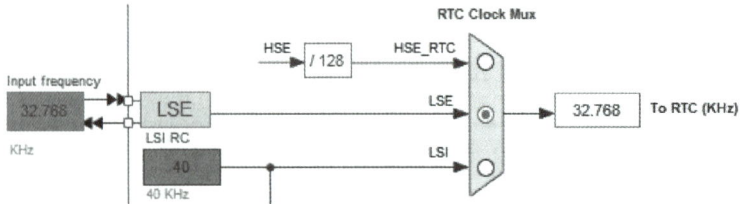

图 2-8-2　RTC 时钟配置原理图

（1）选择时钟源

通过语句 RCC_RTCCLKConfig(RCC_RTCCLKSource_LSE)选择 RTC 的时钟源为低速外部时钟，一般低速外部时钟选择为 32.768 kHz（需要确认电路）。接着需要对 RTC 时钟进行分频处理，通过 RTC_SetPrescaler(32767)语句实现：

```
/ *  RTC period = RTCCLK/RTC_PR = (32.768 KHz)/(32767 + 1) * /
```

这样，就获得了 1 Hz 的秒信号。所有这些任务都通过函数 RTC_Configuration( )实现。

（2）将 RTCCLK 设置为 32.768 KHZ 的晶振

需要调用的库函数：

```
RCC_LSEConfig(RCC_LSE_ON);
While(!RCC_GetFlagStatus(RCC_FLAG_HSERDY));      //设置后需要等待启动
```

将 RTC 输入时钟选择为 LSE 时钟输入并使能 RTC，等待 RTC 和 APB 时钟同步。调用库函数：

```
RCC_RTCCLKConfig(RCC_RTCCLKSource_LSE);      //选择 LSE 为 RTC 设备的时钟
RCC_RTCCLKCmd(ENABLE);                        //使能 RTC
RTC_WaitForSynchro();                         //等待同步
```

（3）配置 RTC 时钟参数

① 查询 RTOFF 位，直到 RTOFF 的值变为 1。

② 置 CNF 值为 1，进入配置模式。

③ 对一个或多个 RTC 寄存器进行写操作。

④ 清除 CNF 标志位，退出配置模式。

⑤ 查询 RTOFF，直至 RTOFF 位变为 1 以确认写操作已经完成。

RTC 控制寄存器低位位功能描述见表 2-8-1。

表 2-8-1　RTC 控制寄存器低位位功能描述

位	位功能描述
位 15:6	保留，被硬件强制为 0
位 5	RTOFF:RTC 操作关闭（RTC operation OFF）。 RTC 模块利用这位来指示对其寄存器进行的最后一次操作的状态,指示操作是否完成。若此位为 0,则表示无法对任何的 RTC 寄存器进行写操作。此位为只读位。 0:上一次对 RTC 寄存器的写操作仍在进行; 1:上一次对 RTC 寄存器的写操作已经完成

位	位功能描述
位 4	CNF:配置标志(Configuration flag)。 此位必须由软件置 1 以进入配置模式,从而允许向 RTC_CNT、RTC_ALR 或 RTC_PRL 寄存器写入数据。只有当此位在被置 1 并重新由软件清 0 后,才会执行写操作。 0:退出配置模式(开始更新 RTC 寄存器); 1:进入配置模式

仅当 CNF 标志位被清除时,写操作才能进行,这个过程至少需要 3 个 RTCCLK 周期。按照上述步骤用库函数来进行配置:

① 查看 RTOFF 位,等到 RTOFF 的值成为 1:

```
RTC_WaitForLastTask(); //这个函数内部的代码就是查询 RTOFF 的值。
```

② 设置 CNF 值为 1,进入配置模式。

③ 对 1 个或者多个 RTC 寄存器进行写操作。

④ 清掉 CNF 标志位并且退出配置模式:

```
RTC_SetPrescaler(32767); //配置预分频值内部的代码,里面就包含了 2~4 操作。
```

按照下列公式,这些位用来定义计数器的时钟频率:

$f_{TR\_CLK} = f_{RTCCLK}/(PRL[19:0] + 1)$

LSE(低速外部时钟) = 32.768kHZ = 32768Hz

由该公式就能知道 $f_{TR\_CLK} = 1Hz$,其倒数就是 1 秒。

⑤ 通常当完成一个操作后,都需查看 RTOFF 以判断是否 RTC 正在更新数据,如果是则等候它完成:

```
RTC_WaitForLastTask();              //等待更新结束
RTC_ITConfig(RTC_IT_SEC, ENABLE);   //配置秒中断
RTC_WaitForLastTask();              //等待更新结束
```

(4) 中断配置是 RTC 中断实现的前提

通过如下语句实现:

```
NVIC_InitTypeDef NVIC_InitStructure;
NVIC_PriorityGroupConfig(NVIC_PriorityGroup_1);
NVIC_InitStructure.NVIC_IRQChannel = RTC_IRQn;
NVIC_InitStructure.NVIC_IRQChannelPreemptionPriority = 1;
NVIC_InitStructure.NVIC_IRQChannelSubPriority = 0;
NVIC_InitStructure.NVIC_IRQChannelCmd = ENABLE;
NVIC_Init(&NVIC_InitStructure);
```

时间信息通过读取 RTC 计数寄存器的内容并计算获得，如下：

```
TimeVar = RTC_GetCounter();
THH = TimeVar / 3600;
TMM = (TimeVar % 3600) / 60;
TSS = (TimeVar % 3600) % 60;
```

操作训练

任务一　RTC 的配置及串口传输

如前所述，RTC 时钟源有 3 个，一个是 HSE/128，一个是 32.768 KHz 的 LSE，一个是约 40 KHz 的 LSI。RTC 配置的首要工作就是时钟源的配置。

第一步：基本配置，打开 STM32CubeMX，RCC 选项卡，HSE 和 LSE 均选择 Crystal/Crematic...；SYS 选择 JTAG4；时钟选择，配置 HCLK 为 72 MHz。

第二步：RTC 配置，在 RTC Mode and Configuration 中勾选 Activate Clock Source 以激活时钟源，然后勾选 Activate calendar 以激活日历，RTC OUT 选择 No RTC Output。

NVIC Settings 勾选 RTC alarm interrupt... 以使能闹钟中断函数 RTCAlarm_IRQHandler()；Parameter Settings 设置时间，如 Hours 设置为 12，Minutes 设置为 24，Seconds 设置为 45 等；设置 Calendar Date，如星期、月份、日期、年等。

第三步：使能串口，串口 1 的 Mode 配置为 Asynchronous，波特率配置为 9 600 bit/s。

第四步：系统时钟设置，HCLK 中输入 72 并回车，配置好系统时钟及相关外设时钟。

第五步：RTC 时钟配置，如果在开发板上焊接了 32.768 KHz 的晶振，则可选 LSE；如未焊接，则可选 LSI 或 HSE_RTC。

第六步：工程设置并生成代码。

第七步：在 main.c 中重写 fputc 函数，使得能够使用 printf 函数：

```
#include "stdio.h"
int fputc(int ch, FILE *f)
{
uint8_t temp[1] = {ch};
HAL_UART_Transmit(&huart1,temp, 1, 2);
return ch;
}
```

第八步：在 main.c 中定义 2 个结构体以获得日期和时间：

```
RTC_DateTypeDef GetData;                    //获取日期结构体
RTC_TimeTypeDef GetTime;                    //获取时间结构体
```

第九步:在 while 循环中添加语句以获取日期和时间并通过出口发送:

```
/* Get the RTC current Time */
  HAL_RTC_GetTime(&hrtc, &GetTime, RTC_FORMAT_BIN);
/* Get the RTC current Date */
  HAL_RTC_GetDate(&hrtc, &GetData, RTC_FORMAT_BIN);
/* Display date Format : yy/mm/dd */
  printf("%02d/%02d/%02drn", 2000 + GetData.Year, GetData.Month,
GetData.Date);
/* Display time Format : hh:mm:ss */
  printf("%02d:%02d:%02drn", GetTime.Hours, GetTime.Minutes,
GetTime.Seconds);
  printf("rn");
  HAL_Delay(1000);
```

程序中使用 HAL_RTC_GetTime()和 HAL_RTC_GetDate()函数读取时间和日期,并保存到结构体变量中,然后通过串口输出读取的时间和日期。

在仿真的时候,可以看到所读取的时间信息随着仿真的进行逐渐增加,而计算出的时间信息也可以随之改变,证明 RTC 的配置正确,RTC 仿真结果如图 2-8-3 所示。程序下载后,可以通过串口观察实时时间,串口输出的 RTC 数据如图 2-8-4 所示。

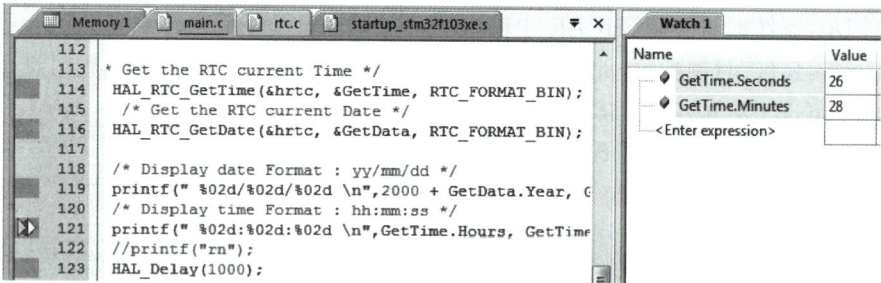

图 2-8-3   RTC 仿真结果

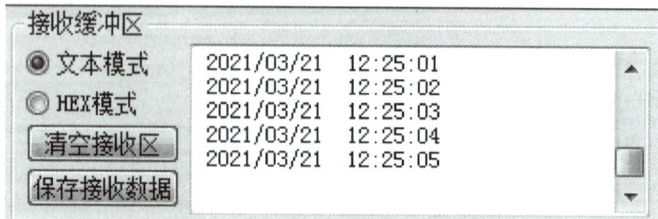

图 2-8-4   串口输出的 RTC 数据

任务二　TFT LCD 显示实时时间

通过 TFT LCD 显示实时时间，需要加入 lcd.c，并进行相关配置。在此仅给出主函数相关部分的程序：

```
HAL_RTC_GetTime(&hrtc, &GetTime, RTC_FORMAT_BIN);
sprintf(string,"%s%3d", "Hour:", GetTime.Hours);
LCD_ShowString(30, 170, 200, 16, 24, string);
sprintf(string, "%s%3d", "Minutes:", GetTime.Minutes);
LCD_ShowString(30, 200, 200, 16, 24, string);
sprintf(string,"%s%3d", "Second:", GetTime.Seconds);
LCD_ShowString(30, 230, 200, 16, 24, string);
HAL_Delay(1000);
```

sprintf 函数的功能是把字符串和变量的值连接成一个新的字符串。LCD_ShowString 函数的功能是在不同的行显示小时、分、秒等。每隔 0.3 秒更新一次显示。如果 delay_ms 的参数取得太大，有可能会引起显示的时间信息的跳变。

微视频

RTC 实时时钟

思考与练习

1. RCC_APB1PeriphClockCmd（RCC_APB1Periph_PWR｜RCC_APB1Periph_BKP，ENABLE)的功能是什么？为什么要使用该语句？

2. RTC 中断服务函数实现了什么功能？

3. 请编写程序，通过 RTC 制作数字秒表。

4. 通过按键修改时间。

5. RTC 的时钟源是什么？该时钟源的频率是多少？

项目九　用户数据的读写

项目简介

在工程实践中,用户总会有些数据需要保存下来,这些保存的数据需要保证即使遇到断电或复位等操作也不会丢失。有两种方案,一种是保存在 ARM 芯片外部,如 AT24Cxx 等,一种是保存在 ARM 芯片内部。

本项目有两个任务:任务一主要讲解如何将数据存入外置的存储单元,如 AT24Cxx 等,并实现读取;任务二讲解如何在芯片的 FLASH 中开辟一片空间,存放用户数据。

相关知识

一、AT24Cxx 简介

AT24Cxx 系列存储器是一款比较方便使用的 I2C 存储器,它属于串行 CMOS E2PROM 类存储器,可擦除,可写入,经常被用来存储数据。

按照存储容量的不同,AT24Cxx 分为 AT24C01、AT24C02、AT24C04、AT24C08、AT24C16 等,其中 AT24C01 的存储容量为 1 024 bit(1KB 位,128 个 8 位字节),AT24C02 的存储容量为 2 048 bit(2KB 位,256 个 8 位字节),AT24C04 的存储容量为 4 096 bit(4KB 位,512 个 8 位字节),AT24C08 的存储容量为 8 192 bit(8KB 位,1 024 个 8 位字节),AT24C16 的存储容量为 16 384 bit(16KB 位,2 048 个 8 位字节)。也有容量更大的,如 AT24C512,有 65 536 个 8 位字节。

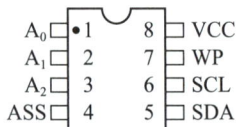

图 2-9-1　AT24Cxx 的引脚图

AT24Cxx 共 8 个引脚,如图 2-9-1 所示。VCC、VSS 接电源,电压范围直流 1.8~6 V

之间；PIN1～PIN3 为器件地址选择引脚，在几个 AT24Cxx 级联的时候有用；WP 为写保护，如果该引脚介入 VCC，则所有内容均被保护，即只能读出，不能写入，而当 WP 接地或悬空，则允许写入；SCL 为串行总线时钟，用于数据的发送或接收，单片机的时钟信号通过该引脚进入 AT24Cxx；SDA 为串行数据/地址，即可用于传输数据或地址，可用于数据的发送或接收。

二、STM32 内部 FLASH 简介

对 STM32F 系列 ARM 芯片来说，有两种存储空间，闪存（FLASH）和 RAM。FLASH 主要用来存储程序，程序需要写入闪存；RAM 类似于计算机的内存，主要是用来存放程序运行中的过程数据。在系统复位或掉电后，程序重新开始加载，重新运行，而存放在 RAM 中的数据也会丢失。

STM32F103RCT6 的 FLASH 大小为 256 KB，RAM 大小为 48 KB。

STM32 的片内闪存不仅用来装程序，还用来装芯片配置、芯片 ID、自举程序等等。当然，FLASH 还可以用来存储数据。

1. STM32 按 FLASH 大小的分类

STM32 根据闪存主存储块容量、页面的不同，系统存储器的不同，分为小容量、中容量、大容量、互联型，共四类产品。

小容量产品主存储块 1～32 KB，每页 1 KB。系统存储器 2 KB。

中容量产品主存储块 64～128 KB，每页 1 KB。系统存储器 2 KB。

大容量产品主存储块 256 KB 以上，每页 2 KB。系统存储器 2 KB。

互联型产品主存储块 256 KB 以上，每页 2 KB。系统存储器 18 KB。

对于具体一个产品属于哪类，可以查数据手册进行区分。STM32F105、STM32F107 是互联型产品。互联型产品与其他三类的不同之处就是 BootLoader（Bootloader 是嵌入式系统在加电后执行的第一段代码，也称自举程序）的不同，小中大容量产品的 BootLoader 只有 2 KB，只能通过 USART1 进行 ISP（In System Programing，在系统编程），而互联型产品的 BootLoader 有 18 KB，能通过 USAT1、CAN 等多种方式进行 ISP。

2. FLASH 结构

根据用途，STM32 系列微处理器片内的 FLASH 分成两部分：主存储块、信息块。

STM32F103ZET6 的 FLASH 容量为 512 KB，属于大容量产品（另外还有中容量和小容量产品），其闪存模块组织见表 2-9-1。

主存储器，该部分用来存放代码和数据常数（如 const 类型的数据），编写的程序一般存储在这里。对于大容量产品，其被划分为 256 页，每页 2 KB。注意，小容量和中容量产品则每页只有 1 KB。从表 2-9-1 可以看出，主存储器的起始地址就是 0x0800 0000，B0、B1 都接 GND 的时候，就是从 0x0800 0000 开始运行代码的。

信息块分成两部分：系统存储器和选项字节。系统存储器存储用于存放自举程序（BootLoader），当使用 ISP 方式加载程序时，就是由这个程序执行。这个区域由芯片厂写

表 2-9-1　STM32F103ZET6 闪存模块组织

块	名　称	地址范围	长度(字节)
主存储器	页 0	0x0800 0000～0x0800 07FF	2 KB
	页 1	0x0800 0800～0x0800 0FFF	2 KB
	页 2	0x0800 1000～0x0801 17FF	2 KB
	页 3	0x0800 1800～0x0801 FFFF	2 KB
	. . .	. . .	. . .
	页 255	0x0807 F800～0x0807 FFFF	2 KB
信息块	启动程序代码	0x1FFF F000～0x1FFF F7FF	2 KB
	用户选择字节	0x1FFF F800～0x1FFF F80F	16B
闪存存储器接口寄存器	FLASH_ACR	0x4002 2000～0x4002 2003	4B
	FLASH_KEYR	0x4002 2004～0x4002 2007	4B
	FLASH_OPTKEYR	0x4002 2008～0x4002 2008	4B
	FLASH_SR	0x4002 200C～0x4002 200F	4B
	FLASH_CR	0x4002 2010～0x4002 2013	4B
	FLASH_AR	0x4002 2014～0x4002 2017	4B
	保留	0x4002 2018～0x4002 201B	4B
	FLASH_OBR	0x4002 201C～0x4002 201F	4B
	FLASH_WRPR	0x4002 2020～0x4002 2023	4B

入 BootLoader,然后锁死,用户是无法改变这个区域的。当 B0 接 V3.3,B1 接 GND 的时候,运行的就是这部分代码。选项字节,则一般用于配置写保护、读保护等功能。

　　闪存存储器接口寄存器,该部分用于控制闪存读写等,是整个闪存模块的控制机构。该寄存器对主存储器和信息块的写入由内嵌的闪存编程/擦除控制器(FPEC)管理,编程与擦除所需的高电压由内部产生。

　　在执行闪存写操作时,任何对闪存的读操作都会锁住总线,在写操作完成后读操作才能正确地进行;既在进行写或擦除操作时,不能进行代码或数据的读取操作。

3. FLASH 的页面

　　STM32 系列微处理器的 FLASH 主存储块按页组织,有的产品每页 1 KB,有的产品每页 2 KB。页面典型的用途就是用于按页擦除 FLASH。从这点来看,页面有点像通用 FLASH 的扇区。

4. 关于 ISP 与 IAP

　　ISP 是指直接在目标电路板上对芯片进行编程,一般需要一个自举程序(BootLoader)来执行。ISP 也有叫 ICP(In Circuit Programming)、在电路编程、在线编程。

IAP(In Application Programming，在应用中编程)，是指最终产品出厂后，由最终用户在使用中对用户程序部分进行编程，实现在线升级。IAP 要求将程序分成两部分：引导程序、用户程序。引导程序总是不变的。IAP 也被叫在程序中编程。

ISP 与 IAP 的区别在于，ISP 一般是对芯片整片重新编程，用的是芯片厂的自举程序。而 IAP 只是更新程序的一部分，用的是电器厂开发的 IAP 引导程序。综合来看，ISP 受到的限制更多，而 IAP 由于是自己开发的程序，更换程序的时候更容易操作。

三、STM32 内部 FLASH 操作

1. FPEC

STM32 通过 FPEC(FLASH Program/Erase controller，闪存编程/擦除控制器)来擦除和 FLASH。

FPEC 使用 7 个寄存器来操作闪存：

FPEC 键寄存器(FLASH_KEYR)	写入键值解锁。
选项字节键寄存器(FLASH_OPTKEYR)	写入键值解锁选项字节操作。
闪存控制寄存器(FLASH_CR)	选择并启动闪存操作。
闪存状态寄存器(FLASH_SR)	查询闪存操作状态。
闪存地址寄存器(FLASH_AR)	存储闪存操作地址。
选项字节寄存器(FLASH_OBR)	选项字节中主要数据的映象。
写保护寄存器(FLASH_WRPR)	选项字节中写保护字节的映象。

为了增强安全性，在进行某项操作时，须要向某个位置写入特定的数值，来验证是否为安全的操作，这些数值称为键值。STM32 的 FLASH 共有三个键值：

RDPRT 键	= 0x000000A5	用于解除读保护
KEY1	= 0x45670123	用于解除闪存锁
KEY2	= 0xCDEF89AB	用于解除闪存锁

在 FLASH_CR 中，有一个 LOCK 位，该位为 1 时，不能写 FLASH_CR 寄存器，从而也就不能擦除 FLASH 以及对 FLASH 编程，这称为闪存锁。

当 LOCK 位为 1 时，闪存锁有效，只有向 FLASH_KEYR 依次写入 KEY1、KEY2 后，LOCK 位才会被硬件清零，从而解除闪存锁。当 LOCK 位为 1 时，对 FLASH_KEYR 的任何错误写操作(第一次不是 KEY1，或第二次不是 KEY2)，都将会导致闪存锁的彻底锁死，一旦闪存锁彻底锁死，在下一次复位前，都无法解锁，只有复位后，闪存锁才恢复为一般锁住状态。复位后，LOCK 位默认为 1，闪存锁有效，此时，可以进行解锁。解锁后，可进行 FLASH 的擦除、编程工作。任何时候，都可以通过对 LOCK 位置 1 来软件加锁，软件加锁与复位加锁是一样的，都可以解锁。

2. 闪存的读取

内置闪存模块可以在通用地址空间直接寻址，任何 32 位数据的读操作都能访问闪存模块的内容并得到相应的数据。读接口在闪存端包含一个读控制器，还包含一个 AHB 接口与 CPU 衔接。这个接口的主要工作是产生读闪存的控制信号并预取 CPU 要求的指

令块,预取指令块仅用于在 I-Code 总线上的取指令操作,数据常量是通过 D-Code 总线访问的。这两条总线的访问目标是相同的闪存模块,访问 D-Code 将比预取指令优先级高。

这里要特别留意一个闪存等待时间,因为 CPU 运行速度比闪存(FLASH)快得多,STM32F10x 的闪存最快访问速度≤24 MHz,如果 CPU 频率超过这个速度,则必须加入等待时间,如果使用 72 MHz 的主频,则闪存等待周期必须设置为 2。

例如,要从地址 addr,读取一个半字(半字为 16 位,字为 32 位),可以通过如下的语句读取:

```
data = *(vu16 *)addr;
```

将 addr 强制转换为 vu16 指针,然后取该指针所指向的地址的值,即得到了 addr 地址的值。类似的,将上面的 vu16 改为 vu8,即可读取指定地址的一个字节。

3. 主存储块的擦除

主存储块可以按页擦除,也可以整片擦除。

(1) 页擦除

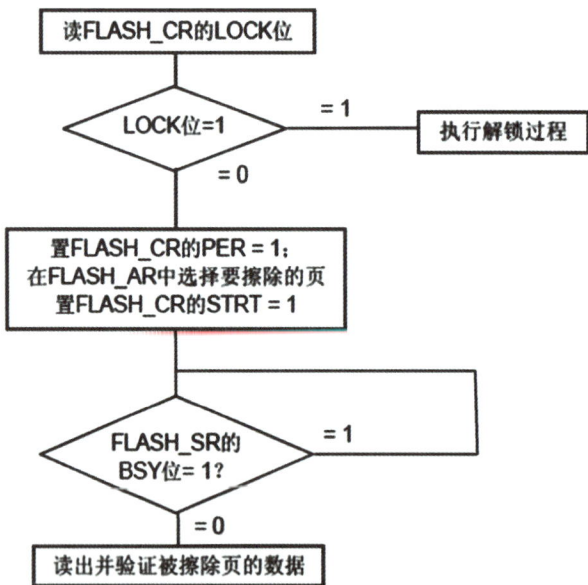

图 2-9-2　页擦除过程

页擦除过程如图 2-9-2 所示,可以看出,STM32 的页擦除顺序为:

① 检查 FLASH_CR 的 LOCK 是否解锁,如果没有则先解锁。

② 检查 FLASH_SR 寄存器的 BSY 位。以确认没有其他正在进行的闪存操作。必须等待 BSY 位为 0,才能继续操作。

③ 设置 FLASH_CR 寄存器的 PER 位为1。选择页擦除操作。

④ 设置 FLASH_AR 寄存器为要擦除页所在地址,选择要擦除的页。FLASH_AR 的值在哪一页范围内,就表示要擦除哪一页。

⑤ 设置 FLASH_CR 寄存器的 STRT 位为1,启动擦除操作。

⑥ 等待 FLASH_SR 寄存器的 BSY 位变为0,表示操作完成。

⑦ 查询 FLASH_SR 寄存器的 EOP 位,EOP＝1时,表示操作成功。

⑧ 读出被擦除的页并做验证。擦完后所有数据位都为1。

（2）整片擦除

整片擦除功能擦除整个主存储块,信息块不受此操作影响。

建议使用以下步骤进行整片擦除:

① 检查 FLASH_SR 寄存器的 BSY 位,以确认没有其他正在进行的闪存操作。

② 设置 FLASH_CR 寄存器的 MER 位为1。选择整片擦除操作。

③ 设置 FLASH_CR 寄存器的 STRT 位为1。启动整片擦除操作。

④ 等待 FLASH_SR 寄存器的 BSY 位变为0,表示操作完成。

⑤ 查询 FLASH_SR 寄存器的 EOP 位,EOP＝1时,表示操作成功。

⑥ 读出所有页并做验证。擦完后所有数据位都为1。

4. 主存储块的编程

STM32 系列微处理器复位后,FPEC 模块是被保护的,不能写入 FLASH_CR 寄存器;通过写入特定的序列到 FLASH_KEYR 寄存器可以打开 FPEC 模块(即写入 KEY1 和 KEY2),只有在写保护被解除后,才能操作相关寄存器。

STM32 系列微处理器 FLASH 的编程每次必须写入 16 位(不能单纯的写入 8 位数据),当 FLASH_CR 寄存器的 PG 位为1时,在一个闪存地址写入一个半字将启动一次编程;写入任何非半字的数据,FPEC 都会产生总线错误。在编程过程中(BSY 位为1时),任何读写闪存的操作都会使 CPU 暂停,直到此次闪存编程结束。

同样,STM32F10x 系列微处理器的 FLASH 在编程的时候,也必须要求其写入地址的闪存是被擦除了的(也就是其值必须是 0xFFFF),否则无法写入,并在 FLASH_SR 寄存器的 PGERR 位将得到一个警告。

STM32F10x 系列微处理器的 FLASH 编程过程如图 2-9-3 所示:

从图 2-9-3 可以得到闪存的编程流程如下:

① 检查 FLASH_CR 的 LOCK 是否解锁,如果没有则先解锁。

② 检查 FLASH_SR 寄存器的 BSY 位,以确认没有其他正在进行的编程操作。

③ 设置 FLASH_CR 寄存器的 PG 位为1。

④ 在指定的地址写入要编程的半字。

⑤ 等待 BSY 位变为0。

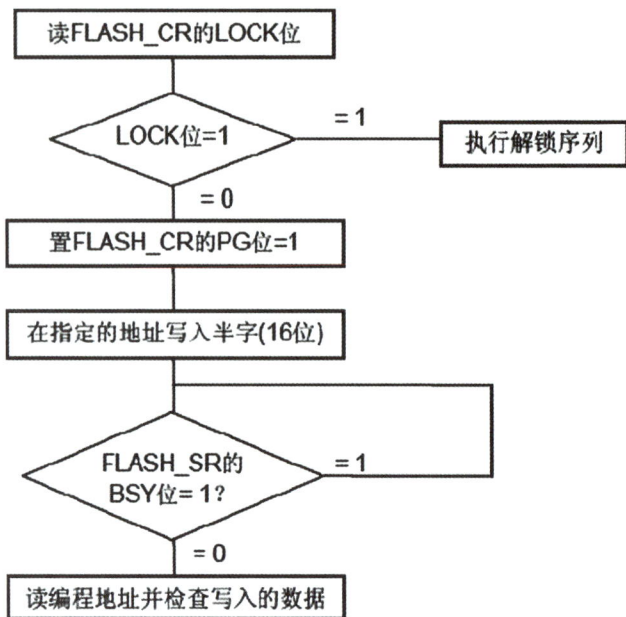

图 2-9-3　FLASH 编程流程

⑥ 读出写入的地址并验证数据。

5. 主存储块的保护

可以对主存储块中的数据进行读保护、写保护。读保护用于保护数据不被非法读出,防止程序泄密。写保护用于保护数据不被非法改写,增强程序的健壮性。

(1) 读保护

主存储块启动读保护后,具有以下特性:

从主存储块启动的程序,可以对整个主存储块执行读操作,不允许对主存储块的前4 KB 进行擦除编程操作,可以对 4 KB 之后的区域进行擦除编程操作。

从 SRAM 启动的程序,不能对主存储块进行读、页擦除、编程操作,但可以进行主存储块整片擦除操作。

使用调试接口不能访问主存储块。

这些特性足以阻止主存储器数据的非法读出,又能保证程序的正常运行。

只有当 RDP 选项字节的值为 RDPRT 键值时,读保护才被关闭,否则,读保护就是启动的。因此,擦除选项字节的操作,将启动主存储块的读保护。如果要关闭读保护,必须将 RDP 选项字节编程为 RDPRT 键值。并且,如果编程选项字节,使 RDP 由非键值变为键值(即由保护变为非保护)时,STM32 将会先擦除整个主存储块,再编程 RDP。芯片出厂时,RDP 会事先写入 RDPRT 键值,关闭读保护功能。

(2) 写保护

STM32 系列微处理器主存储块可以分域进行写保护。如果试图对写保护的域进行擦除或编程操作,在闪存状态寄存器(FLASH_SR)中会返回一个写保护错误标志。

STM32 系列微处理器主存储块每个域 4 KB，WRP0～WRP3 选项字节中的每一位对应一个域，位为 0 时，写保护有效。WRP0 为第 0～31 页的写保护，WRP1 为第 32～63 页的写保护，WRP2 为第 64～95 页的写保护，WRP3 为第 96～127 页的写保护。STM32 系列微处理器的主存储块为 1 KB 字节/页，共 128 KB 字节。

四、与读写相关的寄存器说明

1. FPEC 键寄存器（FLASH_KEYR）

FLASH_KEYR 各位描述如图 2-9-4 所示。

31	30	29	28	27	26	25	24	23	22	21	20	19	18	17	16
							FKEYR[31:16]								
w	w	w	w	w	w	w	w	w	w	w	w	w	w	w	w

15	14	13	12	11	10	9	8	7	6	5	4	3	2	1	0
							FKEYR[15:0]								
w	w	w	w	w	w	w	w	w	w	w	w	w	w	w	w

注：所有这些位是只写的，读出时返回 0。

位 31～0	FKEYR：FPEC 键 这些位用于输入 FPEC 的解锁键。

图 2-9-4 FLASH_KEYR 各位描述

该寄存器主要用来解锁 FPEC，必须在该寄存器写入特定的序列（KEY1 和 KEY2）解锁后，才能对 FLASH_CR 寄存器进行写操作。

2. 闪存控制寄存器（FLASH_CR）

FLASH_CR 各位描述如图 2-9-5 所示。

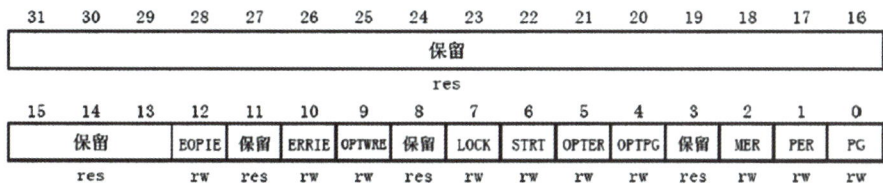

31	30	29	28	27	26	25	24	23	22	21	20	19	18	17	16
							保留								
							res								

15	14	13	12	11	10	9	8	7	6	5	4	3	2	1	0
保留			EOPIE	保留	ERRIE	OPTWRE	保留	LOCK	STRT	OPTER	OPTPG	保留	MER	PER	PG
res			rw	res	rw	rw	res	rw	rw	rw	rw	res	rw	rw	rw

图 2-9-5 FLASH_CR 各位描述

本项目用到了该寄存器的 LOCK、STRT、PER 和 PG 等 4 个位。LOCK 位用于指示 FLASH_CR 寄存器是否被锁住，在检测到正确的解锁序列后，硬件将该位清零，在一次不成功的解锁操作后，在下次系统复位之前，该位将不再改变。STRT 位用于开始一次擦除操作，在该位写入 1，将执行一次擦除操作。PER 位用于选择页擦除操作，在页擦除的时候，需要将该位置 1。PG 位用于选择编程操作，在往闪存写数据的时候，该位需要置 1。

3. 闪存状态寄存器（FLASH_SR）

FLASH_SR 各位描述如图 2-9-6 所示。

该寄存器主要用来指示当前 FPEC 的操作编程状态。

31	30	29	28	27	26	25	24	23	22	21	20	19	18	17	16
保留															
res															

15	14	13	12	11	10	9	8	7	6	5	4	3	2	1	0
保留										EOP	WRPRT ERR	保留	PGERR	保留	BSY
res										rw	rw	res	rw	res	r

位 31～6	保留。必须保持为清除状态 0
位 5	**EOP**:操作结束。 当闪存操作(编程/擦除)完成时,硬件设置这位为 1,写入 1 可以清除这位状态。 注:每次成功的编程或擦除都会设置 EOP 状态
位 4	**WRPRTERR**:写保护错误。 试图对写保护的闪存地址编程时,硬件设置这位为 1,写入 1 可以清除这位状态。
位 3	保留。必须保持为清除状态 0
位 2	**PGERR**:编程错误。 试图对内容不是 0xFFFF 的地址编程时,硬件设置这位为 1,写入 1 可以清除这位状态。 注:进行编程操作之前,必须先清除 FLASH_CR 寄存器的 STRT 位。
位 1	保留。必须保持为清除状态 0
位 0	**BSY**:忙。 该位指示闪存操作正在进行。在闪存操作开始时,该位被设置为 1;在操作结束或发生错误时该位被清除为 0。

图 2-9-6　FLASH_SR 各位描述

4. 闪存地址寄存器(FLASH_AR)

FLASH_AR 各位描述如图 2-9-7 所示。

31	30	29	28	27	26	25	24	23	22	21	20	19	18	17	16
FAR[31:16]															
w	w	w	w	w	w	w	w	w	w	w	w	w	w	w	w

15	14	13	12	11	10	9	8	7	6	5	4	3	2	1	0
FAR[15:0]															
w	w	w	w	w	w	w	w	w	w	w	w	w	w	w	w

注:这些位由硬件修改为当前/最后使用的地址。在页擦除操作中,软件必须修改这个寄存器以指定要擦除的页。

位 31～0	**FAR**:闪存地址。 当进行编程时选择要编程的地址,当进行页擦除时选择要擦除的页。 注意:当 FLASH_SR 中的 BSY 位为 1 时,不能写这个寄存器。

图 2-9-7　FLASH_AR 各位描述

该寄存器主要用来设置要擦除的页。

五、库函数介绍

STM32 的官方固件库提供了操作闪存的几个常用函数。这些函数和定义分布在 stm32f10x_flash.c 文件以及 stm32f10x_flash.h 文件中。

1. 锁定解锁函数

上面讲解到在对闪存进行写操作前必须先解锁,解锁操作也就是必须在 FLASH_KEYR 寄存器写入特定的序列(KEY1 和 KEY2),固件库函数实现很简单:

```
void FLASH_Unlock(void);
```

同样的道理,在对闪存写操作完成之后,需要锁定闪存,使用的库函数是:

```
void FLASH_Lock(void);
```

2. 写操作函数

固件库提供了三个闪存写函数:

```
FLASH_Status FLASH_ProgramWord(uint32_t Address, uint32_t Data);
FLASH_Status FLASH_ProgramHalfWord(uint32_t Address, uint16_t Data);
FLASH_Status FLASH_ProgramOptionByteData(uint32_t Address, uint8_t Data);
```

FLASH_ProgramWord 为 32 位字写入函数,其他两个分别为 16 位字节写入函数和 8 位字节写入函数。这里需要说明,32 位字节写入实际上是写入的两次 16 位字节数据,写完第一次后地址 +2,这与前面讲解的 STM32 闪存的编程每次必须写入 16 位并不矛盾。写入 8 位字节实际也是占用的两个地址了,跟写入 16 位基本上没有区别。

3. 闪存擦除函数

固件库提供三个闪存擦除函数:

```
FLASH_Status FLASH_ErasePage(uint32_t Page_Address);
FLASH_Status FLASH_EraseAllPages(void);
FLASH_Status FLASH_EraseOptionBytes(void);
```

4. 获取闪存状态

要获取闪存状态,主要使用的函数是:

```
FLASH_Status FLASH_GetStatus(void);
```

返回值是通过枚举类型定义的:

```
typedef enum
{
```

```
        FLASH_BUSY = 1,                              //忙
        FLASH_ERROR_PG,                              //编程错误
        FLASH_ERROR_WRP,                             //写保护错误
        FLASH_COMPLETE,                              //操作完成
        FLASH_TIMEOUT                                //操作超时
    }
    FLASH_Status;
```

从这里面可以看到闪存操作的 5 个状态。

5. 等待操作完成函数

在执行闪存写操作时,任何对闪存的读操作都会锁住总线,在写操作完成后读操作才能正确地进行;既在进行写或擦除操作时,不能进行代码或数据的读取操作。所以在每次操作之前,都要等待上一次操作完成这次操作才能开始。使用的函数是:

```
FLASH_Status FLASH_WaitForLastOperation(uint32_t Timeout)
```

入口参数为等待时间,返回值是闪存的状态,这个很容易理解,这个函数本身在固件库中使用得不多,但是在固件库函数体中间可以多次看到。

6. 读闪存特定地址数据函数

有写就必定有读,而读取闪存特定地址数据的函数固件库并没有给出来,这里写的一个函数:

```
u16 STMFLASH_ReadHalfWord(u32 faddr)
{ return * (vu16 * )faddr; }
```

操作训练

任务一　将数据存储到外置存储器 AT24Cxx(选学)

在开发板上,焊接的存储芯片是 AT24C16,AT24C16 和 ARM 的通过三根线连接起来,分别是 MOD 连接到 PC5,用来进行写保护,PC5 输出高电平,写保护,不能写入,PC5 输出低电平,可以写入;SCL1 连接到 PB6,通过 ARM 给 IIC 芯片提供时钟,在时钟信号的上升沿将数据送入 EEPROM 中,并在时钟的下降沿将数据读出;SDA1 连接到 PB7,可以实现双向串行数据的传输。

由于 AT24Cxx 是一类被称为 IIC 的器件,其读写时序均遵守 IIC 器件的读写规则,因此,可找到 IIC 器件的读写 c 文件;至于如何进行字节的读取,也已经有了比较成熟的 c 文件供选择,找到后加入即可。

下面讲解具体的实现过程：

第一步：将 IIC.C 和 24CXX.C 添加进工程中，并将 iic.h 和 24cxx.h 包括进来。

IIC.C 文件中有若干函数，如 IIC 起始函数 IIC_Start（void）、IIC 停止函数 IIC_Stop（void）、应答信号等待函数 IIC_Wait_Ack（void）、产生 ACK 应答信号函数 IIC_Ack（void）、不产生 ACK 应答函数 IIC_NAck（void）、发送一个字节函数 IIC_Send_Byte（u8 txd）、读一个字节函数 IIC_Read_Byte（unsigned char ack）等，其中 IIC_Send_Byte 函数内容如下：

```
void IIC_Send_Byte(u8 txd)
{
    u8 t;
    SDA_OUT();                      //确定 SDA 引脚的方向是输出
    IIC_SCL = 0;                    //拉低时钟开始数据传输
    for(t = 0;t〈8;t + +)
    {
        IIC_SDA = (txd&0x80)》7;
        txd《 = 1;
        delay_us(2);                //延时是必须的
        IIC_SCL = 1;                //拉高时钟
        delay_us(2);
        IIC_SCL = 0;                //拉低时钟
        delay_us(2);
    }
}
```

还有其他的函数同学们可以根据时序进行分析。

24CXX.C 里面有如下函数：读一个字节的函数 AT24CXX_ReadOneByte（u16 ReadAddr）、写一个字节的函数 AT24CXX_WriteOneByte（u16 WriteAddr，u8 DataToWrite）、在 AT24Cxx 里面的指定地址开始写入长度为 Len 的数据的函数 AT24CXX_WriteLenByte（u16 WriteAddr，u32 DataToWrite，u8 Len）、从 AT24Cxx 里面的指定地址开始读出长度为 Len 的数据的函数 AT24CXX_ReadLenByte（u16 ReadAddr，u8 Len）等。

第二步：修改相关引脚，打开 iic.h，将引脚进行类似的修改；以下的修改基于 MOD 连接到 PC5、SCL 连接到 PB6、SDA 连接到 PB7：

```
#define SDA_IN()   {GPIOB - 〉CRL& = 0X0FFFFFFF;GPIOB - 〉CRL| = 8《28;}
#define SDA_OUT() {GPIOB - 〉CRL& = 0X0FFFFFFF;GPIOB - 〉CRL| = 3《28;}


//IO 操作函数
```

```
#define IIC_SCL        PBout(6)                    //SCL
#define IIC_SDA        PBout(7)                    //SDA
#define READ_SDA       PBin(7)                     //输入 SDA
#define MOD            PCout(5)                    //MOD
```

第三步:在 main.c 中完成串口 1 的配置,通过串口 1 观察 AT24Cxx 的读写进展,并进行有关显示;当然也可以通过 TFT LCD 进行显示,留作练习。

第四步:在 main.c 解除 AT24Cxx 的写保护,如下:

```
/* USER CODE BEGIN 2 */
IIC_SCL = 1;
IIC_SDA = 1;
MOD = 0;                                           //不写保护
```

第五步:在 main.c 中检测 AT24Cxx 是否正常,如下:

```
u8 datatemp[SIZE];
printf("开机成功\r\n");
while(AT24CXX_Check())                             //检测不到 24cXX
{
    printf("检测不到\r\n");
    delay_ms(500);
    printf("请检查\r\n");
}
printf("检测存在\r\n");
```

函数 AT24CXX_Check 形式如下:

```
u8 AT24CXX_Check(void)
{
    u8 temp;
    temp = AT24CXX_ReadOneByte(65535);    //避免每次开机都写 AT24CXX

    if(temp = = 0X55)return 0;
    else                                           //排除第一次初始化的情况
    {
        AT24CXX_WriteOneByte(65535,0X55);
        temp = AT24CXX_ReadOneByte(65535);
        if(temp = = 0X55)return 0;
```

```
    }
    return 1;
}
```

AT24CXX_Check 函数进行检测的原理是,首先在地址 65535 读取所存储的内容,如果读取的结果为 0x55,则返回 0;如果读取的结果不是 0x55,则在同样位置写入 0x55,然后再读取;如果读取的结果为 0x55,则返回 0。经过上述 if-else 后,如果器件正常、程序正确的话,均能返回 0;否则返回 1,表示检测失败。

只有检测成功,即返回 0,才能跳出 while(AT24CXX_Check())循环。

第六步:在 while(1)循环中进行读写操作,如:

```
while(1)
{
  printf("Start Write 24C16....\r\n");
  AT24CXX_Write(0,(u8 * )TEXT_Buffer,SIZE);    //开始写入
  printf("24C16 Write Finished! \r\n");
  HAL_Delay(5000);
  printf("Start Read 24C16.... \r\n");
  AT24CXX_Read(0,datatemp,SIZE);                //开始读出
  printf("The Data Readed Is: %s\r\n",datatemp);
}
```

实验结果见图 2-9-8。

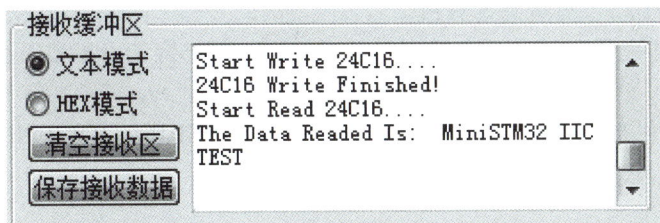

图 2-9-8 AT24C16 的读写实验结果

程序优化:上述程序写入和读出进行得太快,重复写入相同的内容也没有必要。可修订如下:

```
    while(1)
    {
        KEY3_PRES = HAL_GPIO_ReadPin(GPIOA, GPIO_PIN_6);
        KEY4_PRES = HAL_GPIO_ReadPin(GPIOA, GPIO_PIN_7);
```

```
                if(KEY3_PRES = = 0)                //WK_UP 按下,写入 24C16
                  {
                            printf("Start Write 24C16....\r\n");
                            AT24CXX_Write(0,(u8 * )TEXT_Buffer,SIZE);
                            printf("24C16 Write Finished! \r\n");
                  }
                if(KEY4_PRES = = 0)                //KEY0 按下,读取字符串并显示
                  {
                            printf("Start Read 24C16.... \r\n");
                            AT24CXX_Read(0,datatemp,SIZE);
                            printf("The Data Readed Is: % s\r\n",datatemp);
                  }
                HAL_Delay(1000);
            }
```

微视频

数据存取
之 AT24C16

这样,程序的写入和读出均受按键控制,减少了写入读出的次数。

拓展训练:用 TFT LCD 显示读取的内容,请同学们自己完成。

任务二　将数据存储到内部闪存(选学)

本任务的要求是将数据存入 ARM 的闪存。设计如下:通过 K1 改变增加变量,每按 1 次,这个变量的数值加 1,同时进行 FLASH 的存储与读取;通过按键 K2 减小一个变量,每按 1 次,这个变量的数值减小 2,同时进行 FLASH 的存储与读取。读取到的数据送串口 1 显示到计算机。

第一步:打开一个工程,配置好串口 1,其波特率配置为 9 600 bit/s;配置好按键 K1 和 K2。

第二步:在/ * USER CODE BEGIN 0 * /和/ * USER CODE END 0 * /之间加入如下语句:

```
/* Private user code --------------------------------- */
/* USER CODE BEGIN 0 */
int fputc(int ch, FILE * f)
{
    HAL_UART_Transmit(&huart1, (uint8_t * )&ch,1, 0xFFFF);
    return ch;
}
uint32_t WriteFlashData = 0x12345678;
uint32_t addr = 0x0807E000;
```

```
/* FLASH 写入程序 */
void writeFlashTest(void)
{
    HAL_FLASH_Unlock();/* 解锁 FLASH */

    FLASH_EraseInit TypeDef FlashSet;
    FlashSet.TypeErase = FLASH_TYPEERASE_PAGES;
    FlashSet.PageAddress = addr;
    FlashSet.NbPages = 1;

    /* 设置 PageError,调用擦除函数 */
    uint32_t PageError = 0;
    HAL_FLASHEx_Erase(&FlashSet, &PageError);

    /* 对 FLASH 烧写 */
    HAL_FLASH_Program(FLASH_TYPEPROGRAM_WORD, addr, WriteFlashData);

    /* 锁住 FLASH */
    HAL_FLASH_Lock();
    }

/* FLASH 读取打印程序 */
void printFlashTest(void)
{
    uint32_t temp = *(__IO uint32_t *)(addr);
    printf("addr is:0x%x, data is:0x%x\r\n", addr, temp);
}
/* USER CODE END 0 */
```

第三步:while(1)内部编程,按键控制读写:

```
while (1)
  {
    K3 = HAL_GPIO_ReadPin(GPIOA,  GPIO_PIN_6);
    K4 = HAL_GPIO_ReadPin(GPIOA,  GPIO_PIN_7);
    if(K3 = = 0)
     {
```

```
        WriteFlashData + + ;
        writeFlashTest();
        printFlashTest();
    }
    if(K4 = = 0)
    {
        WriteFlashData - = 2;
        writeFlashTest();
        printFlashTest();
    }
    if(WriteFlashData > = 0xffffffff)WriteFlashData = 0;
    HAL_Delay(1000);
}
```

第四步:打开串口,通过按键 K1 和 K2 控制读写,观察结果。可以看到如图 2-9-9 所示的现象,以体会 FLASH 的数据存储与读取过程。

微视频

数据存取之
内部闪存

图 2-9-9　FLASH 数据存储

思考与练习

1. 如何整页擦除?
2. 如何整页读取?

项目十　低功耗模式的实现

项目简介

本项目讲解低功耗的实现,并通过两个按键实现进入低功耗、退出低功耗的功能。将程序下载到开发板上后,实验现象为 D1 和 D2 两盏 LED 灯不断的亮、灭,串口 1 发送"HELLO";当按下 S3 后,启动芯片进入睡眠、停止、待机模式之一;当按下 S1 后,系统退出低功耗模式。

相关知识

在使用 ARM 的过程中,涉及能源问题时,有省电和低功耗两个层次。省电体现在通过控制使得部分 ARM 周边电路不供电、不工作;或者关闭不需要用到的 GPIO 端口和引脚;或者通过降低主频的方式实现省电。第二个层次是低功耗模式,在低功耗模式下,ARM 芯片的电流可以降低到 30 μA 以下,属于最省电的模式。

ARM 的低功耗有三种模式,分别是睡眠模式、停止模式、待机模式。睡眠模式下 Cortex-M3 内核停止工作,外设仍运行;停止模式下所有时钟都停止运行;待机模式下,关闭掉 1.8 V 内核电源,PLL、HSI 和 HSE 振荡器也被断电,SRAM 和寄存器内容丢失,仅备份的寄存器和待机电路维持供电。因此,待机模式最省电,只需要 2 μA 左右的电流。

调用 HAL 库所提供的函数 HAL_PWR_EnterSLEEPMode(uint32_t Regulator,uint8_t SLEEPEntry)可以让芯片进入睡眠模式;函数 HAL_PWR_EnterSTOPMode(uint32_t Regulator,uint8_t STOPEntry)可以让芯片进入停止模式;函数 HAL_PWR_EnterSTANDBYMode(void)可以让芯片进入待机模式。

进入待机模式,系统的功耗会极大地降低(可通过测电源供电电流加以判断),而显见的现象是 D1 和 D2 这两个 LED 灯不亮,串口不发送。

待机模式唤醒。退出待机模式有四种方法:

(1) WKUP 引脚的上升沿。

(2) RTC 闹钟。

(3) NRST 引脚上外部复位(本项目中程序使用的方法)。

（4）IWDG 复位。

操作训练

通过按键 S3 控制进入低功耗模式,通过按键 S1 退出低功耗模式。程序执行时并不会立即进入低功耗模式,因为进入低功耗模式设置的是按键 S3 被按下。唤醒时,只要按下 S1,进入外部中断,在回调函数中开启相关时钟即可。

第一步:STM32CubeMX 配置,配置 PA0～PA3 为输出模式,配置 PA6 为输入模式,配置 PA4 为外部中断模式(GPIO_EXTI4),配置串口 1,波特率 9 600 bit/s, NVIC 使能 EXTI line4 interrupt 中断,并生成代码。

第二步:main.c 编程,在 while(1)内,通过按键启动低功耗模式之一,同时编写 LED 闪烁及串口发送的程序,如下:

```
while (1)
  {
    /* USER CODE END WHILE */
    /* USER CODE BEGIN 3 */
  if(HAL_GPIO_ReadPin(GPIOA, GPIO_PIN_6)= = 0)   //进入低功耗模式之一
      {
         HAL_PWR_EnterSLEEPMode(PWR_MAINREGULATOR_ON, PWR_SLEEPENTRY_WFI);
                                                //进入睡眠模式
         //HAL_PWR_EnterSTOPMode(PWR_LOWPOWERREGULATOR_ON,PWR_STOPENTRY_WFI);
                                                //进入停止模式
         //HAL_PWR_EnterSTANDBYMode();          //进入待机模式
      }
    HAL_GPIO_TogglePin(GPIOA, GPIO_PIN_0);
    HAL_GPIO_TogglePin(GPIOA, GPIO_PIN_1);
    HAL_UART_Transmit(&huart1, "hello", 5, 20);
    HAL_Delay(300);
   /* USER CODE END 3 */
  }
```

第三步:在/* USER CODE BEGIN 4 */和/* USER CODE END 4 */之间加入外部中断回调函数,如下:

```
void HAL_GPIO_EXTI_Callback(uint16_t GPIO_Pin)   //唤醒或退出低功耗
  {
```

```
    if(GPIO_Pin & GPIO_PIN_4)
    {
        HAL_UART_Transmit(&huart1, "IT1", 3, 10);
        SYSCLKConfig_STOP();  //唤醒函数
        Delay(0x7FFFFF);
        /* 由于前面已经重新启动了 HSE,所以本发送语句能正常发出 */
        HAL_UART_Transmit(&huart1, "IT2", 3, 10);
    }
    HAL_Delay(10);
    __HAL_GPIO_EXTI_CLEAR_IT(GPIO_Pin);
}
```

第四步:编写唤醒程序 SYSCLKConfig_STOP(),可置于/ * USER CODE BEGIN
4 * /之前,如下:

```
void SYSCLKConfig_STOP(void)
{
    __HAL_RCC_HSE_CONFIG(RCC_HSE_ON);  / * 使能 HSE * /
    / * 等待 HSE 准备就绪 * /
    while(__HAL_RCC_GET_FLAG(RCC_FLAG_HSERDY) = = RESET);
    __HAL_RCC_PLL_ENABLE();              / * 使能 PLL * /
    while(__HAL_RCC_GET_FLAG(RCC_FLAG_PLLRDY) = = RESET)
        { }                                / * 等待 PLL 准备就绪 * /
    / * 选择 PLL 作为系统时钟源 * /
    __HAL_RCC_SYSCLK_CONFIG(RCC_SYSCLKSOURCE_PLLCLK);
    while(__HAL_RCC_GET_SYSCLK_SOURCE() ! = 0x08)
        { }                                  / * 等待 PLL 被选择为系统时钟源 * /
}
```

第五步:下载并观察现象。

现象描述:

1. 正常模式:LED1 和 LED2 约 0.3s 闪烁 1 次,串口发送"hello"。

2. 启用语句

```
HAL_PWR_EnterSLEEPMode(PWR_MAINREGULATOR_ON, PWR_SLEEPENTRY_WFI);
```

后,按 S3 进入睡眠模式,LED 闪烁和串口发送均不受影响。这是由于睡眠模式只是内核
停止工作,外设仍然运行。

3. 启用语句

```
HAL_PWR_EnterSTOPMode(PWR_LOWPOWERREGULATOR_ON,
PWR_STOPENTRY_WFI);
```

后,按 S3 进入停止模式,发现 LED 闪烁明显变慢,串口不发送。按 S1 进入外部中断回调函数,在回调函数中使用了 SYSCLKConfig_STOP()后,LED 闪烁正常,串口发送正常。需要特别强调的是,在 SYSCLKConfig_STOP()之前,需要串口发送 IT1,未发送成功;在 SYSCLKConfig_STOP()之后,需要串口发送 IT2,可以发送成功,证明 SYSCLKConfig_STOP()确实实现了从停止到重新启动的目的。

4. 启用语句

```
HAL_PWR_EnterSTANDBYMode();
```

后进入待机模式,发现所有 LED 熄灭,串口发送停止;在待机模式下,按 S1 也无法唤醒,无法恢复正常工作。

微视频

低功耗设计

前面讲过,退出待机模式有四种方法,分别是 WKUP 引脚的上升沿、RTC 闹钟、NRST 引脚上外部复位、IWDG 复位等。由于 NRST 引脚上外部复位不需要编写程序,因此最容易实现。但是该方法类似于计算机的重新启动,不见得适合于工程应用。其他三种方法请同学们自己练习。

思考与练习

1. 请测量正常工作、待机工作两种情况下的电流,分析减小能耗的方法。
2. 编程实现睡眠模式以降低功耗。
3. 编程实现停止模式以降低功耗。

项目十一 实时操作系统 uC/OS-Ⅱ 的实现

项目简介

本项目讲解 uC/OS-Ⅱ嵌入式操作系统的特点,以及其在嵌入式编程中的重要性,并通过实例讲解 uC/OS-Ⅱ嵌入式操作系统使用方法。

本项目的实训内容分三个任务:任务一讲解双任务系统;任务二讲解四任务系统;任务三讲解信号量和邮箱。

相关知识

一、uC/OS-Ⅱ内核介绍

以前的项目或实例,使用的都是脱离开操作系统的程序,即所谓的裸机程序。裸机程序可以直接下载到 CPU 去执行,相对比较简单。但对于比较复杂的应用,尤其是实时性要求高的多任务系统,裸机程序就体现出一定的局限性,而采用操作系统则可以很好地解决这个问题。

能够在 ARM 中使用的操作系统有 uC/OS-Ⅱ、RT-Thread、uCLinux 和嵌入式 Linux 等。

uC/OS-Ⅱ操作系统可以移植到包括 ARM 在内的多种微处理器上,代码简单,容易掌握和使用。其代码可裁减定制,生成的可执行代码占 15～20KB(注意 STM32F103RCT6 的闪存的容量有 256KB),非常节省存储空间。uC/OS-Ⅱ操作系统的源代码完全公开。

uC/OS-Ⅱ是一个可移植、可固化、可裁减的抢占式实时多任务操作系统内核。主要用 ANSI 的 C 语言编写,少部分代码是汇编语言。uC/OS-Ⅱ可以移植到多个 CPU 上,可以固化到嵌入式系统中,uC/OS-Ⅱ总是运行优先级最高的就绪任务。uC/OS-Ⅱ的每个任务都有自己的单独的栈,uC/OS-Ⅱ有很多系统服务,如信号量、时间标志、消息邮箱、消息队列、时间管理等等。

对 uC/OS-Ⅱ而言,一个任务就是一个线程,一般是一个无限的循环程序。一个任务可以认为 CPU 资源完全只属于自己。

uC/OS-Ⅱ的基本概念较多,罗列如下:

① 前后台系统:也称为超循环系统。应用程序是一个无限的循环,在循环中实现相应的操作,这部分看成后台行为。用中断服务程序处理异步事件,处理实时性要求很强的操作,这部分可以看成前台行为。

② 共享资源:可以被一个以上任务使用的资源叫做共享资源。

③ 任务:一个任务是一个线程,一般是一个无限的循环程序。一个任务可以认为 CPU 资源完全只属于自己。任务可以是以下五种状态之一:休眠态、就绪态、运行态、挂起态和被中断态。uC/OS-Ⅱ提供的系统服务可以使任务从一种状态变为另一种状态。

④ 任务切换:任务切换就是上下文切换,也是 CPU 寄存器内容切换。当内核决定运行另外的任务时,它保存正在运行任务的当前状态(CPU 寄存器的内容)到任务自己的栈区。入栈完成后,就把下一个将要运行的任务状态从该任务的栈中重新装入 CPU 寄存器,并开始下一个任务的运行,这个过程叫做任务切换。

⑤ 内核:多任务系统中内核负责管理和调度各个任务,为每个任务分配 CPU 时间,并负责任务间的通信。内核总是调度就绪态的优先级最高的任务。内核本身增加了系统的额外负荷,因为内核提供的服务需要一定的执行时间。

⑥ 可剥夺型内核:uC/OS-Ⅱ以及绝大多数商业实时内核都是可剥夺型内核。最高优先级的任务一旦就绪,就能得到 CPU 的使用权。

⑦ 可重入函数:可以被多个任务调用,并且不用担心数据会被破坏的函数。

⑧ 优先级反转:优先级反转问题是使用实时内核系统中出现最多的问题。假设:当前系统有低优先级的任务 3 在运行,并且占用了共享资源,而高优先级的任务 1 就绪,并得到 CPU 使用权后,也要使用任务 3 占用的共享资源,但任务 1 只能挂起等待任务 3 使用完共享资源。任务 3 继续运行时,优先级在任务 1 和任务 3 之间的任务 2 就绪并抢占了任务 3 的 CPU 使用权,直到运行完后才把 CPU 使用权还给任务 3。任务 3 继续运行,在释放了共享资源后任务 1 才得以运行。这样,任务 1 实际上降到了任务 3 优先级的水平。这种情况就是优先级反转问题。uC/OS-Ⅱ中,可以利用互斥信号量来这个解决。

⑨ 互斥方法:使用共享数据结构进行任务间通信时,要求对其进行互斥。保证互斥的方法有关中断、使用测试变量、禁止任务切换和利用信号量等。

⑩ 同步:可以利用信号量使任务与任务,任务与 ISR 之间同步。任务之间没有数据交换。

⑪ 事件标志:当任务要与多个事件同步时,需要使用事件标志(event flag)。事件标志同步分为独立型同步(逻辑"或"关系)和关联型同步(逻辑"与"关系)。

⑫ 任务间通信:可以通过全局变量或者通过内核从一个任务传递消息给另一个任务。通过内核服务发送的消息包括消息邮箱和消息队列。任务或者 ISR 可以把一个指针放到消息邮箱中,让另一个任务接收。消息队列实际上是邮箱阵列。

⑬ 时钟节拍:是特定的周期性的定时器中断。时钟节拍是系统的心脏脉动,提供周

期性的信号源,是系统进行任务调度的频率依据和任务延时依据。

uC/OS-Ⅱ内核主要对用户任务进行调度和管理,并为任务间共享资源提供服务。包含的模块有任务管理、任务调度、任务间通信、时间管理和内核初始化等。

二、uC/OS-Ⅱ的文件结构

基于 uC/OS-Ⅱ 操作系统文件包含在三个文件夹中,其中 CONFIG 文件夹中主要包含两个 h 文件,分别是 include.h、os_cfg.h;CORE 文件夹中有 os_core.c、os_flag.c、os_mbox.c、os_mem.c、os_mutex.c、os_q.c、os_sem.c、os_task.c、os_time.c、os_tmr.c、ucos_ii.c 等 c 文件和 h 文件 ucos_ii.h;PORT 文件夹中包含 os_cpu_c.c、os_dbg.c、os_dbg_r.c 文件等 c 文件,包含汇编 os_cpu_a.asm,包含头文件 os_cpu.h。

CORE 文件夹的文件和处理器无关,也不需要用户修改,是操作系统的核心文件。CONFIG 文件夹中的文件和应用相关。PORT 文件夹中的文件属于硬件接口文件。

uC/OS-Ⅱ的文件结构如图 2-11-1 所示:

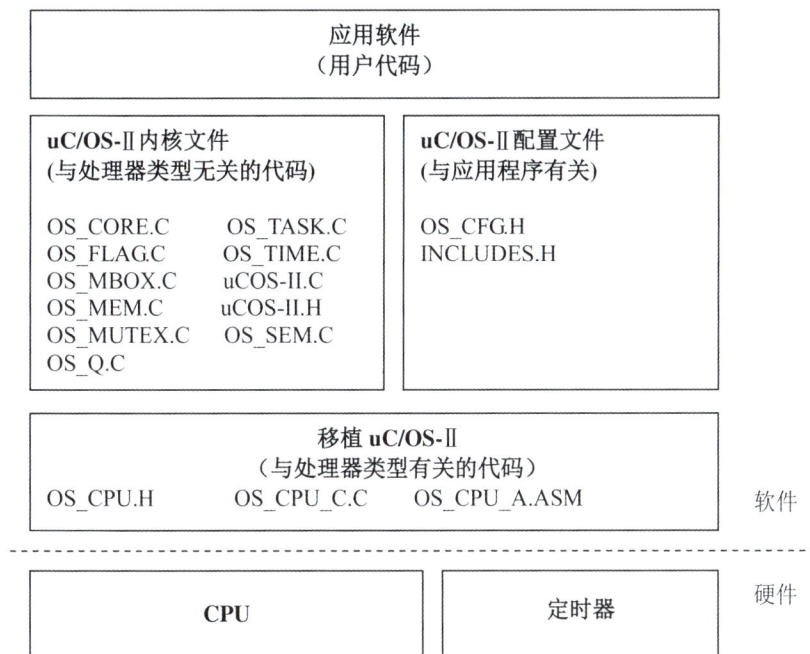

图 2-11-1　uC/OS-Ⅱ的文件结构

uC/OS-Ⅱ 操作系统的移植,只需要修改 os_cpu.h、os_cpu_a.asm 和 os_cpu_c.c。这三个文件全部在 PORT 文件夹中。

三、相关概念-事件、信号量、邮箱

事件:两个任务之间的通信称为一个事件,通信的完成需要发送和读取两个过程来实现,如:任务 1→事件→任务 2。任务 1 把信息发送到事件上,任务 2 从同样的事件读取信

息。事件的发送和读取需要统一的数据结构,该数据结构用结构体实现,如下:

```
typedef struct os_event
{
    INT8U     OSEventType;                              //事件的类型
    void      * OSEventPtr;                             //消息指针
    INT16U    OSEventCnt;                               //信号量计数器
    OS_PRIO   OSEventGrp;                               //等待事件的任务组
    OS_PRIO   OSEventTbl[OS_EVENT_TBL_SIZE];            //任务等代表
    #if OS_EVENT_NAME_EN > 0u
    INT8U     * OSEventName;                            //事件名
    #endif
} OS_EVENT;
```

信号量:信号量是一个标志,表示共享资源的使用情况。一个任务在访问共享资源前,需要查询该标志以便了解共享资源的使用情况,从而决定自己的行为。信号量分二值型信号量和 N 值型信号量。二值型信号量对应独占型的资源;N 值型信号量对应同时有 N 个任务可以共享的资源。

邮箱:邮箱是为了实现任务和任务之间通信而设置的数据的缓冲区。消息发送任务将要传递的消息存放在缓冲区;需要接收该消息的任务通过消息缓冲区的指针,读取存放的消息。因此,用来传递消息缓冲区指针的数据结构叫做邮箱。

操作训练

任务一   双任务系统

第一步:添加操作系统相关文件。基于 uC/OS-Ⅱ操作系统的编程过程和前面的各个实训项目类似,也是建立工程、添加 c 文件等,只是在添加的文件中需要额外的添加操作系统相关的文件,uC/OS-Ⅱ操作系统的文件结构图如图 2-11-2 所示。

第二步:可以对 os_cfg.h 里的 OS_TICKS_PER_SEC 的值进行修改,建议改为 200,即设置 uC/OS-Ⅱ的时钟节拍为 5 ms。同时设置 OS_MAX_TASKS 的值为 10;OS_MAX_TASKS 的值需要大于 2。

第三步:在 sys.h 中,定义 SYSTEM_SUPPORT_OS 的值为 1,即支持 uC/OS-Ⅱ。通过这个设置,在裸机程序和 uC/OS-Ⅱ之间建立起联系,uC/OS-Ⅱ可以调用 delay_init 来初始化 SYSTICK,以产生 uC/OS-Ⅱ所需要的系统时钟节拍,同时也使得 delay.c 文件中的 delay_us、delay_ms 函数在 uC/OS-Ⅱ下依然能够使用。

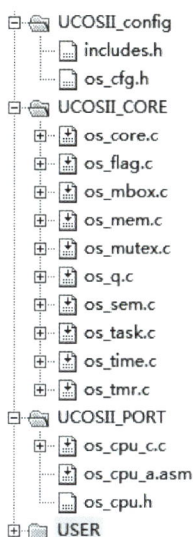

图 2-11-2　uC/OS-Ⅱ操作系统的文件结构图

第四步：在 delay.c 中，有一个 SysTick_Handler 函数，这个函数只有在 SYSTEM_SUPPORT_OS 的值为 1 后才可以被执行，产生能够提供 uC/OS-Ⅱ所需要的节拍。SysTick_Handler 函数如下：

```
void SysTick_Handler(void)
{
    if(delay_osrunning = = 1)              //如果 OS 开始运行
    {
      OSIntEnter();                        //进入中断
      OSTimeTick();                        //调用 ucos 的时钟服务程序
      OSIntExit();                         //触发任务切换软中断
    }
}
```

在 uC/OS-Ⅱ正常运行后，可以定时的产生 SysTick 中断，进入 SysTick_Handler 函数。其中 OSIntEnter 是进入中断服务函数，用来记录中断嵌套层数；OSTimeTick 是系统时钟节拍服务函数，在每次中断时了解每个任务的延时状态，使已经到达延时时限的非挂起任务进入就绪状态；OSIntExit 是退出中断服务函数，该函数可以触发一次任务切换。

在非操作系统编程时，程序中往往只有一个死循环，系统在这个死循环中反复运行，只有中断发生后才跳出死循环去响应中断，等响应中断结束后在返回原来的死循环。而在 uC/OS-Ⅱ操作系统中，有多个任务，相当于有多个死循环，跳出目前的任务去执行另一个任务，其实就是跳出目前的死循环，去执行另一个死循环的过程。在任务之间的来回切换,就发生系统节拍的间隙。

第五步:双线程建立。基于 uC/OS-Ⅱ的多任务系统也有一个 main 主函数,main 函数由编译器所带的 C 启动程序调用。在 main 主函数中主要实现 uC/OS-Ⅱ的初始化函数 OSInit()、任务创建、一些任务通信方法的创建、uC/OS-Ⅱ的多任务启动函数 OSStart()等常规操作。另外,还有一些应用程序相关的初始化操作,例如:硬件初始化、数据结构初始化等。main.c 的完整程序块如下:

```
# include "led.h"
# include "delay.h"
# include "sys.h"
# include "includes.h"
//START 任务
# define START_TASK_PRIO      10              //设置任务优先级
# define START_STK_SIZE       64              //设置任务堆栈大小
OS_STK START_TASK_STK[START_STK_SIZE];        //任务堆栈
void start_task(void * pdata);                //任务函数
//LED0 任务
# define LED0_TASK_PRIO       5               //设置任务优先级
# define LED0_STK_SIZE        64              //设置任务堆栈大小
OS_STK LED0_TASK_STK[LED0_STK_SIZE];          //任务堆栈
void led0_task(void * pdata);                 //任务函数
//LED1 任务
# define LED1_TASK_PRIO       6               //设置任务优先级
# define LED1_STK_SIZE        64              //设置任务堆栈大小
OS_STK LED1_TASK_STK[LED1_STK_SIZE];          //任务堆栈
void led1_task(void * pdata);                 //任务函数



int main(void)
{
    delay_init();                             //延时函数初始化
    NVIC_PriorityGroupConfig(NVIC_PriorityGroup_2);
                                              //设置中断优先级分组2
    LED_Init();                               //初始化与 LED 连接的硬件接口
    OSInit();
    OSTaskCreate(start_task,(void * )0,(OS_STK * )&START_TASK_STK
```

```
    [START_STK_SIZE－1], START_TASK_PRIO);        //创建起始任务
    OSStart();
}
//开始任务
void start_task(void ＊ pdata)
{
OS_CPU_SR cpu_sr = 0;
pdata = pdata;
OS_ENTER_CRITICAL();                          //进入临界区(无法被中断打断)
OSTaskCreate(led0_task,(void＊)0,(OS_STK＊)&LED0_TASK_STK
[LED0_STK_SIZE－1],LED0_TASK_PRIO);
OSTaskCreate(led1_task,(void＊)0,(OS_STK＊)&LED1_TASK_STK
[LED1_STK_SIZE－1],LED1_TASK_PRIO);
OSTaskSuspend(START_TASK_PRIO);               //挂起起始任务
OS_EXIT_CRITICAL();                           //退出临界区(可以被中断打断)
}

//LED0 任务
void led0_task(void ＊ pdata)
{
    while(1)
    {
     HAL_GPIO_WritePin(GPIOA,    GPIO_PIN_0,    GPIO_PIN_RESET);
HAL_Delay(80);
     HAL_GPIO_WritePin(GPIOA,    GPIO_PIN_0,    GPIO_PIN_SET);
HAL_Delay(920);
    };
}
//LED1 任务
void led1_task(void ＊ pdata)
{
    while(1)
    {
     HAL_GPIO_WritePin(GPIOA,    GPIO_PIN_1,    GPIO_PIN_RESET);
HAL_Delay(300);
```

```
        HAL_GPIO_WritePin(GPIOA,    GPIO_PIN_1,    GPIO_PIN_SET);
HAL_Delay(300);
        };
    }
```

在程序编写完成、调试无误后,下载到开发板,可以看到 LED0 每隔 1 s 闪烁 1 次,点亮的时间较短;而 LED1 闪烁的频率较快。

任务二　四任务系统(选学)

四任务系统,是在前面对 LED0、LED1 控制的基础上,再增加两个任务。新增加的第一个任务是串口,需要把 stm32f10x_usart.c 和 usart.c 包括进工程里,并定义 USART 的优先级等,如下:

```
#define USART1_TASK_PRIO      7              //设置优先级
#define USART1_STK_SIZE       64             //设置任务堆栈大小
OS_STK USART1_TASK_STK[USART1_STK_SIZE];     //任务堆栈
void USART1_task(void *pdata);               //任务函数
```

同时设置 USART 任务如下:

```
void USART1_task(void *pdata)
{
    while(1)
    {
        printf("hello\n");    HAL_Delay(2000);
        printf("hi\n");       HAL_Delay(2000);
    };
}
```

新增的第二个任务是通过 TFT LCD 显示一个变量。需要把 lcd.c 包括进工程中,并定义 LCD 的优先级等,如下:

```
#define LCD1_TASK_PRIO      8              //设置优先级
#define LCD1_STK_SIZE       64             //设置任务堆栈大小
OS_STK LCD1_TASK_STK[LCD1_STK_SIZE];       //任务堆栈
void LCD1_task(void *pdata);               //任务函数
```

同时设置 LCD 任务如下:

```
void LCD1_task(void * pdata)
{
    while(1)
    {
        temp + = 1;
        if(temp〉= 255)temp = 0;
        POINT_COLOR = BLUE;                    //设置字体为蓝色
        LCD_ShowxNum(124,190,temp,4,16,0);
        delay_ms(2000);
    };
}
```

在对任务的设计完成之后,最后一个工作是在 start_task 函数中增加两个任务,如下:

```
void start_task(void * pdata)
{
     OS_CPU_SR cpu_sr = 0;
    pdata = pdata;
    OS_ENTER_CRITICAL();                 //进入临界区(无法被中断打断)
    OSTaskCreate(led0_task,(void * )0,(OS_STK * )&LED0_TASK_STK〔LED0_STK
_SIZE - 1〕,LED0_TASK_PRIO);               //任务 LED0
    OSTaskCreate(led1_task,(void * )0,(OS_STK * )&LED1_TASK_STK〔LED1_STK
_SIZE - 1〕,LED1_TASK_PRIO);               //任务 LED1
    OSTaskCreate(USART1_task,(void * )0,(OS_STK * )&USART1_TASK_STK
〔USART1_STK_SIZE - 1〕,USART1_TASK_PRIO);   //任务 USART
    OSTaskCreate(LCD1_task,(void * )0,(OS_STK * )&LCD1_TASK_STK〔LCD1_STK
_SIZE - 1〕,LCD1_TASK_PRIO);               //任务 LCD
    OSTaskSuspend(START_TASK_PRIO);       //挂起起始任务
    OS_EXIT_CRITICAL();                   //退出临界区(可以被中断打断)
}
```

需要提醒的是,各个任务的优先级不能相同,建议设置为 1～9 之间的不同数字。编译、查错后,下载,可以看到任务 LED0、LED1、UASART、LCD 不受干扰的运行。

任务三　信号量和邮箱(选学)

上面的任务实例实现了通过操作系统协调若干个任务的实时无冲突运行,实现了几个任务之间的合理切换。实例中没有涉及任务之间的通讯,各个任务之间没有依存关系。实际上,任务之间可能存在依存关系,甚至存在对同一资源的独占性使用,即 A 任务使用某资源的时候,B 任务需要等待 A 任务结束并释放对该事件的使用权。本实训项目通过信号量和邮箱实现任务之间的通信。

任务设计：

本任务实例设计的任务如下:开始任务、LED0 任务、LED1 任务、触摸屏任务、主任务、按键扫描任务、USART 任务等。主任务用于创建信号量、创建邮箱、初始化统计任务,以及创建其他任务,主任务启动后挂起。LED0 进行亮灭变化,如果 LED0 能够闪烁,说明系统正在运行。LED1 任务用于测试信号量,通过请求信号量函数,每得到一个信号量,LED1 就亮一下。触摸屏任务用于显示、互动,同时用来测试 CPU 的使用率。USART 任务用于每隔 2 s 分别发送"hello"和"hi"。按键扫描任务用于按键扫描,其优先级最高,按键扫描任务将得到的键值通过消息邮箱发送出去。主任务通过查询消息邮箱获得键值,并根据键值来控制 LED1、触摸屏清屏、触摸屏校准等控制。

程序设计

工程的设计建立于本实训项目的任务一、任务二系统,可以拷贝整个文件夹,然后修改文件夹的名称即可。程序设计的最大不同体现在 main.c 中。main.c 如下:

```
//开始任务
#define START_TASK_PRIO      10          //开始任务的优先级设置为最低
#define START_STK_SIZE       64          //设置任务堆栈大小
OS_STK START_TASK_STK[START_STK_SIZE];   //任务堆栈
void start_task(void * pdata);           //任务函数



//LED0 任务
#define LED0_TASK_PRIO       7           //设置任务优先级
#define LED0_STK_SIZE        64          //设置任务堆栈大小
OS_STK LED0_TASK_STK[LED0_STK_SIZE];     //任务堆栈
void led0_task(void * pdata);            //任务函数
//触摸屏任务
#define TOUCH_TASK_PRIO      6           //设置任务优先级
#define TOUCH_STK_SIZE       64          //设置任务堆栈大小
OS_STK TOUCH_TASK_STK[TOUCH_STK_SIZE];   //任务堆栈
```

```
void touch_task(void * pdata);                    //任务函数
//LED1 任务
#define LED1_TASK_PRIO      5                      //设置任务优先级
#define LED1_STK_SIZE       64                     //设置任务堆栈大小
OS_STK LED1_TASK_STK[LED1_STK_SIZE];              //任务堆栈
void led1_task(void * pdata);                      //任务函数
//主任务
#define MAIN_TASK_PRIO      4                      //设置任务优先级
#define MAIN_STK_SIZE       128                    //设置任务堆栈大小
OS_STK MAIN_TASK_STK[MAIN_STK_SIZE];              //任务堆栈
void main_task(void * pdata);                      //任务函数
//按键扫描任务
#define KEY_TASK_PRIO       3                      //设置任务优先级
#define KEY_STK_SIZE        64                     //设置任务堆栈大小
OS_STK KEY_TASK_STK[KEY_STK_SIZE];                //任务堆栈
void key_task(void * pdata);                       //任务函数
//USART 任务
#define USART1_TASK_PRIO    2                      //设置任务优先级
#define USART1_STK_SIZE     64                     //设置任务堆栈大小
OS_STK USART1_TASK_STK[USART1_STK_SIZE];          //任务堆栈
void USART1_task(void * pdata);                    //任务函数
/////////////////////////////////////////////
OS_EVENT * msg_key;                               //按键邮箱事件块指针
OS_EVENT * sem_led1;                              //LED1 信号量指针
//加载主界面
void ucos_load_main_ui(void)
{
    LCD_Clear(WHITE);                             //清屏
    POINT_COLOR = RED;                            //设置字体为红色
    LCD_ShowString(30,30,200,16,16,"UCOSII TEST2");
    LCD_ShowString(30,75,200,16,16,"KEY1:LED1 KEY_UP:ADJUST");
    LCD_ShowString(30,95,200,16,16,"KEY2:CLEAR");
    LCD_ShowString(80,210,200,16,16,"Touch Area");
    LCD_DrawLine(0,120,lcddev.width,120);
    LCD_DrawLine(0,70,lcddev.width,70);
    LCD_DrawLine(150,0,150,70);
```

```
    POINT_COLOR = BLUE;                 //设置字体为蓝色
    LCD_ShowString(160,30,200,16,16,"CPU：% ");
    LCD_ShowString(160,50,200,16,16,"SEM:000");
}


int main(void)
{
    delay_init();                       //延时函数初始化
    uart_init(9600);
    NVIC_PriorityGroupConfig(NVIC_PriorityGroup_2);
                                        //设置中断优先级分组 2
    LED_Init();                         //初始化与 LED 连接的硬件接口
    LCD_Init();                         //初始化 LCD
    KEY_Init();                         //按键初始化
    tp_dev.init();                      //触摸屏初始化
    ucos_load_main_ui();                //加载主界面
    OSInit();                           //初始化 UCOSII
    OSTaskCreate(start_task,(void * )0,(OS_STK * )&START_TASK_STK [START_
STK_SIZE - 1],START_TASK_PRIO );        //创建起始任务
    OSStart();
}


//开始任务
void start_task(void * pdata)
{
    OS_CPU_SR cpu_sr = 0;
    pdata = pdata;
    msg_key = OSMboxCreate((void * )0);    //创建消息邮箱
    sem_led1 = OSSemCreate(0);             //创建信号量
    OSStatInit();                         //初始化统计任务(这里会延时 1 秒钟左右)
    OS_ENTER_CRITICAL();                  //进入临界区(无法被中断打断)
    OSTaskCreate(led0_task,(void * )0,(OS_STK * )&LED0_TASK_STK
[LED0_STK_SIZE - 1],LED0_TASK_PRIO);
    OSTaskCreate(touch_task,(void * )0,(OS_STK * )&TOUCH_TASK_STK
[TOUCH_STK_SIZE - 1],TOUCH_TASK_PRIO);
    OSTaskCreate(led1_task,(void * )0,(OS_STK * )&LED1_TASK_STK
```

```
[LED1_STK_SIZE - 1],LED1_TASK_PRIO);
    OSTaskCreate(main_task,(void * )0,(OS_STK * )&MAIN_TASK_STK
[MAIN_STK_SIZE - 1],MAIN_TASK_PRIO);
    OSTaskCreate(key_task,(void * )0,(OS_STK * )&KEY_TASK_STK
[KEY_STK_SIZE - 1],KEY_TASK_PRIO);
    OSTaskCreate(USART1_task,(void * )0,(OS_STK * )&USART1_TASK_STK
[USART1_STK_SIZE - 1],USART1_TASK_PRIO);
    OSTaskSuspend(START_TASK_PRIO);          //挂起起始任务
    OS_EXIT_CRITICAL();                      //退出临界区(可以被中断打断)
  }
  //LED0 任务
  void led0_task(void * pdata)
  {
    u8 t;
    while(1)
    {
      t + + ;
      HAL_Delay(100);
      if(t = = 8)LED0 = 1;                   //LED0 灭
      if(t = = 100)                          //LED0 亮
      {
        t = 0;LED0 = 0;
      }
    }
  }
  //LED1 任务
  void led1_task(void * pdata)
  {
    u8 err;
    while(1)
    {
      OSSemPend(sem_led1,0,&err);  //获得信号量之后,才执行下面的语句
      LED1 = 0;    HAL_Delay(200);
      LED1 = 1;    HAL_Delay(800);
    }
  }
```

```
//触摸屏任务
void touch_task(void * pdata)
{
  while(1)
  {
    tp_dev.scan(0);
    if(tp_dev.sta&TP_PRES_DOWN)                  //触摸屏被按下
    {
if(tp_dev.x[0]<lcddev.width&&tp_dev.y[0]<lcddev.height&&tp_dev.y[0]>120)
      {
        TP_Draw_Big_Point(tp_dev.x[0],tp_dev.y[0],RED);       //画图
        HAL_Delay(3);
      }
    }else HAL_Delay(10);                         //没有按键按下的时候
  }
}
//主任务
void main_task(void * pdata)
{
  u32 key = 0;
  u8 err;
  u8 semmask = 0;
  u8 tcnt = 0;
  while(1)
  {
    key = (u32)OSMboxPend(msg_key,10,&err);
    switch(key)
    {
      case KEY1_PRES:                            //发送信号量
        semmask = 1;
        OSSemPost(sem_led1);                     //通过按键发送信号量
      LCD_Fill(0,121,lcddev.width,lcddev.height,BLUE);
      break;
      case KEY2_PRES:                            //清除
        LCD_Fill(0,121,lcddev.width,lcddev.height,WHITE);
```

```
        break;
        case WKUP_PRES：//校准
        OSTaskSuspend(TOUCH_TASK_PRIO);          //挂起触摸屏任务
        if((tp_dev.touchtype&0X80) = = 0)TP_Adjust();
        OSTaskResume(TOUCH_TASK_PRIO);           //解挂
        ucos_load_main_ui();                     //重新加载主界面
        break;
    }
    if(semmask||sem_led1 - )OSEventCnt)          //需要显示 sem
    {
    POINT_COLOR = BLUE;
    LCD_ShowxNum(192,50,sem_led1 - )OSEventCnt,3,16,0X80);
                                                 //显示信号量的值
    if(sem_led1 - )OSEventCnt = = 0)semmask = 0; //停止更新
    }
    if(tcnt = = 50)                              //0.5 秒更新一次 CPU 使用率
    {
      tcnt = 0;
      POINT_COLOR = BLUE;
      LCD_ShowxNum(192,30,OSCPUUsage,3,16,0);    //显示 CPU 使用率
      }
    tcnt + + ;
    HAL_Delay(30);
    }
}


//按键扫描任务
void key_task(void ∗ pdata)
{
  u8 key;
  while(1)
  {
    key = KEY_Scan(0);
    if(key)OSMboxPost(msg_key,(void∗)key);       //发送消息
    HAL_Delay(30);
  }
```

```
    }

    void USART1_task(void  * pdata)
    {
      while(1)
      {
        printf("hello\\n");        HAL_Delay(2000);
        printf("hi\\n");           HAL_Delay(2000);
      };
    }
```

思考与练习

1. uCOS-Ⅱ操作系统属于(   )。

    A. 顺序执行系统   B. 占先式实时操作系统

    C. 非占先式实时操作系统   D. 分时操作系统

2. 如何实现任务调度的?

3. 如何利用邮箱?

4. 如何利用信号量?

项目十二　实时操作系统 RT-Thread 的实现

项目简介

本项目讲解 RT-Thread 实时操作系统的特点，以及其在嵌入式编程中的重要性，并通过实例来讲解 RT-Thread 实时操作系统的使用方法。本项目的实训内容分三个任务：任务一讲解从 Keil MDK 移植 RT-Thread；任务二讲解添加一个线程构成双线程系统；任务三讲解多线程系统及线程间通信举例。

相关知识

RT-Thread 简介

RT-Thread，全称是 Real Time-Thread，顾名思义，它是一个嵌入式实时多线程操作系统，基本属性之一是支持多任务，但允许多个任务同时运行并不意味着处理器在同一时刻真地执行了多个任务。事实上，一个处理器核心在某一时刻只能运行一个任务，由于每次对一个任务的执行时间很短，任务与任务之间通过任务调度器进行非常快速地切换（调度器根据优先级决定此刻该执行的任务），给人造成多个任务在一个时刻同时运行的错觉。在 RT-Thread 操作系统中，任务是通过线程实现的，RT-Thread 中的线程调度器也就是上面提到的任务调度器。

RT-Thread 主要采用 C 语言编写，针对资源受限的微控制器（MCU）系统，可通过方便易用的工具，裁剪出仅需要 3KB Flash、1.2KB RAM 内存资源的 NANO 版本（NANO 是 RT-Thread 官方于 2017 年 7 月份发布的一个极简版内核）；而对于资源丰富的物联网设备，RT-Thread 又能使用在线的软件包管理工具，配合系统配置工具实现直观快速的模块化裁剪，无缝地导入丰富的软件功能包，实现类似 Android 的图形界面及触摸滑动效果、智能语音交互效果等复杂功能。

RT-Thread Nano 是一个极简版的硬实时内核，它是由 C 语言开发，采用面向对象的编程思维,代码架构优雅,是一款可裁剪的、抢占式实时多任务的 RTOS。其内存资源占用极小,功能包括任务处理、软件定时器、信号量、邮箱和实时调度等相对完整的实时操作系统特性,RT-Thread Nano 软件框图如图 2-12-1 所示。本书仅介绍 RT-Thread Nano。

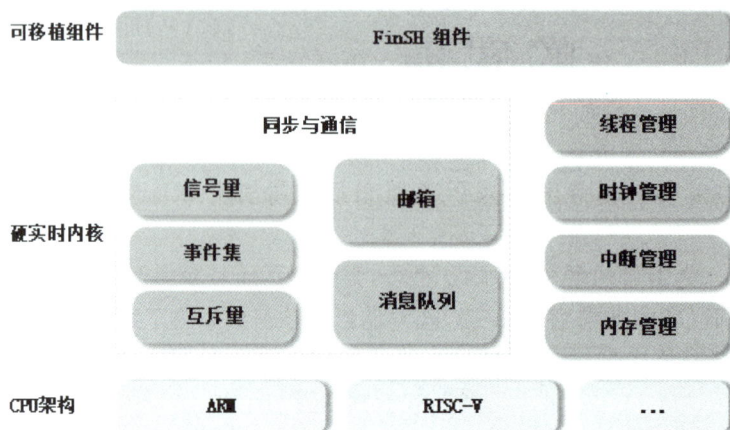

图 2-12-1　RT-Thread Nano 软件框图

在 RT-Thread 中,与任务对应的程序实体就是线程,线程是实现任务的载体,它是 RT-Thread 中最基本的调度单位,它描述了一个任务执行的运行环境,也描述了这个任务所处的优先等级,重要的任务可设置相对较高的优先级;非重要的任务可以设置较低的优先级;不同的任务还可以设置相同的优先级,轮流运行。

当线程运行时,它会认为自己是以独占 CPU 的方式在运行,线程执行时的运行环境称为上下文,具体来说就是各个变量和数据,包括所有的寄存器变量、堆栈、内存信息等。

线程运行的过程中,同一时间内只允许一个线程在处理器中运行,从运行的过程上划分,线程有多种不同的运行状态,如初始状态、就绪状态、运行状态、挂起状态、关闭状态等。在 RT-Thread 中,线程包含五种状态,操作系统会自动根据它运行的情况来动态调整它的状态。

RT-Thread 的线程依靠任务调度器来协调,任务调度器是抢占式的,主要的工作就是从就绪线程列表中查找最高优先级线程,保证最高优先级的线程能够被运行,最高优先级的任务一旦就绪,总能得到 CPU 的使用权。

当一个比运行着的线程优先级高的线程满足运行条件,当前线程的 CPU 使用权就被剥夺了,或者说被让出了,高优先级的线程立刻得到了 CPU 的使用权。

如果是中断服务程序使一个高优先级的线程满足运行条件,中断完成时,被中断的线程挂起,优先级高的线程开始运行。

当调度器调度线程切换时,先将当前线程上下文保存起来,当再切回到这个线程时,线程调度器将该线程的上下文信息恢复,如图 2-12-2 所示。

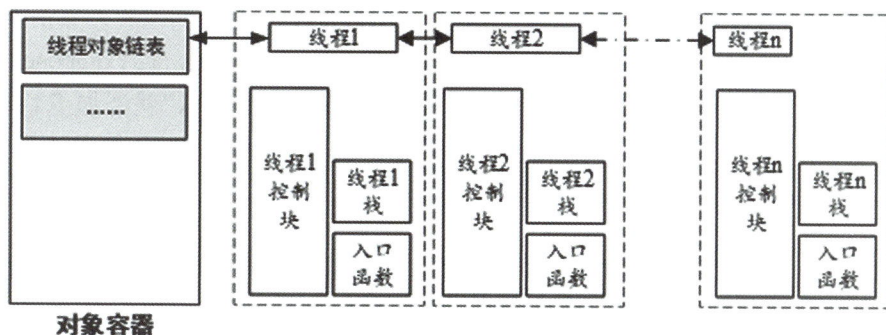

图 2-12-2 调度器调度线程切换

RT-Thread 操作系统的启动过程如图 2-12-3 所示,如果有新的线程,新的线程放置于 main 函数中,通过 main 函数启动新线程。

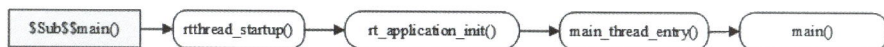

图 2-12-3 RT-Thread 操作系统的启动过程

操作训练

任务一 从 Keil MDK 移植 RT-Thread

第一步:准备好一个简单例程,比如让某个 LED 灯闪烁的程序。

第二步:在 IDE 内安装 RT-Thread,打开 MDK 软件,点击工具栏的 Pack Installer 图标(图 2-12-4)。

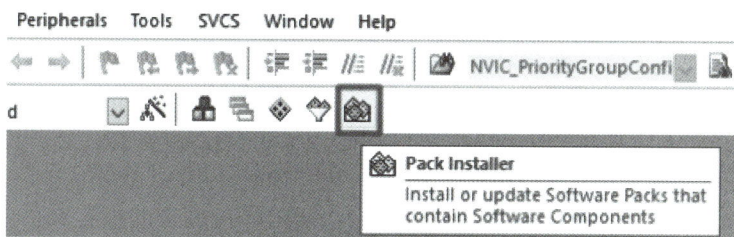

图 2-12-4 RT-Thread 嵌入安装到 Keil MDK

点击右侧的 Pack,展开 Generic,可以找到 RealThread∷RT-Thread,点击 Action 栏对应的 Install,就可以在线安装 Nano Pack 了。另外,如果需要安装其他版本,则需要展开 RealThread∷RT-Thread,进行选择。

第三步:添加 RT-Thread Nano 到工程。

打开已经准备好的可以运行的裸机程序，将 RT-Thread 添加到工程。点击 Manage Run-Time Environment。在 Manage Rum-Time Environment 里"Software Component"栏找到 RTOS，Variant 栏选择 RT-Thread，然后勾选 kernel，点击"OK"就添加 RT-Thread 内核到工程了。现在可以在 Project 看到 RT-Thread RTOS 已经添加进来了，展开 RTOS，可以看到添加到工程的文件，如图 2-12-5 所示。

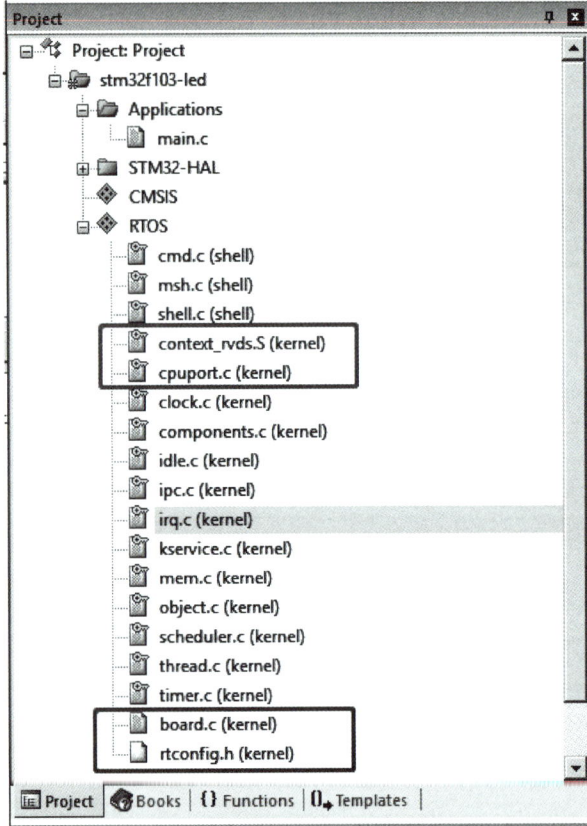

图 2-12-5　添加 RT-Thread Nano 到工程

已经移植过来的 Cortex-M 芯片内核移植代码有 context_rvds.s 和 cpuport.c；移植过来的 Kernel 文件包括 clock.c、components.c、device.c、idle.c、ipc.c、irq.c、kservice.c、mem.c、object.c、scheduler.c、thread.c、timer.c 等；移植过来的配置文件有 board.c 和 rtconfig.h。

第四步：删除 void SysTick_Handler(void)、PendSV_Handler(void)、HardFault_Handler(void)等。RT-Thread 会接管异常处理函数 HardFault_Handler()和悬挂处理函数 PendSV_Handler()，这两个函数已由 RT-Thread 实现，所以需要删除工程里中断服务例程文件(stm32f1xx_it.c)中的这两个函数，避免在编译时产生重复定义。函数 SysTick_Handler(void)也需要删除。

第五步:从 main.c 中复制函数 HAL_Init()和 SystemClock_Config()到 board.c 并初始化内存堆:

```
void rt_hw_board_init()
{
    /* System Clock Update */
    HAL_Init();                                    //从 main.c 复制
    SystemClock_Config();                          //从 main.c 复制
    SystemCoreClockUpdate();
    /* System Tick Configuration */
    _SysTick_Config(SystemCoreClock / RT_TICK_PER_SECOND);
    /* Call components board initial (use INIT_BOARD_EXPORT()) */
#ifdef RT_USING_COMPONENTS_INIT
    rt_components_board_init();
#endif

#if defined(RT_USING_USER_MAIN) && defined(RT_USING_HEAP)
    //rt_system_heap_init(rt_heap_begin_get(), rt_heap_end_get());
    #define RT_HEAP_SIZE 1024                      //新添加
    static uint32_t rt_heap[RT_HEAP_SIZE];         //新添加
    RT_WEAK void * rt_heap_begin_get(void)         //新添加
    {
        return rt_heap;                            //新添加
    }
    RT_WEAK void * rt_heap_end_get(void)           //新添加
    {
        return rt_heap + RT_HEAP_SIZE;             //新添加
    }
#endif
}
```

系统内存堆的初始化在 board.c 中的 rt_hw_board_init()函数中完成,内存堆功能是否使用取决于宏 RT_USING_HEAP 是否开启,RT-Thread Nano 默认不开启内存堆功能,这样可以保持一个较小的体积,不用为内存堆开辟空间。

开启系统 heap 将可以使用动态内存功能,如使用 rt_malloc、rt_free 以及各种系统动态创建对象的 API。若需要使用系统内存堆功能,则打开 RT_USING_HEAP 宏定义即可,此时内存堆初始化函数 rt_system_heap_init()将被调用。

第六步:编写第一个应用。移植好 RT-Thread Nano 之后,则可以开始编写第一个应用代码验证移植结果。此时 main()函数就转变成 RT-Thread 操作系统的一个线程,现在可以在 main()函数中实现第一个应用:板载 LED 指示灯闪烁,这里直接基于裸机 LED 指示灯进行修改。

首先在文件首部增加 RT-Thread 的相关头文件 rtthread.h。在 main()函数中(也就是在 main 线程中)实现 LED 闪烁代码:初始化 LED 引脚、在循环中点亮/熄灭 LED:

```
HAL_GPIO_WritePin(GPIOA, GPIO_PIN_1, GPIO_PIN_RESET);
rt_thread_mdelay(500);
HAL_GPIO_WritePin(GPIOA, GPIO_PIN_1, GPIO_PIN_SET);
rt_thread_mdelay(500);
```

将延时函数替换为 RT-Thread 提供的延时函数 rt_thread_mdelay()。该函数会引起系统调度,切换到其他线程运行,体现了线程实时性的特点。

注意事项:当添加 RT-Thread 之后,裸机中的 main()函数会自动变成 RT-Thread 系统中 main 线程的入口函数。由于线程不能一直独占 CPU,所以此时在 main()中使用 while(1)时,需要有让出 CPU 的动作,比如使用 rt_thread_mdelay()系列的函数让出 CPU。

第七步:**rt_kprintf 串口的实现**。

(1) 在 board.c 中包含 usart.h,并修改 rt_hw_board_init(),如下:

```
HAL_Init();
SystemClock_Config();
SystemCoreClockUpdate();
MX_USART1_UART_Init();
```

(2) 在 board.c 中新建一个工作台输出函数:

```
void rt_hw_console_output(const char * str)
{
    rt_size_t i = 0, size = 0;
    char a = '\r';
    __HAL_UNLOCK(&huart1);
    size = rt_strlen(str);
    for (i = 0; i<size; i++)
    {
        if ( * (str + i) = = '\n')
        {
            HAL_UART_Transmit(&huart1, (uint8_t *)&a, 1, 1);
        }
```

```
            HAL_UART_Transmit(&huart1, (uint8_t *)(str+i), 1, 1);
        }
    }
```

（3）应用，如：

```
rt_kprintf("hello123!\n");
```

任务二 添加一个线程构成双线程系统

任务一已经实现了 RT-Thread 操作系统，将 main（）作为一个线程，实现了 LED 的闪烁，以及串口的发送。构建多任务系统，只是加入更多的线程而已，下面通过添加一个线程演示多线程的构建方法。

一个线程需要经过创建、启动、运行、删除/脱离等过程完成，如图 2-12-6 所示。

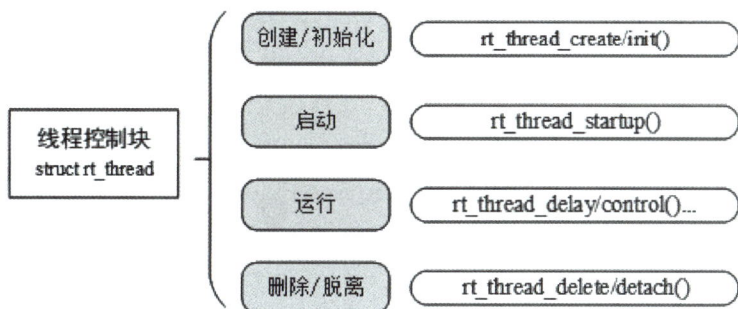

图 2-12-6 线程控制块

下面在任务一的基础上讲解如何构建并启动一个新的线程：
第一步：线程初始化函数申明：

```
static void LED1_thread_init(void);
```

第二步：定义线程堆栈大小：

```
static rt_uint8_t RT_LED1_STACK[2048];
```

第三步：定义线程结构体变量：

```
struct rt_thread LED1;
```

第四步：定义线程入口函数：

```
void thread_entry_LED1(void * parameter)
{
```

```
MX_GPIO_Init();                                    //必不可少
while(1)
{
HAL_GPIO_WritePin(GPIOA, GPIO_PIN_0, GPIO_PIN_RESET);
                                                   //PA0 = 0,LED ON
rt_thread_mdelay(300);
HAL_GPIO_WritePin(GPIOA, GPIO_PIN_0, GPIO_PIN_SET);
                                                   //PA0 = 1,LED OFF
rt_thread_mdelay(300);
rt_kprintf("thread % d is running,thread % d count = % d\n", 2, 5, 34);
}
}
```

第五步:初始化线程并启动线程,类似于初始化函数和启动函数,如图2-12-7所示。

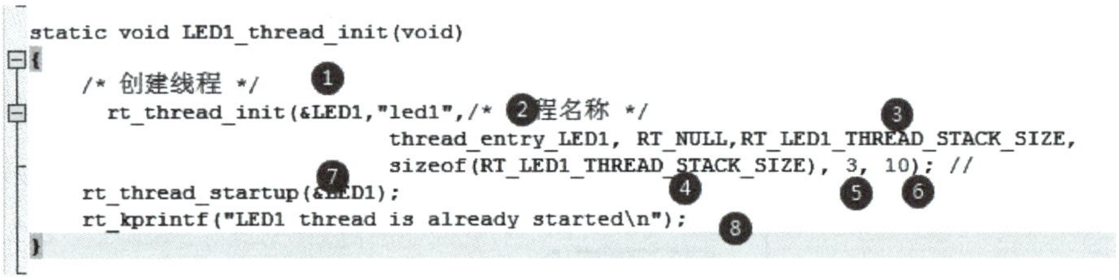

图 2-12-7　初始化线程并启动线程

① 和结构体名称相同。
② 和入口函数名称相同。
③④ 堆栈数组名。
⑤ 优先级。
⑥ 时间片,如果时间片到了就重置时间片,调用 rt_thread_yield()让出 CPU。
⑦ 启动线程。
⑧ 指示性语句,可有可无。

第六步:只有执行 LED1_thread_init()才会启动此线程;可在 main()函数中如图 2-12-8所示启动静态线程。

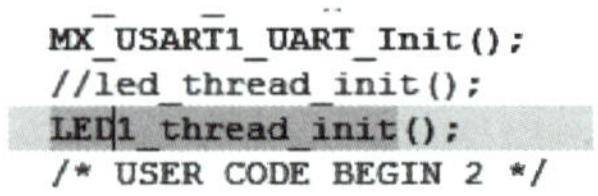

图 2-12-8　启动静态线程

实验现象:两个 LED 各自不受干扰的闪烁;串口发送不同的内容到计算机,表明 main 线程和 LED1 线程全部工作。

通过类似的方法可以添加更多的线程。

任务三 多线程系统及线程间通信举例

如前所述,构建一个线程比较简单,按照固定的格式,从结构体、堆栈、入口函数、初始化函数、初始化函数的调用等方面构建即可。一个线程可以不要复杂的功能,只发送不同的内容出来即可,这样也容易检测线程有没有启动。

如果有多个线程同时启动,则涉及多个线程之间的关系问题。可以依靠优先级等竞争,也可以通过互斥量,使得第一个线程获得互斥量,运行并释放空置量后,另一个线程再去获得互斥量。这样,两个线程之间就出现 2 选一的情形,也有可能是多个线程 n 选一。

本任务先构建多个线程,在多个线程正常工作的情况下,加入互斥量,实现线程间通信。其他的通信方式,如信号量、邮箱、事件集等,请读者自己参考有关文档学习。

本任务是任务二的继续,在任务二的基础上添加功能,具体如下:

第一步:基本配置,包括 RCC、SYS、SYSCLK 等。

第二步:ADC1 配置,勾选 IN10、IN14、Temperature Sensor Channel。

Parameter Settings 的 Number of Conversion 选择 3;Rank1 的 Channel 选择 Channel10;Rank2 的 Channel 选择 Channel14;Rank3 的 Channel 选择 Channel Temperature Sensor,为转换确定次序。

Scan Conversion Mode 选择 Enable;Continuous Conversion Model 选择 Enable;NVIC Settings 勾选 ADC1 and ADC2 global interrupts;DMASettings 中点击 Add;Mode 选择 Circular;Data Width 均选择 Word。

第三步:TIM1 的通道 1、TIM2 的通道 1 输出 PWM(参考项目七的任务二);TIM 配置为定时器模式(参考参考项目七的任务一)。

第四步:RTC 配置(参考参考项目八的任务一)。

第五步:USART1 配置,波特率 9 600 bit/s。

第六步:GENERATE CODE。

第七步:启动 PWM、定时器等。

第八步:rtconfig.h 配置,打开 rtconfig.h,选择性打开需要的功能:

```
#define RT_USING_SEMAPHORE      //信号量,建议保留
#define RT_USING_MUTEX          //因为需要用到互斥量,此语句需要
#define RT_USING_MAILBOX        //邮箱,可以考虑关闭
// #define RT_USING_EVENT        //事件集,已经关闭
```

第九步:按正常次序添加液晶 c 文件 lcd.c,并包含 lcd.h;有 RT-Thread 操作系统的情况下,lcd.c 中的所有延时均用 rt_thread_mdelay(x)代替。

第十步:在 main.c 中加入三个线程,线程名分别为 KEY2LED2、KEY3DAC1、ADCDMA。

结构体【main.c】:

```
struct rt_thread   LED1;
struct rt_thread   KEY2LED2;
struct rt_thread   KEY3DAC1;
struct rt_thread   ADCDMA;
```

堆栈空间【main.c】:

```
static rt_uint8_t RT_LED1_STACK[2048];
static rt_uint8_t RT_KEY2LED2_STACK[2048];
static rt_uint8_t RT_KEY3DAC1_STACK[2048];
static rt_uint8_t RT_ADCDMA_STACK[2048];
```

入口函数【main.c】:

```
//////////////线程 LED1
void thread_entry_LED1(void * parameter)
{
    //rt_pin_mode(SYSTEM_LIGHT_RED_CONTROL_PIN_INDEX, PIN_MODE_OUTPUT);
    MX_GPIO_Init();

    while(1)
    {
    rt_mutex_take(dynamic_mutex, RT_WAITING_FOREVER);
    HAL_GPIO_WritePin(GPIOA, GPIO_PIN_3, GPIO_PIN_RESET);
                                                //PA0 = 0, LED ON
    //rt_thread_mdelay(1000);
    HAL_GPIO_WritePin(GPIOA, GPIO_PIN_1, GPIO_PIN_SET);
                                                //PA0 = 1, LED OFF
    rt_thread_mdelay(1000);
    rt_kprintf("thread LED1 \\n");
    rt_mutex_release(dynamic_mutex);
    }
}

//////////////线程 KEY2LED2
```

```
void thread_entry_KEY2LED2(void * parameter)
{
    //rt_pin_mode(SYSTEM_LIGHT_RED_CONTROL_PIN_INDEX, PIN_MODE_OUTPUT);
    MX_GPIO_Init();
    uint8_t key2;
    while(1)
    {
    key2 = HAL_GPIO_ReadPin(GPIOA, GPIO_PIN_5);
    if(key2 == 0)
        {
            HAL_GPIO_WritePin(GPIOA, GPIO_PIN_2, GPIO_PIN_RESET);
                                    //PA2 = 0;
            rt_kprintf("key2down\n");
        }
    else
        {
            HAL_GPIO_WritePin(GPIOA, GPIO_PIN_2, GPIO_PIN_SET);
                                    //PA2 = 1 rt_kprintf("key2up\n");
        }
    rt_thread_mdelay(300);
    }
}


void thread_entry_KEY3DAC1(void * parameter)
{
    MX_GPIO_Init();
    while(1)
    {
    rt_thread_mdelay(1000);
    rt_kprintf("KEY3DAC1\n");
    }
}


void thread_entry_ADCDMA(void * parameter)
{
    MX_GPIO_Init();
```

```
        while(1)
        {
            rt_thread_mdelay(1000);
            rt_kprintf("ADCDMA\n");
        }
    }
```

线程初始化【main.c】：

```
    //线程初始化函数区 START
    static void LED1_thread_init(void)
    {
        /* 创建线程 */
        rt_thread_init(&LED1,"led1",thread_entry_LED1, RT_NULL, RT_LED1_
    STACK, sizeof(RT_LED1_STACK), 3, 10);
        rt_thread_startup(&LED1);
        rt_kprintf("LED1 thread is already started\n");
    }
    ///////线程 LED1
    static void KEY2LED2_thread_init(void)
    {
        /* 创建线程 */
        rt_thread_init(&KEY2LED 2), "KEY2LED2", thread_entry_KEY2LED2, RT_
    NULL, RT_KEY2LED2_STACK, sizeof(RT_KEY2LED2_STACK), 4, 10);
        rt_thread_startup(&KEY2LED2);
        rt_kprintf("RT_KEY2LED2_STACK thread is already started\n");
    }
    /////////////线程 KEY2LED2
    /////////////线程 KEY3DAC1
    static void KEY3DAC1_thread_init(void)
    {
        /* 创建线程 */
        rt_thread_init(&KEY3DAC1), "KEY3DAC1", thread_entry_KEY3DAC1, RT_
    NULL,RT_KEY3DAC1_STACK, sizeof(RT_KEY3DAC1_STACK), 5, 10);
        rt_thread_startup(&KEY3DAC1);
        rt_kprintf("KEY3DAC1 started\n");
    }
```

```
static void ADCDMA_thread_init(void)
{
    /＊创建线程 ＊/
        rt_thread_init(&ADCDMA)，"ADCDMA"，thread_entry_ADCDMA，RT_NULL，RT
_ADCDMA_STACK，sizeof(RT_ADCDMA_STACK)，6，10);
        rt_thread_startup(&ADCDMA);
        rt_kprintf("ADCDMA started\n");
}
///////线程初始化区 END
//线程启动区
    LED1_thread_init();
    KEY2LED2_thread_init();
    KEY3DAC1_thread_init();
    ADCDMA_thread_init();
  /＊USER CODE END 2＊/
```

实验现象描述:LED1 和 LED3 交替闪烁,但不均匀,存在竞争现象。LED0 受 PWM
波驱动闪烁;LED2 受按键 2 控制。

第十一步:线程间通信之互斥量实现。

定义动态互斥量结构体:

```
static rt_mutex_t   dynamic_mutex = RT_NULL;
```

产生互斥量:

```
/＊USER CODE BEGIN 2＊/
dynamic_mutex = rt_mutex_create("dmutex"，RT_IPC_FLAG_FIFO);
```

在 main 线程和 LED1 线程中添加互斥量,如下:

```
while(1)
    {
        rt_mutex_take(dynamic_mutex，RT_WAITING_FOREVER);   //获得互斥量
        xxx;                                                //线程其他依据
        rt_mutex_release(dynamic_mutex);                    //释放互斥量
    }
```

可以看到,x 和 y 互斥,必须等一个线程结束后,才能执行另一个线程。

思考与练习   🔍

1. 请编写一个信号量的程序实现线程间通信。

2. 请通过 rt_kprintf 函数监控线程是否执行到?

拓展阅读

RT_Thread
基础入门

## 第三部分

基于 HAL 库的综合应用案例

应用案例一　DHT11 温湿度测量

案例简介

　　本案例通过对 DHT11 温度传感器信号的读取,掌握单总线传感器的信号读取方法。通过具体的实例,了解宏的使用,并逐渐开始对于寄存器的了解。

　　本案例的实训内容分为讲解 DHT11 温湿度信号的读取、通过串口传输、并通过 TFT LCD 显示。

相关知识

一、DHT11 数字温湿度传感器简介

　　DHT11 数字温湿度传感器是一款输出已校准数字信号的温湿度复合传感器。传感器内部包括一个电阻式感湿元件和一个 NTC(negative temperature coefficient,负温度系数热敏电阻器)测温元件,并与一个高性能 8 位单片机相连接。传感器只有 4 个引脚(两根电源引脚+1 根数据引脚+1 根悬空引脚),属于单线制串行接口。由于其连线简单,因此应用较广。

　　DHT11 传感器示意图如图 3-1-1 所示,引脚 1 为供电端,输入电压 3~5.5 V;引脚 2 为单总线输入输出端(串行数据输出端);引脚 3 悬空;引脚 4 接地。

　　DHT11 发送数据的流程如图 3-1-2 所示,通过 1 条引线传输数据。总线空闲状态为高电平,主机把总线拉低等待 DHT11 响应,主机把总线拉低必须大于 18 ms,保证 DHT11 能检测到起始信号。主机发送开始信号结束后,延时等待 20~40 μs 后,读取 DHT11 的响应信号。主机发送开始信号后,可以切换到输入模式。DHT11 接收到主机的开始信号后,等待主机开始信号结束,然后发送 80 μs 低电平响应信号,再发送 80 μs 的高电平信号,然后传输具体的数据。

　　主机复位信号和 DHT11 响应信号如图 3-1-3 所示。主机(ARM)将数据总线拉低超过 18 ms,然后拉高,并等待 DHT11 响应。正常情况下 DHT11 会返回约 80 μs 的低电平信号,然后返回约 80 μs 的高电平信号,接着就可以传输数据了。

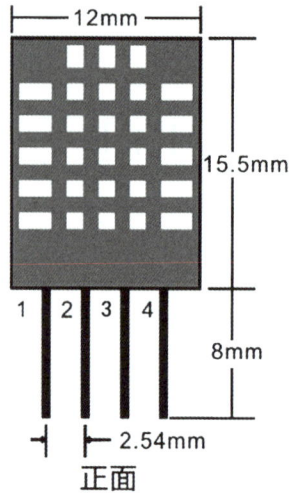

图 3-1-1　DHT11 传感器示意图

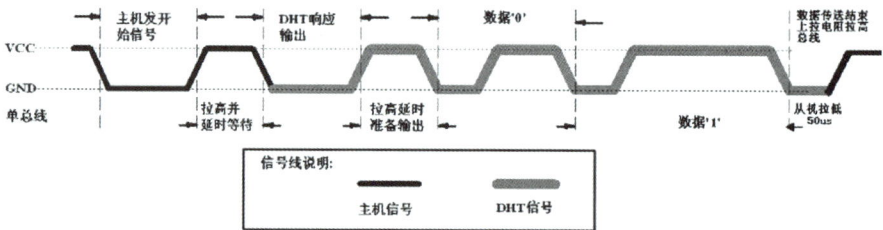

图 3-1-2　DHT11 发送数据的流程

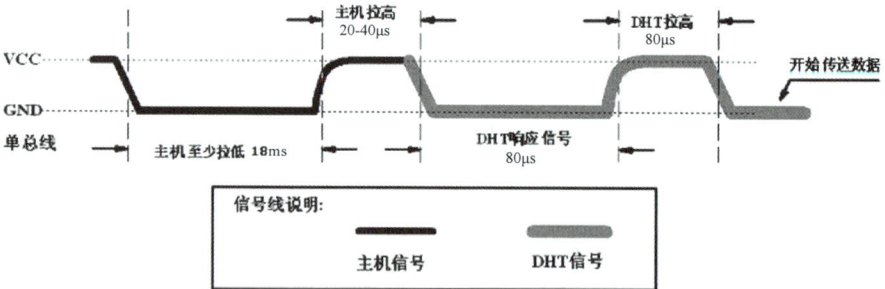

图 3-1-3　主机复位信号和 DHT11 响应信号

　　传送的数据都由 $50\,\mu s$ 的起始低电平信号开始。然后由高电平持续时间决定 0 还是 1。高电平持续时间在 $26\sim28\,\mu s$ 之间的,为 0;高电平持续时间在 $70\,\mu s$ 左右的,为 1,如图 3-1-4 和图 3-1-5 所示。

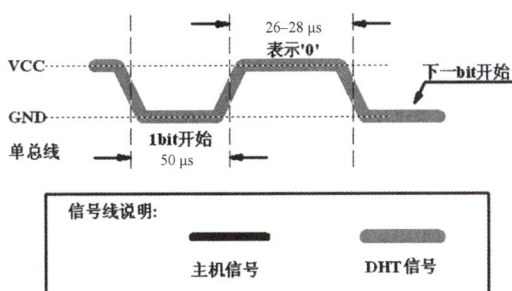

图 3-1-4　数字 0 的表示方法

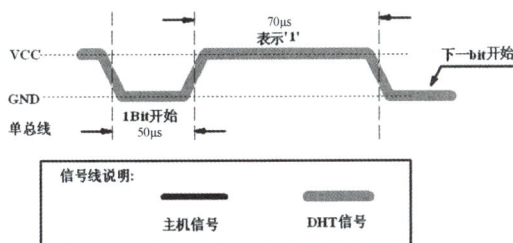

图 3-1-5　数字 1 的表示方法

二、宏语句简介

如果在程序的很多地方都用到同一个量,而这些量都是一样的,改变其中一个,其他的也要相应的改掉,这时候就可以用宏定义,把这些量都用一个宏表示,当需要改变这些值时,只要在定义处改变其值就可以了。

♯define 是宏定义命令,宏定义可以很大程度上方便编程。比如,在程序中如果需要用到 π = 3.141 592 6,就可以进行如下定义:

```
♯define  PI  3.141 592 6
```

这样,就不用在每次用到 π 时输入一长串数字,用 PI 就可以,其他的宏定义如:

```
♯define  DHT11_DQ_OUT  PAout(0)    //是用 DHT11_DQ_OUT 来代替 PAout(0)
♯define  DHT11_DQ_IN  PAin(0)      //是用 DHT11_DQ_IN 来代替 PAin(0)
```

这些宏定义在很多的场合均能够遇到,在 DHT11 的编程中也有出现。宏定义属于文本替换,而不是变量赋值。

三、HAL 库方式的微秒延时函数

驱动 DHT11 温湿度模块时序是比较简单的,关键在于控制好时序的延时时间,HAL 库的延时函数 HAL_Delay 是毫秒级别延时函数,所以关键点就是实现微秒级别的延时函数。标准库一般是使用系统嘀嗒定时器来进行微妙级别的延时,而 HAL 库官方使用 SysTick 的地方非常多,没有修改好代码使用嘀嗒定时器的话就会引起错乱。如果代码使用定时器进行微秒级别延时,总是卡在 HAL_TIM_GET_COUNTER 或者出现一些莫名的问题,推测是进入定时器中断太过于频繁,所以此时就需要自己实现一个微秒级别延时函数,方法如下:

```c
void delay_us(uint32_t us)
{
    uint32_t delay = (HAL_RCC_GetHCLKFreq() / 4000000 * us);
    while (delay--) {;}
}
```

HAL_RCC_GetHCLKFreq()这个函数获得系统时钟,对于 STM32F103RB,系统时钟时 72 MHz,也就是返回 72 000 000 这个值,该方式是实际测试过程中发现的,微秒级别延时还是比较准的:

```c
HAL_GPIO_TogglePin (DHT11_GPIO_Port,DHT11_Pin);
delay_us (1000);
```

四、使用 HAL 库驱动 DHT11 程序

(1) sys.h 文件包含如下内容:

```c
#ifndef _SYS_H_
#define _SYS_H_
#include "main.h"

#define BITBAND(addr, bitnum) ((addr & 0xF0000000) + 0x2000000 + ((addr
&0xFFFFF)<<5) + (bitnum<<2))
#define MEM_ADDR(addr)    *((volatile unsigned long   *)(addr))
#define BIT_ADDR(addr, bitnum)   MEM_ADDR(BITBAND(addr, bitnum))
......
#define GPIOA_ODR_Addr    (GPIOA_BASE + 12)   //0x4001080C
#endif
```

(2) dht11.h 文件包含如下内容:

```c
#ifndef __DHT11_H
#define __DHT11_H

#include "main.h"
#include "sys.h"
```

```
typedef uint8_t u8;
typedef uint16_t u16;
typedef uint32_t u32;

typedef struct
{
    uint8_t  humi_int;                       //湿度的整数部分
    uint8_t  humi_deci;                      //湿度的小数部分
    uint8_t  temp_int;                       //温度的整数部分
    uint8_t  temp_deci;                      //温度的小数部分
    uint8_t  check_sum;                      //校验和

}DHT11_Data_TypeDef;

//IO 方向设置
#define DHT11_IO_IN()  {IODHT11_GPIO_Port->CRL &= 0xFFFFFFF0;
IODHT11_GPIO_Port->CRL |= 8<<0;}   // PA0 IN  MODE
#define DHT11_IO_OUT() {IODHT11_GPIO_Port->CRL &= 0xFFFFFFF0;IODHT11_
GPIO_Port->CRL |= 3<<0;}   // PA0 OUT MODE

//IO 操作函数
#define DHT11_DQ_OUT PAout(0)                //数据端口  PA0
#define DHT11_DQ_IN  PAin(0)                 //数据端口  PA0

u8 DHT11_Init(void);                         //初始化 DHT11
u8 DHT11_Read_Data(u8 *temp,u8 *humi);       //读取温湿度
u8 DHT11_Read_Byte(void);                    //读出一个字节
u8 DHT11_Read_Bit(void);                     //读出一个位
u8 DHT11_Check(void);                        //检测是否存在 DHT11
void DHT11_Rst(void);                        //复位 DHT11
u8 DHT11_Read_Data_Float(float *temp,float *humi);
void delay_us(uint32_t us);

#endif
```

(3) dht11.c 文件包含如下内容：

```c
#include "dht11.h"
#include "usart.h"

//复位 DHT11
void DHT11_Rst(void)
{
    DHT11_IO_OUT();              //SET OUTPUT
    DHT11_DQ_OUT = 0;           //拉低 DQ
    HAL_Delay(20);              //拉低至少 18ms,(DHT22 500us)
    DHT11_DQ_OUT = 1;           //DQ = 1
    delay_us(30);               //主机拉高 20~40μs
}

//等待 DHT11 的回应
//返回 1:未检测到 DHT11 的存在
//返回 0:存在
u8 DHT11_Check(void)
{
    u8 retry = 0;
    DHT11_IO_IN();              //SET INPUT
    while (DHT11_DQ_IN&&retry<100)  //DHT11 会拉低 40~80μs
    {
        retry++;
        delay_us(1);
    };
    if(retry>=100)return 1;
    else retry = 0;
    while (!DHT11_DQ_IN&&retry<100)
                                //DHT11 拉低后会再次拉高 40~80μs
    {
        retry++;
        delay_us(1);
    };
    if(retry>=100)return 1;
    return 0;
}
```

```
//从 DHT11 读取一个位
//返回值:1/0
u8 DHT11_Read_Bit(void)
{
    u8 retry = 0;
    while(DHT11_DQ_IN&&retry<100)              //等待变为低电平
    {
        retry + + ;
        delay_us(1);
    }
    retry = 0;
    while(!DHT11_DQ_IN&&retry<100)             //等待变高电平
    {
        retry + + ;
        delay_us(1);
    }
    delay_us(40);                              //等待 40μs
    if(DHT11_DQ_IN)return 1;
    else return 0;
}


//从 DHT11 读取一个字节
//返回值:读到的数据
u8 DHT11_Read_Byte(void)
{
    u8 i,dat;
    dat = 0;
    for (i = 0; i<8; i + + )
    {
        dat<< = 1;
        dat| = DHT11_Read_Bit();
    }
    return dat;
}


//从 DHT11 读取一次数据
```

```
//temp:温度值(范围:0~50°)
//humi:湿度值(范围:20%~90%)
//返回值:0,正常;1,读取失败
u8 DHT11_Read_Data(u8 * temp,u8 * humi)
{
    u8 buf[5];
    u8 i;
    DHT11_Rst();
    if(DHT11_Check() = = 0)
    {
        for(i = 0; i<5; i + +)                    //读取 40 位数据
        {
            buf[i] = DHT11_Read_Byte();
        }
        if((buf[0] + buf[1] + buf[2] + buf[3]) = = buf[4])
        {
            * humi = buf[0];
            * temp = buf[2];
        }
    } else return 1;
    return 0;
}


u8 DHT11_Read_Data_Float(float * temp,float * humi)
{
    u8 buf[5];
    u8 i;
    DHT11_Rst();
    if(DHT11_Check() = = 0)
    {
        for(i = 0; i<5; i + +)                    //读取 40 位数据
        {
            buf[i] = DHT11_Read_Byte();
        }
        if((buf[0] + buf[1] + buf[2] + buf[3]) = = buf[4])
        {
```

```
                *humi = ((buf[0]<<8) + buf[1]) / 10.0;
                *temp = ((buf[2]<<8) + buf[3]) / 10.0;
        }
    } else return 1;
    return 0;
}


//初始化 DHT11 的 IO 口 DQ 同时检测 DHT11 的存在
//返回 1:不存在
//返回 0:存在
u8 DHT11_Init(void)
{
    u8 ret = 1;
    DHT11_Rst();                          //复位 DHT11
    ret = DHT11_Check();
    return ret;
}
```

五、TFT LCD 程序的添加

将 LCD 文件夹拷贝到 Keil 软件打开的 DHT11-LCD 工程文件夹的 HARDWARE 文件夹内,LCD 文件夹内包含 lcd.c、lcd.h、FONT.h 文件。将 sys 文件夹拷贝到 DHT11-LCD 工程文件夹的 SYSTEM 文件夹内,sys 文件夹内包含 sys.c、sys.h 文件。Manage Project Items 选项里添加 HARDWARE、SYSTEM 文件夹内的上述文件。在 Options for Target 选项的 C/C++选项的 Include Paths 里,添加上述文件的路径,使软件能编译上述文件。

操作训练

任务　读取温湿度并 TFTLCD 显示(USART1 传输)

将 DHT11 传感器的引脚 1 供电端接开发板的 +3.3 V,引脚 2 单总线输入输出端接 STM32 MCU 的 PA0 引脚端,引脚 4 接地端。本任务需要操作的文件夹名是 DHT11-USART1。

第一步:新建工程。打开 STM32CubeMx 软件,在主界面选择 File-〉New Project,新建一个项目,然后选择 STM32F103RCT6 型号芯片,点击右上角 Start Project,然后在主界面选择 File-〉Save Project,保存工程项目。

第二步:时钟源设置。在时钟树框图 HCLK(MHz)方框内输入 72,然后回车,即设置 STM32F103RCT6 芯片工作主频 72 MHz。

第三步:USART1 配置。设置 USART1 的参数,通用的"9600-N-8-1"模式,即波特率 9 600 bit/s, N 校验位(无校验),数据位数为 8,停止位为 1 位。

串口通信方式有查询、中断、DMA 三种,因此要使能 USART1 的中断,在 NVIC 使能选项中打钩,即使能 USART1 global interrupt。

第四步:信号引脚配置。点击 PA0 引脚选择 GPIO_Output,然后在左侧 System Core 下拉菜单里选择 GPIO,修改 User Label 为 IODHT11,此时可以看到芯片 PA0 引脚情况。

第五步:点击 GENERATECODE 创建工程。创建成功,打开工程,然后点击上方菜单栏 Rebuild 按钮先编译下。

第六步:编写程序。

(1) 在 main.c 中进行 DHT11 参数定义:

```
/ * USER CODE BEGIN PTD * /
//DHT11 参数定义
DHT11_Data_TypeDef  DHT11_Data;
char TEMP_str[] = "0,", HUMI_str[] = "0,", TEMP_int[] = "0,", HUMI_int[] =
"0,", dot[];
/ * USER CODE END PTD * /
```

(2) 进行 delay_us()延时函数和 myitoa()数据类型转换函数定义:

```
/ * USER CODE BEGIN 0 * /
//延时函数定义
void delay_us(uint32_t us)
{
    uint32_t delay = (HAL_RCC_GetHCLKFreq() / 4000000 * us);
    while (delay--)
    {
        ;
    }
}

//数据类型转换函数定义
int myitoa(char * s,int n)
{
```

```
        return * (short *)(s + (n = (n>9)? myitoa(s, n/10):0)) = n % 10 + '0',
n + 1;
    }


    /* USER CODE END 0 */
```

（3）添加 DHT11 初始化函数：

```
/* USER CODE BEGIN 2 */
DHT11_Init();
LCD_Init();                                    //LCD 初始化
LCD_Clear(WHITE);
POINT_COLOR = RED;
/* USER CODE END 2 */
```

（4）在 main.c 的 while(1)循环中添加输出内容：

```
/* USER CODE BEGIN 3 */

if(DHT11_Read_Data(&DHT11_Data.temp_int, &DHT11_Data.humi_int) = = 0)
        {
        myitoa(TEMP_int, DHT11_Data.temp_int);
        strcpy (TEMP_str, "TEMP = ");
        strcat (TEMP_str, TEMP_int);
        strcat (TEMP_str, "oC");
        HAL_UART_Transmit(&huart1,(char *)TEMP_str, 9, 0xffff);
                                        //sizeof()可读取目标长度
        HAL_UART_Transmit(&huart1, "\r\n", 2, 0xffff);  //回车换行
        //LCD_ShowString(30, 100, 200, 24, 24, (char *)TEMP_str);

        myitoa(HUMI_int, DHT11_Data.humi_int);
        strcpy (HUMI_str, "HUMI = ");
        strcat (HUMI_str, HUMI_int);
        strcat (HUMI_str, " % RH");
        HAL_UART_Transmit(&huart1, (char *)HUMI_str, 10, 0xffff);

        HAL_UART_Transmit(&huart1, "\r\n", 2, 0xffff);  //回车换行
        LCD_ShowString(30, 130, 200, 24, 24, (char *)HUMI_str);
```

```
        HAL_Delay(500);
      }
/* USER CODE END 3 */
```

微视频

DHT11 温湿
度传感器

至此，编译下载后，就完成了通过 STM32CubeMx 调用 HAL 库实现读取温湿度并串口传输的效果，如图 3-1-6 所示，TFT LCD 显示的温湿度数据如图 3-1-7 所示。

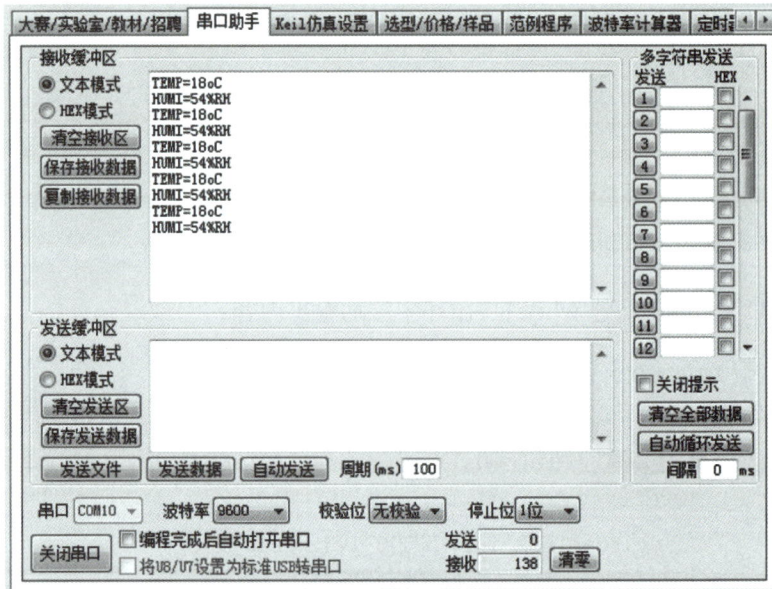

图 3-1-6　读取温湿度并串口传输

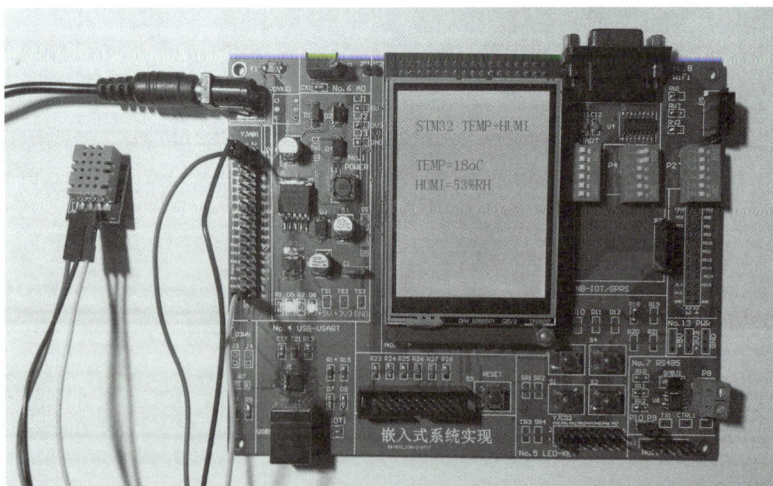

图 3-1-7　TFT LCD 显示的湿温度数据

思考与练习

    1. 请简述 DHT11 温湿度读取的过程。

    2. 能否通过仿真的方式看到 DHT11 的温湿度数值？

应用案例二　WiFi 通信

案例简介　🔍

本案例讲解 WiFi 通信初始化过程、WiFi 通信配置以及将数据传送到服务器。

本案例的实训内容分为两个任务：任务一通过对 ESP8266 模块进行配置实现 WiFi 通信；任务二通过 ESP8266 WiFi 模块将数据传送到服务器。

相关知识　🔍

一、ESP8266 WiFi 模块

ESP8266 WiFi 模块体积很小，方便嵌入到产品内，功能强大，支持无线 802.11b/g/n 标准，支持 AP/STA/AP+STA 三种工作模式，内部集成了 LWIP 协议[Light Weight（轻型）IP 协议]，使用简洁高效的 AT 指令开发，内置 32 位 MCU，可兼做应用处理器，超低功耗。ESP8266 WiFi 模块实物如图 3-2-1 所示，引脚介绍见表 3-2-1。

图 3-2-1　ESP8266 WiFi 模块实物图

表 3-2-1　ESP8266 WiFi 模块引脚介绍

引脚号	名　称	功　　　能
1	UTXD	UART_TXD,异步串口发送端
2	EN	使能端口,高电平工作,低电平模块不工作
3	RST	外部复位引脚,低电平有效,默认高电平
4	3V3	3.3 V 供电,避免使用 5 V 供电
5	GND	GND 接地引脚
6	IO2	GPIO2 引脚,开机上电时禁止下拉,默认高电平
7	IO0	GPIO 0 引脚;状态:1.悬空,Flash 下载模式和工作模式;2.下拉,串口下载模式
8	RX	UART_RXD,异步串口接受端

二、无线组网

ESP8266 支持 softAP 模式、station 模式、softAP + station 共存模式三种。利用 ESP8266 可以实现十分灵活的组网方式和网络拓扑。(softAP:即无线接入点,是一个无线网络的中心节点,通常使用的无线路由器就是一个无线接入点。station:即无线终端,是一个无线网络的终端。)

ESP8266 作为 softAP,手机、电脑、用户设备、其他 ESP8266 等均可以作为 station 连入 ESP8266,组建成一个局域网,如图 3-2-2 所示。

图 3-2-2　ESP8266 作为 softAP

ESP8266 作为 station,通过路由器连入 Internet,可向云端服务器上传、下载数据。用户可随时使用移动终端(手机、笔记本等),通过云端监控 ESP8266 的状况,向 ESP8266 发送控制指令,如图 3-2-3 所示。

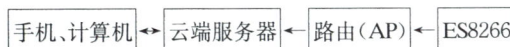

手机、计算机 ←→ 云端服务器 ← 路由(AP) ← ES8266

图 3-2-3　ESP8266 作为 station

ESP8266 支持 softAP + station 共存的模式,用户设备、手机等可以作为 station 连入 ESP8266 的 softAP 接口,同时,可以控制 ESP8266 的 station 接口通过路由器连入 Internet,如图 3-2-4 所示。

图 3-2-4　ESP8266 支持 softAP+station

ESP8266 具有透传功能,即透明传输功能。Host 通过 uart 将数据发给 ESP8266,ESP8266 再通过无线网络将数据传出去;ESP8266 通过无线网络接收到的数据,同理通过 uart 传到 Host。ESP8266 只负责将数据传到目标地址,不对数据进行处理,发送方和接收方的数据内容、长度完全一致,传输过程就好像透明一样。

操作训练

任务一　WiFi 模块 ESP8266 的配置

本任务通过计算机 ESP8266 调试工具,发送 AT 指令给 ESP8266 WiFi 模块,实现 WiFi 通信功能。WiFi 模块电路见图 1-2-21,计算机与开发板串口连接电路见图 1-2-19。

将 P2 开关 6-3、5-4 导通,即 3、4 行两个拨码开关拨到右侧,将 P6 开关 8-1、7-2 导通,即 1、2 行两个拨码开关拨到右侧,使用 USB 转串口线将计算机和 J1 DB9 接口相连,在计算机上安装好 USB 转串口线驱动,打开 ESP8266 调试工具,这样 ESP8266 WiFi 模块就能与计算机 ESP8266 调试工具通信。

打开 ESP8266 调试工具,如图 3-2-5 所示,设置好串口号(计算机控制面板—硬件—设备管理器—端口项目里查询),如果 ESP8266 为新出厂,未配置,则波特率选择 115 200 bit/s,给 ESP8266 重新上电,数据接收窗口能看到 ready 字样,如果 EPS8266 为已配置过的,则波特率选择其已配置的波特率,如 9 600 bit/s 等。

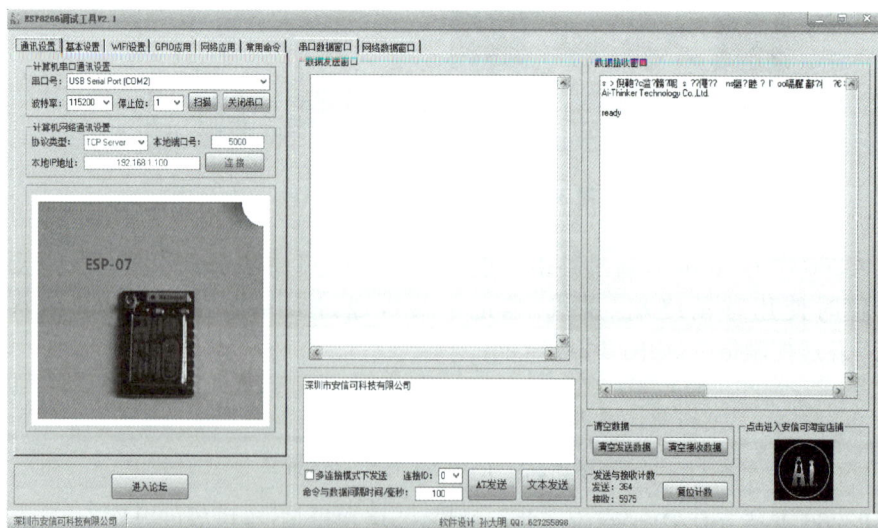

图 3-2-5　ESP8266 调试工具

通过基本设置,可以设置串口波特率,改为 9 600 bit/s,如图 3-2-6 所示。

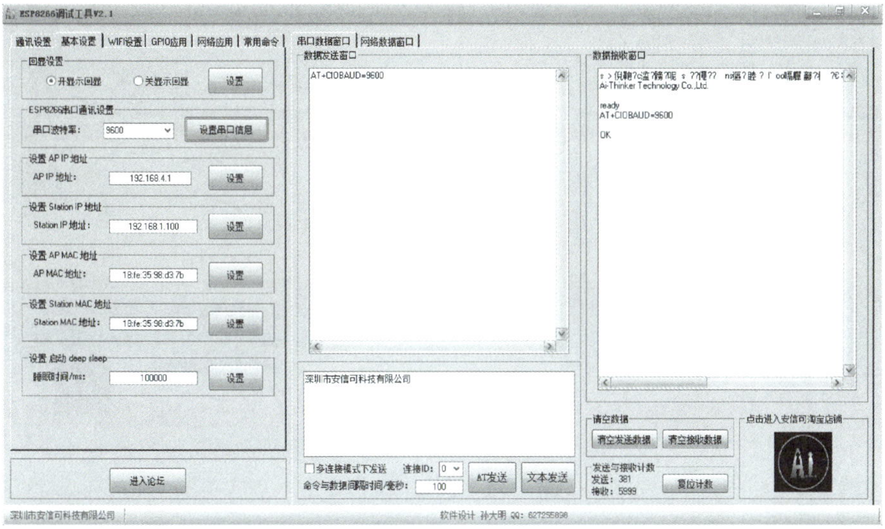

图 3-2-6　设置 ESP8266 WiFi 模块通信串口波特率

如果修改了串口波特率,则需重新进入通信设置使用该波特率连接 ESP8266 WiFi 模块,如图 3-2-7 所示。

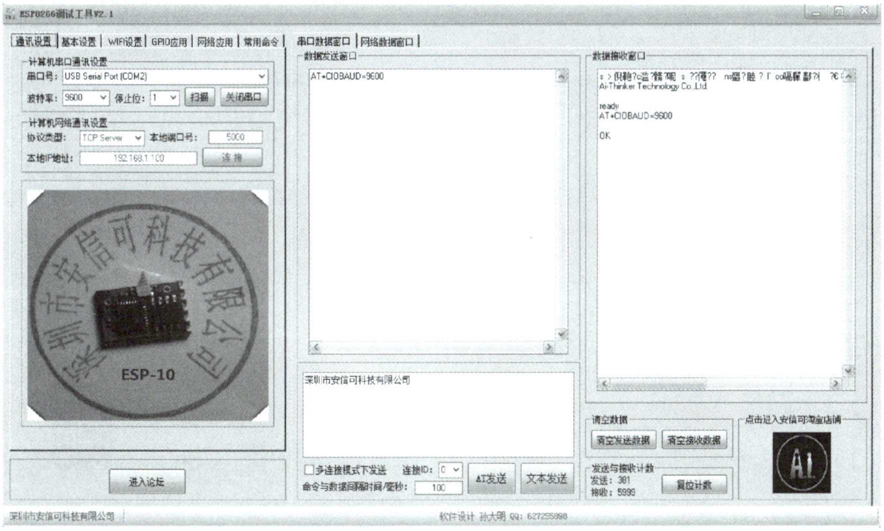

图 3-2-7　计算机与 ESP8266 WiFi 模块建立串口连接

串口波特率设置好,并连接 ESP8266 WiFi 模块后,可以利用常用命令一栏测试 AT 指令选项,由计算机发送 AT 指令给 ESP8266 WiFi 模块,看是否接受到反馈的字符串 OK,如收到,则通信正常,模块可用,如图 3-2-8 所示。

图 3-2-8　测试 AT 指令

设置 ESP8266 WiFi 智能连接方式，使用 ESP-TOUCH 技术，设置 DHCP：设置 STA，
打开 DHCP，设置开启 STA 开机自动连接，如图 3-2-9 所示。

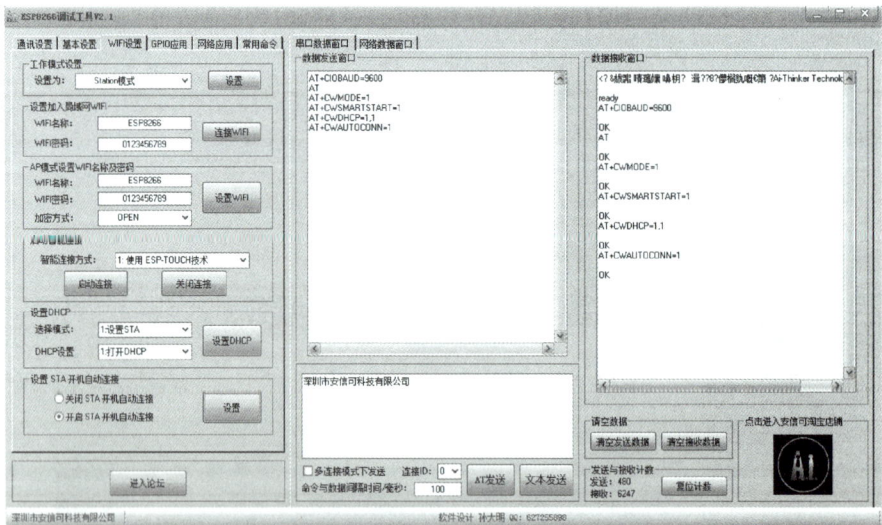

图 3-2-9　设置 ESP8266 WiFi 智能连接方式

在常用命令一栏，扫描 WiFi，如图 3-2-10 所示。

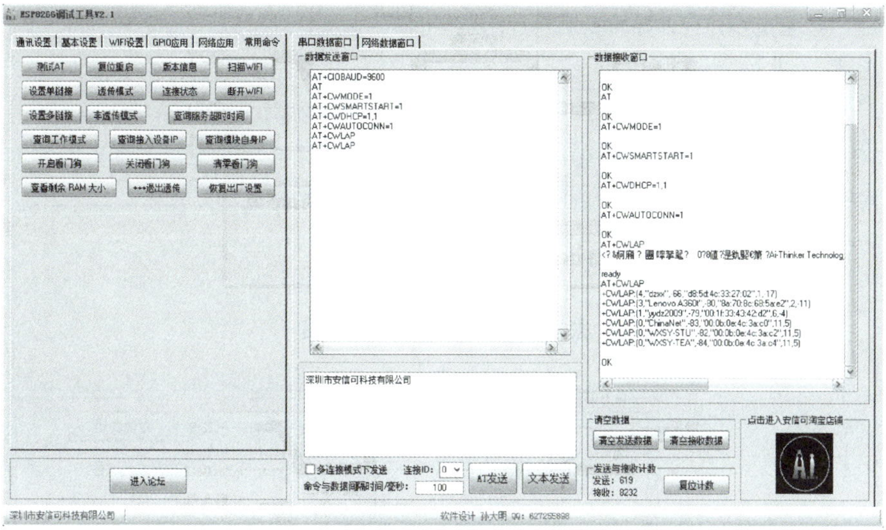

图 3-2-10 扫描 WIFI

在 WiFi 设置一栏,设置输入局域网 WiFi,填入 WiFi 名称和对应的密码,进行设置,完成后模块可以连接上该 WiFi 网络,如图 3-2-11 所示。

图 3-2-11 连接指定 WiFi 网络

打开本地服务器上的 TCP/UDP Socket 调试工具,建立服务器端,设置好端口号:9960,如图 3-2-12 所示。

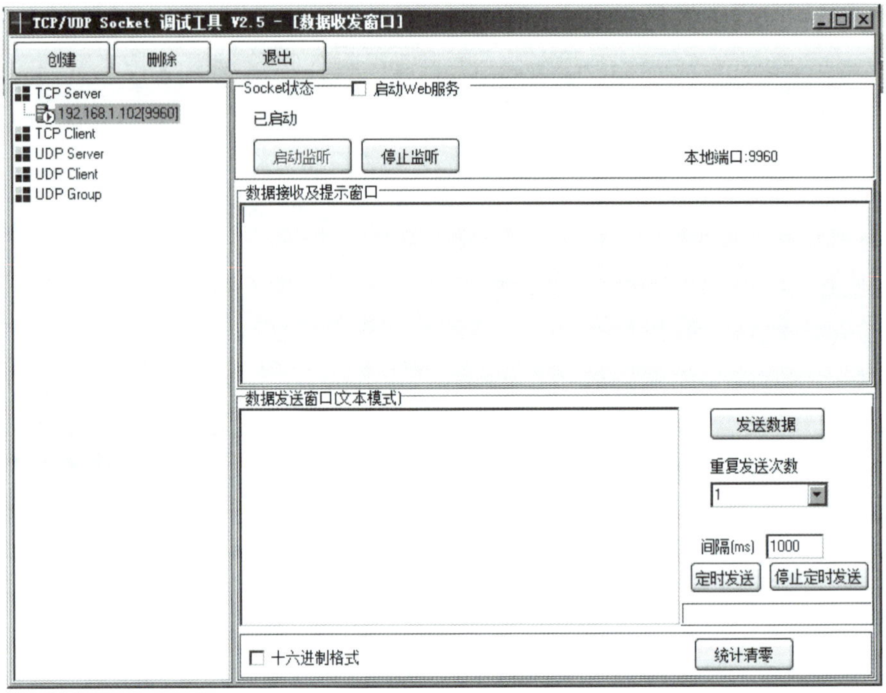

图 3-2-12　TCP/UDP Socket 调试工具建立服务器端

设置 ESP8266 WiFi 模块连接到服务器，如图 3-2-13 所示。

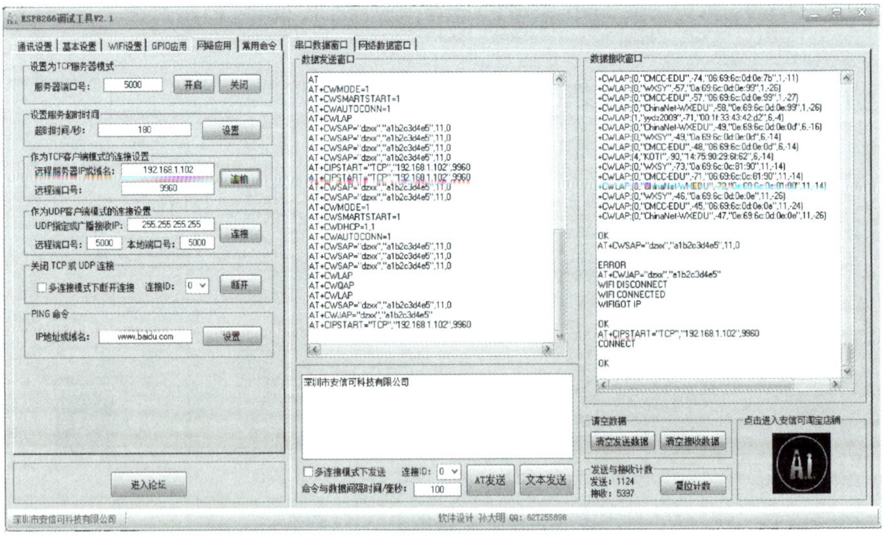

图 3-2-13　设置 ESP8266 模块连接服务器

TCP/UDP Socket 调试工具显示有客户端连接进来，如图 3-2-14 所示。

图 3-2-14　TCP/UDP 调试工具显示有客户端连接进入

任务二　通过 WiFi 模块发送数据到服务器

本任务的实现需要 STM32F10x 芯片将数据发送给 ESP8266 WiFi 模块，再通过 ESP8266 WiFi 模块将数据发送给无线路由器，通过无线路由器将数据传送给计算机。

第一步：ESP8266 WiFi 模块的配置。先完成任务一的步骤，使 ESP8266 WiFi 模块连接到服务器，如图 3-2-15 所示。

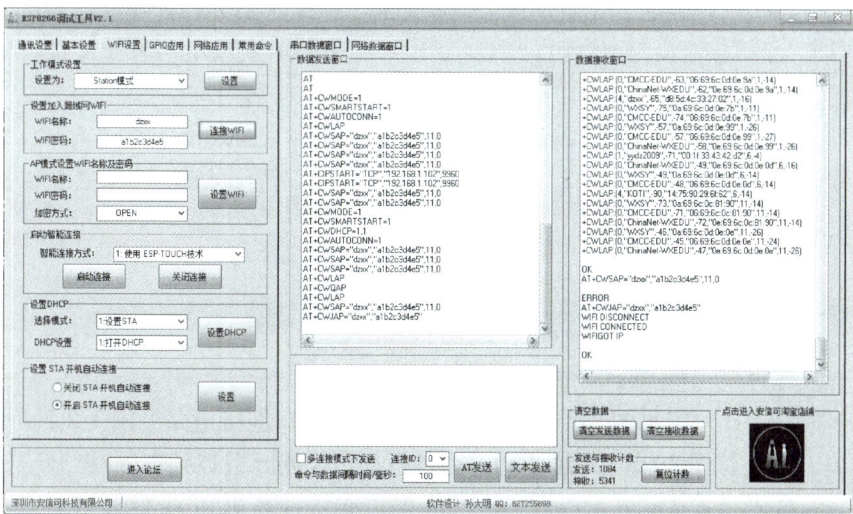

图 3-2-15　ESP8266 WiFi 模块连接服务器

第二步:新建工程。打开 STM32CubeMx 软件,在主界面选择 File->New Project,新建一个项目,然后选择 STM32F103RCT6 型号芯片,点击右上角 Start Project,然后在主界面选择 File->Save Project,保存工程项目。

第三步:时钟源设置。在时钟树框图 HCLK(MHz)方框内输入 72,即设置 STM32F103RCT6 芯片工作主频 72 MHz,然后按回车键。

第三步:外设配置。打开 UART5,并设置模式为异步收发模式(Asynchronous)。设置 USART5 的参数,通用的"9600-N-8-1"模式,即波特率 9 600 bit/s,N 校验位(无校验),数据位数为 8,停止位为 1 位。在 NVIC 使能选项中打钩。

第四步:设置完 MCU 的各个配置之后,然后就是工程文件的设置了,点击 Project Manager 选项,IDE 选择 MDK-ARM V5,存储目录不可以有中文,把 Project 中的 Minimum Heap Size 设置为 0x600,然后点击 Generator Code,进行进一步配置,选择只复制所需要的.c 和 .h 文件,每个外设成立单独的.c 和 .h 文件,然后点击 GENERATECODE 创建工程。创建成功后,打开工程,然后点击上方菜单栏 Rebuild 按钮先编译下。

第五步:程序设计。

(1) 在 main.c 中进行发送消息定义:

```
/* USER CODE BEGIN 0 */
uint8_t aTxStartMessages1[] = " AT + CIPSEND = 12\r\n";
uint8_t aTxStartMessages2[] = " HELLO WORLD! \r\n";
/* USER CODE END 0 */
```

(2) 在 main.c 的 while(1)循环中添加输出内容:

```
/* USER CODE BEGIN 3 */
HAL _ UART _ Transmit ( &huart5, ( uint8 _ t * ) aTxStartMessages1, sizeof
(aTxStart - Messages1),0xFFFF);            //sizeof()可读取目标长度
HAL_Delay(1000);
HAL _ UART _ Transmit ( &huart5, ( uint8 _ t * ) aTxStartMessages2, sizeof
(aTxStart - Messages2),0xFFFF);            //sizeof()可读取目标长度
HAL_Delay(2000);
}
/* USER CODE END 3 */
```

第六步:编译、下载验证。

WiFi 模块接口电路见图 1-2-21,计算机与开发板串口连接电路见图 1-2-19 所示。

将 P2 开关 8-1、7-2、6-3 导通,即 1、2、3 行三个拨码开关拨到右侧,将 P6 开关8-1导通,即第 2 行拨码开关拨到右侧,使用 USB 转串口线将计算机和 J1 DB9 接口相连,在计算机上安装好 USB 转串口线驱动,打开 ESP8266 调试工具,这样 WiFi 模块既能与

STM32 MCU 相通信，又可以通过计算机 ESP8266 调试工具进行过程观察。

STM32 MCU 通过 WiFi 串口透传，将数据发送给 TCP/UDP Socket 调试工具，TCP 服务器端接收到 WiFi 发送过来的字符串"HELLO WORLD!"，如图 3-2-16 所示。

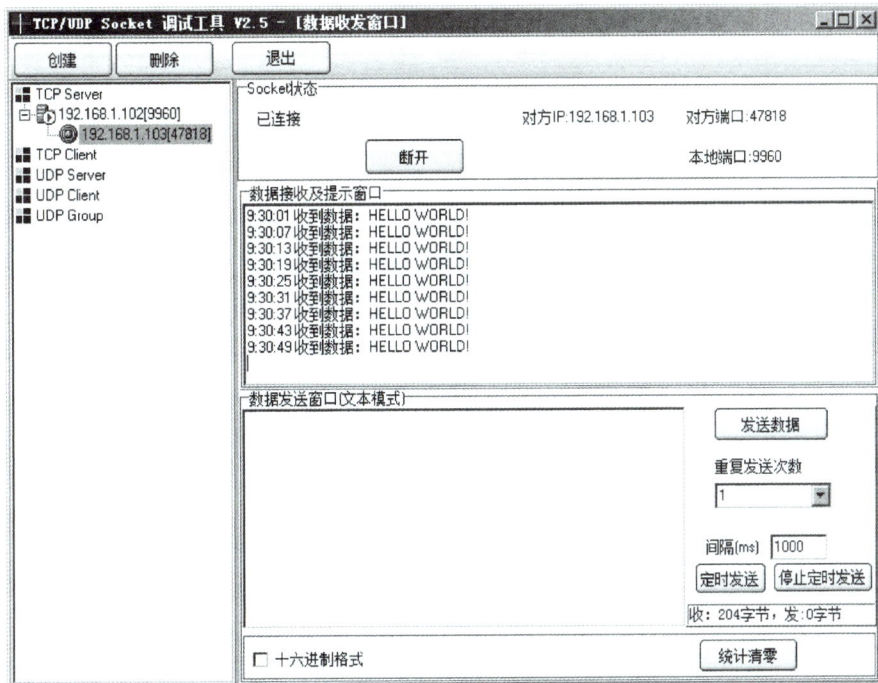

图 3-2-16　TCP 服务器端接收到 WiFi 发送的字符串

ESP8266 调试工具监测到有数据发送，如图 3-2-17 所示。

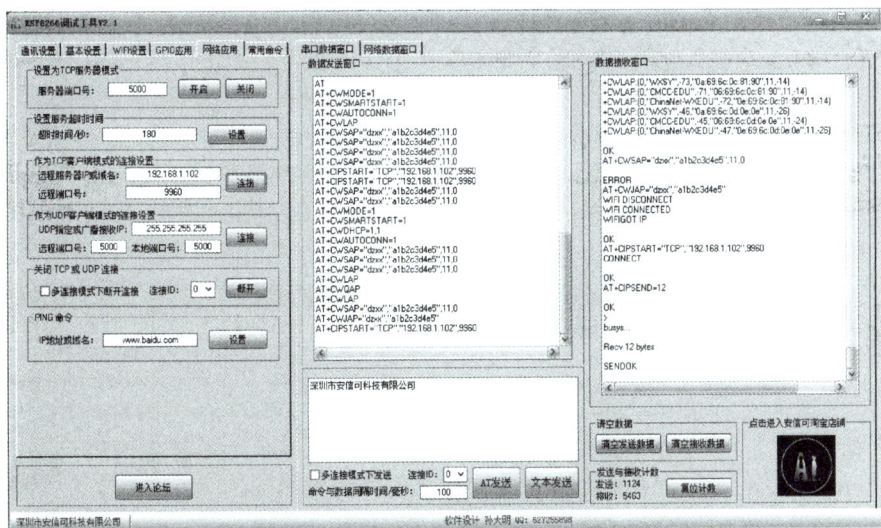

图 3-2-17　ESP8266 调试工具监测到 STM32 MCU 发送的字符串

微视频

WiFi 通信

思考与练习

1. 简述 ESP8266 和 ARM 的硬件连接关系。
2. 编程序,实现通过 ESP8266 远程控制 LED1 的亮灭。

应用案例三　GPRS 数据传输

案例简介

本案例的实训内容分为三个任务:任务一讲解如何使用 SIM800C 模块实现短信及语音通信;任务二讲解如何使用 SIM800C 模块将数据发送到云平台;任务三讲解如何将采集到的电压信号通过 SIM800C 模块传输到云平台。

相关知识

一、SIM800C 模块

SIM800C 模块是一款四频 GSM/GPRS 模块,采用城堡孔封装,其外观如图 3-3-1 所示。其性能稳定,外观小巧,性价比高,能满足客户的多种需求。SIM800C 模块工作频率为 GSM/GPRS850/900/1 800/1 900 MHz,可以低功耗实现语音、SMS 和数据信息的传输。

图 3-3-1　SIM800C 模块外观

SIM800C 模块引脚如图 3-3-2 所示,引脚功能见表 3-3-1。常规数据通信仅需用到 VIN、GND、TXD、RXD、PEN 这些引脚,其他引脚不用可悬空。

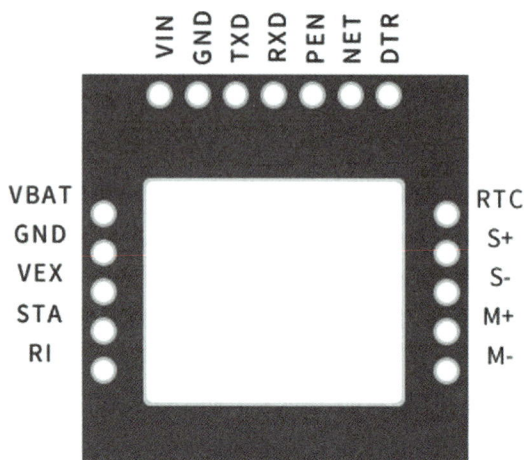

图 3-3-2 SIM800C 模块引脚图

表 3-3-1 SIM800C 模块引脚功能

引脚名称	功　能	引脚名称	功　能
VIN	电源输入正极	VEX	悬空
GND	电源输入负极	STA	运行状态指示
TXD	数据发送(3.3 V TTL)	RI	振铃指示
RXD	数据接收(3.3 V TTL)	M−	音频输入负极
PEN	GPRS 模块电源使能	M+	音频输入正极
NET	网络状态指示	S−	音频输出负极
DTR	控制模块休眠与唤醒	S+	音频输出正极
VBAT	锂电池供电	RTC	RTC 供电
GND	电源输入负极		

　　将采集到的模拟电压信号转换成相应的数字量,通过串口发送给 SIM800C 模块,SIM800C 模块自动将要发送的数据打包成 TCP/IP 数据包,并通过 GPRS 网络与 Internet 上的服务器建立连接,将采集到的数据发送给服务器。监测终端通过 STM32 控制传感器采集被监测对象数据并通过 SIM800C 模块把数据传输给服务器,系统中所涉及的硬件电路主要包括以下几部分:微控制器电路、无线 GPRS 电路、数据采集电路、电源电路。通过 STM32 将采集的电位器的模拟电压值转换成数字量,数据采集部分具有一定的通用性,只要接不同的传感器,就可以采集不同信号源的数据。微控制器电路通过串口实现数据采集电路与无线 GPRS 电路的数据传输,并实现对各个部分的控制。无线 GPRS 电路主要是把采集的数据转发并接入 Internet。电源电路主要是为整个系统提供可靠的电源。GPRS 数据传输系统如图 3-3-3 所示。

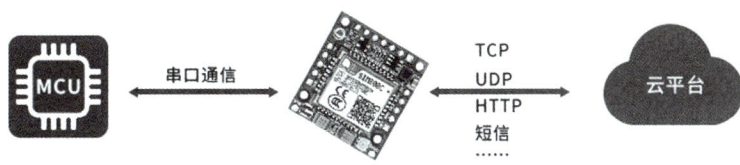

图 3-3-3　GPRS 数据传输系统

二、AT 指令

AT 指令是从终端设备(Terminal Equipment，TE)或数据终端设备(Data Terminal Equipment，DTE)向终端适配器(Terminal Adapter，TA)或数据电路终端设备(Data Circuit Terminal Equipment，DCE)发送的。通过 TA，TE 发送 AT 指令来控制移动台(Mobile Station，MS)的功能，与 GSM 网络业务进行交互。用户可以通过 AT 指令进行呼叫、短信、电话本、数据业务、传真等方面的控制。

GPRS 数据传输系统使用数据终端设备的 ARM 微处理器电路向移动设备的 GPRS 模块发送 AT 指令，实现相应的功能，可以预先通过计算机串口向 GPRS 模块发送 AT 指令进行功能调试。

(1) 使用的 AT 指令含义如下

① AT 同步(与主机端同步波特率)。

```
发送:
AT
响应:
OK
```

② 查询信号质量。

```
发送:
AT + CSQ
响应:
 + CSQ: 26, 0
OK
```

说明:返回格式 + CSQ:⟨rssi⟩，⟨ber⟩，⟨rssi⟩表示信号质量，数值越大信号越强;⟨ber⟩百分比，一般数值为 0～7，99 表示未知或不可测。

③ 读卡测试。

```
发送:
AT + CPIN?
响应:
 + CPIN: READY
OK
```

说明:这其实是一个查询 PIN 的命令,但因为 SIM 卡一般是不设置密码的,所以可用来检测是否读到卡,读到卡响应 READY,没有读到响应 ERROR。

④ 查询网络注册情况。

```
发送:
AT + CREG?
响应:
+ CREG:0,1
```

说明:

a. + CREG:0,1   //说明已经注册网络(即已经联网)。

b. + CREG:⟨n⟩,⟨stat⟩[,⟨lac⟩,⟨ci⟩]。

⟨stat⟩中:"1"或"5"代表允许网络注册。

"0"或"2"代表未注册。

"3"代表注册被拒。

"4"代表未知。

c. 仅当⟨n⟩= 2 并且 ME 已经在网络中注册时,才会返回位置信息⟨lac⟩和⟨ci⟩。

d. 插上 SIM 卡,GPRS 模块开机后会自动注册网络,注册时间在 10 s 左右。所以开机后如果查询到网络未注册,可以过 10 s 左右再查询。

⑤ 查询注册网络运营商网络信息。

```
发送:
AT + COPS?
响应:
+ COPS:0,0,"CHINA MOBILE"
OK
```

说明:参数 3 表示对应注册运营商网络 MCC/MNC 信息。

⑥ 查询 GPRS 模块是否附着网络。

```
发送:
AT + CGATT?
响应:
+ CGATT:1
OK
```

说明:

a."1"表示附着网络,"0"表示没有附着网络。

b. GPRS 模块开机后可先查询模块是否附着网络,不要主动设置 AT + CGATT = 1,

除非待机状态下主动上报 + CGATT：0，此时可以设置 AT + CGATT = 1，否则不要设置。

　　c. 在一些特殊的情况，比如 GPRS 模块从无信号的状态进入有信号的状态（穿过隧道），有可能会出现无法附着网络的情况，此时建议用"AT + CFUN = 1，1"来重启射频。

　　d. GPRS 模块成功注册网络，但没有附着网络，则只有电话和短信功能可以使用，不能进行数据的传输。

　　⑦ 重启射频。

```
发送：
AT + CFUN = 1, 1
响应：
OK
```

　　说明：该命令可用于重启模块射频，重新注册网络，第一个参数"1"表示全部功能，第二个参数"1"表示复位 ME（移动设备）。

　　（2）GPRS 模块开机后基本流程如下

```
① AT                    // 同步波特率
② AT + CSQ              // 查询信号质量
③ AT + CPIN?            // 检测是否读到卡
④ AT + CREG?            // 查询是否注册网络
⑤ AT + CGATT?           // 查询是否附着网络
```

　　开机后要先执行这几条命令，确保无误后再进行其它操作。

三、乐联网云平台数据交互

　　乐联网提供了一个迅速实现物联网应用的平台，无需繁琐的编程和开发，可以将测量设备或传感器连接到乐联网物联网应用平台上，并在该平台上存储、查询和分析测量数据，乐联网账户注册及设置过程如下。

　　打开计算机浏览器，在地址栏输入网址 www.lewei50.com，打开乐联网云平台网站首页，点击页面上方注册新用户，如图 3-3-4 所示，输入自己的用户名、密码等信息注册成功后，登录该平台。

　　在个人信息里能看到系统分配的 32 位的用户密匙（Userkey），例如："9e2ce02a715347b094a9c68f7c77020c"，如图 3-3-5 所示。

　　在页面左侧菜单列表"我的设备"一栏里，添加名称为"01"的设备，保存，如图3-3-6所示。

　　在"传感器与控制器"一栏里，新建传感器并设置参数，如标识"v1"，单位"V"，名称"电压 A/D 数据"，保存，如图 3-3-7 所示。

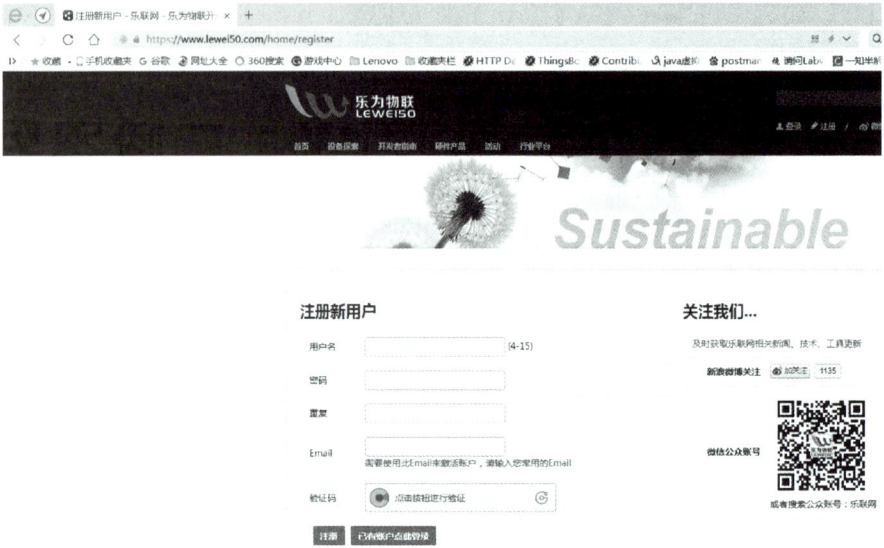

图 3-3-4　乐联网注册新用户

图 3-3-5　查看乐联网的用户密钥

图 3-3-6　添加名称为"01"的设备

图 3-3-7　新建传感器并设置参数

该传感器是属于之前添加的名称为"01"的设备,如图 3-3-8 所示。

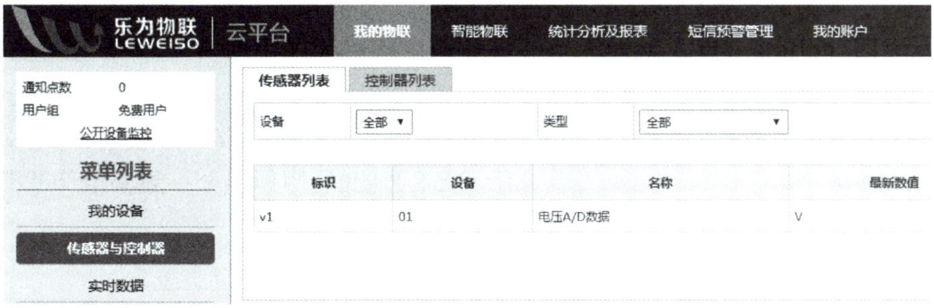

图 3-3-8　标识"v1"的传感器属于"01"设备

采用乐为物联公司乐联网(lewei50)作为云平台,智能网关发送 JSON 格式数据到云平台步骤如下。

① 连接乐联网:

```
{"method":"update","gatewayNo":"01","userkey":"9e2ce02a715347b094a9c6-
8f7c77020c"}&^!
```

其中,"01"代表乐联网网站添加的设备标识,"9e2ce02a715347b094a9c68f7c77020c"代表用户秘钥,申请乐联网账号时产生。

② 给乐联网发数据:

```
{"method":"upload","data":[{"Name":"v1","Value":"3.3"}]}&^!
```

其中,"v1"代表传感器名称,"Value"代表值。

乐联网上传数据过程如图 3-3-9 所示,TCP/IP 网关设备为客户端,与乐联网服务器建立 TCP/IP 链接,服务器地址为 tcp.lewei50.com(101.37.20.246),端口号:9960。

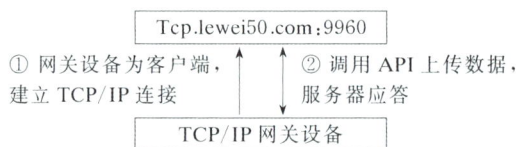

图 3-3-9　乐联网上传数据过程

为了理解乐联网数据上传机制,使用 TCP/IP 网络调试软件模拟数据上传过程。假设传感器采集的电压是 3.3 V,调用乐联网 API,推送 JSON 格式数据到乐联网服务器。打开 TCP/IP 调试软件,建立 TCP 客户端连接到乐联网服务器后,在数据发送窗口里,填写如下内容:

{"method":"update","gatewayNo":"01","userkey":"9e2ce02a715347b094a9c68-f7c77020c"}&^! {"method":"upload","data":[{"Name":"v1","Value":"3.3"}]}&^!

点击发送,如图 3-3-10 所示。

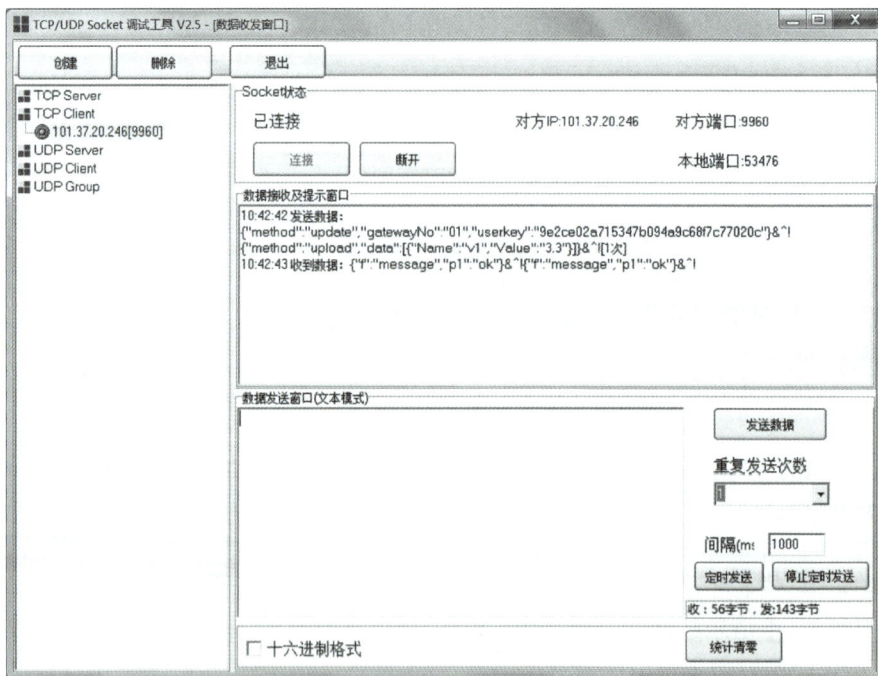

图 3-3-10　TCP/IP 网络调试软件发送 JSON 数据

乐联网服务器端会立刻予以响应,最后登录乐联网网页平台,查看一下上传的数据,发现数据上传成功,如图 3-3-11 所示。

图 3-3-11　数据上传乐联网网页平台成功

微视频

GPRS 之数据
存入云端

操作训练

任务一　使用 SIM800C 模块实现语音及短信通信

本任务通过计算机 GPRS 串口调试工具，发送 AT 指令给 SIM800C 模块，实现拨打、接听、挂断电话功能，实现短消息收发等功能。GPRS 模块电路见图 1-2-20，计算机与开发板串口连接电路见图 1-2-19。

将拨码开关 P4 的 6-3、5-4 连通，即 3、4 行两个拨码开关拨到右侧；将 P6 开关 6-3、5-4 导通，即 3、4 行两个拨码开关拨到右侧，使用 USB 转串口线将计算机和 J1 DB9 接口相连，在计算机上安装好 USB 转串口线驱动，打开串口调试助手，这样 GPRS 模块就能与计算机串口调试助手相通信。

利用 AT 指令测试 GPRS 模块与计算机是否同步，在串口调试助手里设置好串口号（计算机控制面板—硬件—设备管理器—端口项目里查询）、波特率等参数，在数据发送区域输入 AT 指令，结尾标记采用回车换行，点发送选项，如接收到 OK，说明计算机能够与 GPRS 模块相通信了，如图 3-3-12 所示。

按照同样的方法，继续完成如下任务。

1. 拨打电话测试

（1）拨打电话，如图 3-3-13 所示。

发送：
ATD19851048085;　　　　　　　　（结尾标记采用回车换行）
响应：
OK

说明：
① 注意填写完号码要在后面加";"且必须是英文输入法下的。

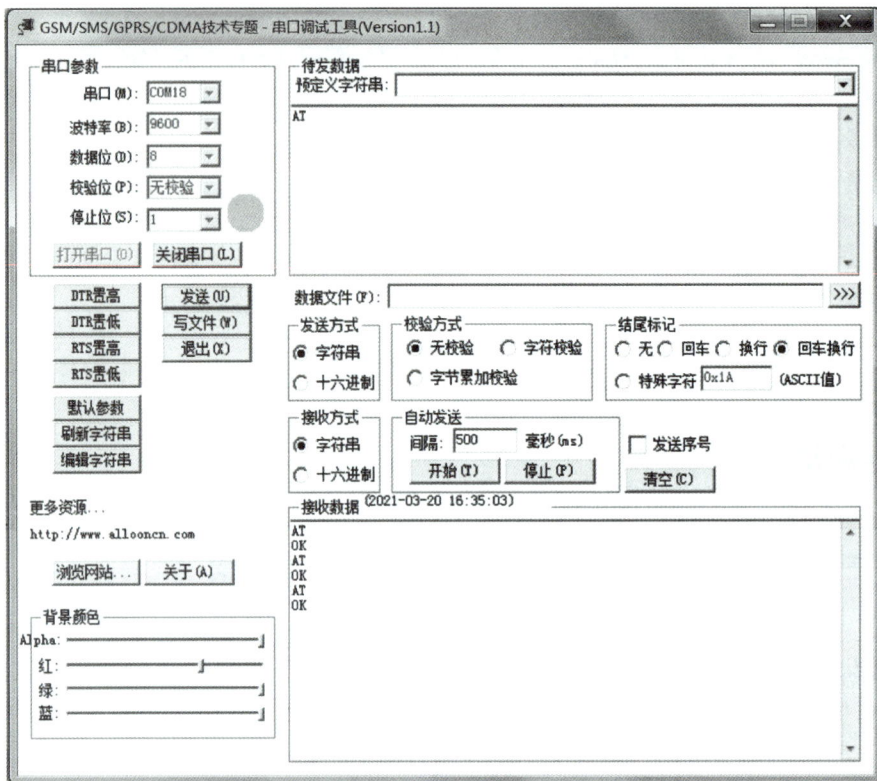

图 3-3-12 GPRS 模块与计算机同步测试

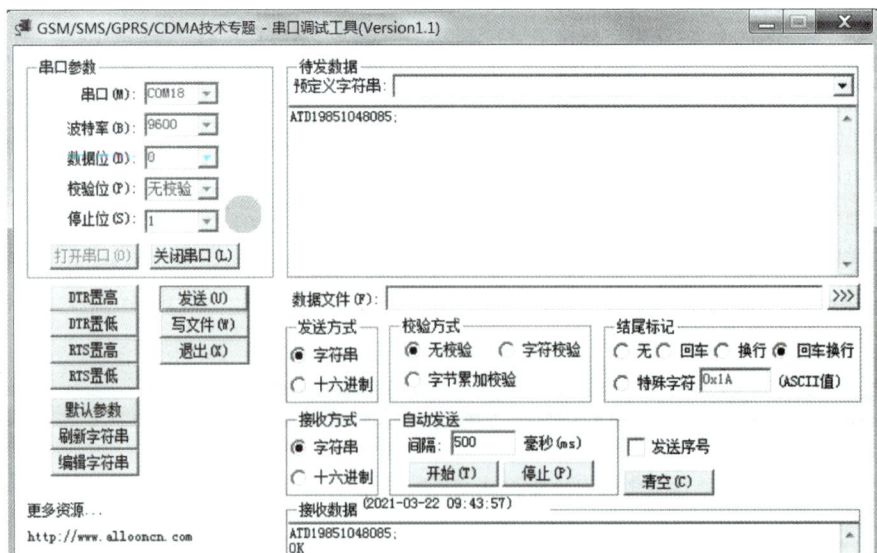

图 3-3-13 拨打电话

② 如果响应 ERROR(在发该 AT 命令前信号灯每 3 s 闪烁一次,发完该 AT 命令后,

如果信号灯变为和开机时同样的状态（每 0.8 s 闪烁一次），有可能是电源电流不够或天线接触不良引起的）。

③ 没有拨号音 NO DIALTONE 。

④ 如果对方电话正通话中，则会反馈对方电话占线中，回显 BUSY。

⑤ 无法建立连接 NO CARRIER。

⑥ 对方无应答 NO ANSWER 。

（2）挂断电话，如图 3-3-14 所示。

```
发送：
ATH                      （结尾标记采用回车换行）
响应：
OK
```

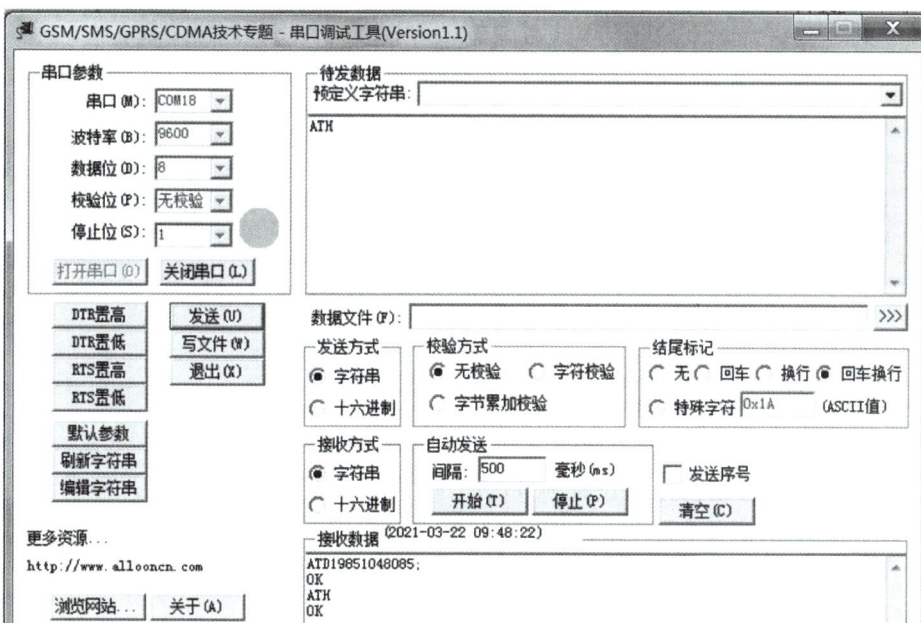

图 3-3-14　挂断电话

2. 接听来电

接听来电，如图 3-3-15 所示。

用手机给 GPRS 模块打电话时，会出现提示：

```
RING
响应：
RING                     （此时可以接听来电）
```

发送：

ATA　　　　　　　　　　　　　　（结尾标记采用回车换行）

响应：

OK

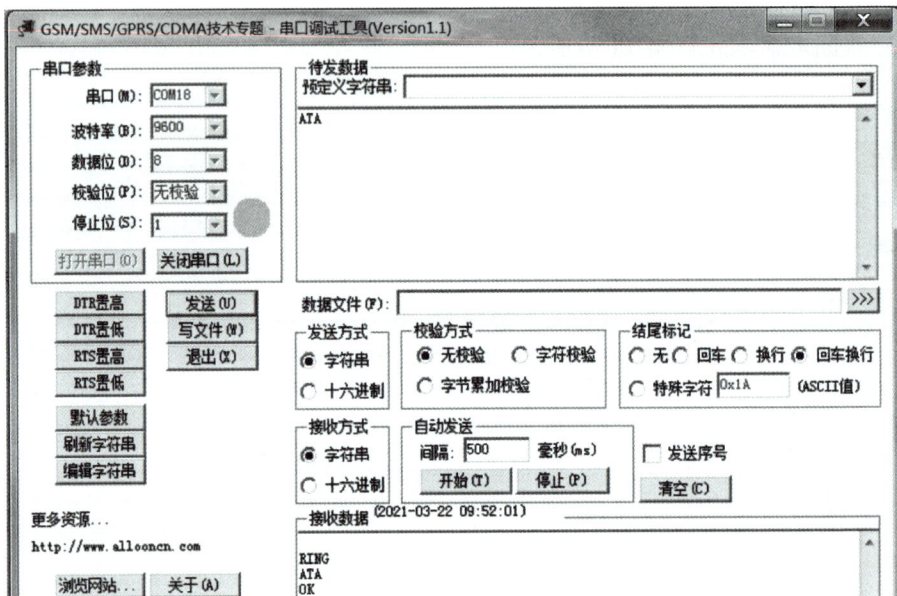

图 3-3-15　接听来电

3.发英文短信

短信模式有两种：一种是 TEXT 模式（可以发英文）；一种是 PDU 模式（可以发中文）。发送英文短信，短信需要设置为 TEXT 模式，注意 TEXT 模式下只能发送 ASCII 码表中的前 128 个字符，也就是英文字母、英文标点符号、阿拉伯数字等，操作流程如图 3-3-16所示。

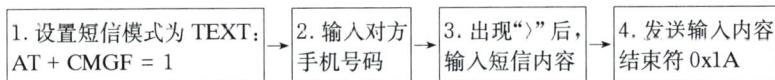

图 3-3-16　发送英文短信操作流程

（1）选择短信模式

发送：

AT + CMGF = 1　　　　　　　　　　（结尾标记采用回车换行）

响应：

OK

说明：

〈mode〉：0 表示 PDU 模式；1 表示文本模式。

（2）填写短信接收者号码

发送：

AT＋CMGS＝"19851048085"　　　　　（结尾标记采用回车换行）

响应：

〉

说明：

AT＋CMGS＝"手机号"，注意要有英文双引号。

（3）发送短信内容（结尾标记采用 0x1A）

发送：

Hello World!

响应：

＋CMGS：125

如图 3-3-17 所示。

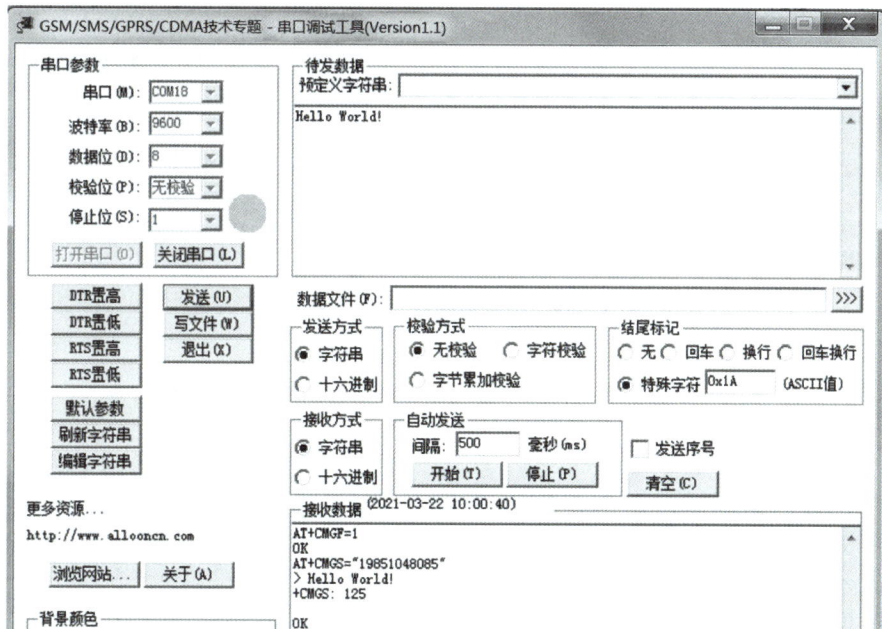

图 3-3-17　发英文短信

4. 读取短信内容

在读取短信内容之前，要先设置短信格式，GPRS 模块默认短信模式为 PDU 模式，需要改为 TEXT 模式才能读取到正确的短信内容。直接读取短信如下：

（1）设置短信格式为 TEXT 模式

```
发送：
AT + CMGF = 1                    （结尾标记采用回车换行）
响应：
OK
```

说明：

"0"表示 PDU 模式，'1'表示 TEXT 模式。

如图 3-3-18 所示。

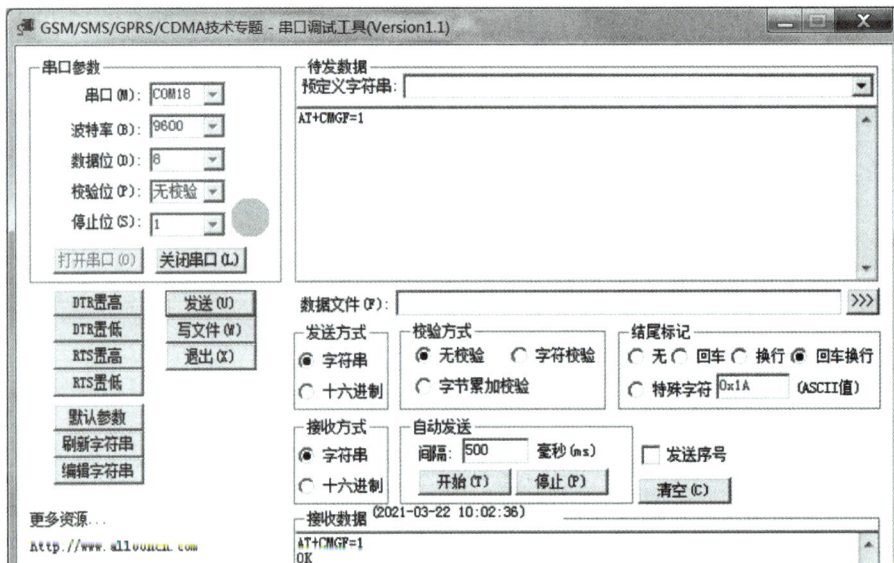

图 3-3-18　设置短信格式为 TEXT 模式

（2）读取英文短信

当有短信到达时会显示：

```
+ CMTI："SM",21
发送：
AT + CMGR = 21                   （结尾标记采用回车换行）
响应：
+ CMGR："REC UNREAD"," + 8619851048085","","21/03/22,10:06:32 + 32"
Welcome to study SIM800C!
OK
```

如图 3-3-19 所示。

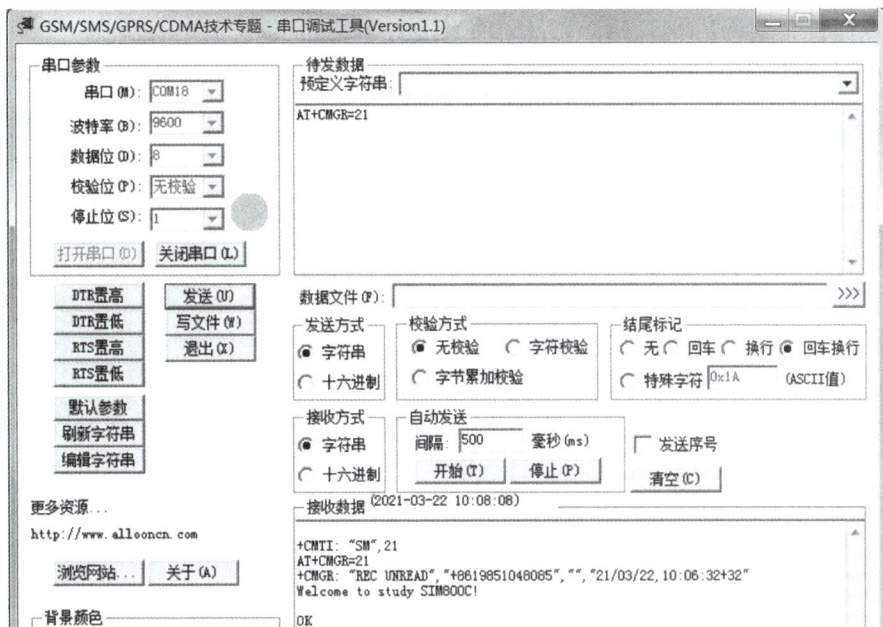

图 3-3-19　读取英文短信

　　熟悉了这些指令后，就可以通过 STM32 MCU 的串口来发送这些 AT 指令，以实现和计算机发送指令后同样的效果，从而实现 STM32 MCU 对 GPRS 模块的控制。

任务二　通过 SIM800C 模块发送数据到云平台

　　本任务通过计算机 GPRS 串口调试工具，发送 AT 指令给 SIM800C 模块，实现将数据发送到乐联网服务器（TCPServer101.37.20.246:9960）的 TCP/IP 通信测试。

　　采用 GPRS 模块的透传模式通信。透传模式是一种建立在 TCP/IP 应用任务下的特殊的数据模式，用来接收和发送数据。透传模式下给服务器发送数据时将不用再发送 AT＋CIPSEND 命令，一旦透传模式下的链接被建立，模式就处于数据模式。在这个模式下直接发要传输的数据就可以了，所有从串口收到的数据将被打包，然后发送。同样，所有从远端收到的数据被直接送到串口。透传模式又分为数据和命令两种模式，在数据模式下，所有 AT 命令不可用，发送的 AT 命令只会当做数据发送出去。只有在命令模式时，AT 命令才可以使用。数据模式和命令模式之间可以切换，方法如下：

　　① 在数据模式下，输入"＋＋＋"（不需要加回车），发送即可退出数据模式。使用该序列时，必须保证该序列前有 1 s 的空闲，序列后有 1 s 的空闲。每个"＋"之间不要超过 1 s，否则它有可能被当作 TCP/IP 数据。

　　② 使用串口的 DTR 脚，首先要设置 AT&D1，DTR 脚至少接地 1 秒后拉高，这个方法可以从数据模式切换到命令模式。响应"OK"表示 GPRS 模块当前处于命令模式。

③ 在命令模式下,使用 ATO 命令可以从命令模式切换回数据模式。

④ 如果远端服务器/客户端断开了链接,模块会自动切换到命令模式。

可以通过命令 AT+CIPMODE 来配置 GPRS 模块的工作模式:

```
AT+CIPMODE=0                    //非透传模式
AT+CIPMODE=1                    //透传模式
```

硬件流控默认是关闭的,要使用透传模式,最好打开硬件流控,设置命令是:

```
AT+IFC=2,2;
```

为实现本任务准备工作如下:

① 计算机浏览器打开乐联网,登入账号,打开设备的传感器页面。

② 计算机与 STM32 ARM 开发板用 USB 转串口线相连,拨好开发板使用 GPRS 模块及 DB9 接口的拨码开关(同任务一),计算机打开串口调试助手,使 GPRS 模块与计算机串口调试助手相通信。

1. 所用 AT 指令含义

(1) 检查 GPRS 附着状态

```
发送:
AT+CGATT?
响应:
+CGATT: 1
OK
```

说明:

"1"表示数据业务已附着(即开启流量),"0"表示分离。

(2) 设置 APN

```
发送:
AT+CSTT="CMNET"
响应:
OK
```

说明:

移动的 APN 为"CMNET",联通的 APN 为"UNINET"。

(3) 建立无线链路(激活移动场景)

```
发送:
AT+CIICR
响应:
OK
```

说明：

在关闭移动场景前，此命令只能成功执行一次。如果一直报错，可以先关闭移动场景"AT + CIPSHUT"，然后再执行该命令。

（4）获取本地 IP 地址

```
发送：
AT + CIFSR
响应：
10.197.178.148
OK
```

（5）建立 TCP 连接

```
发送：
AT + CIPSTART = "TCP", "101.37.20.246", 9960
响应：
OK
CONNECT OK
```

说明：

① 第 2 个参数为服务器 IP。

② 第 3 个参数为端口号，如果连接不上，可能是该端口号被占用了，可在服务器端更改端口号后再次连接。

（6）发送数据到服务器

```
① 发送：
AT + CIPSEND
响应：
〉
② 发送数据。
发送：
GPRS 模块测试 FreeStrong from TCP client!
③ 发送内容完成结束符 0x1A。
发送：
1A
响应：
SEND OK
```

说明：

"1A"要以十六进制发送，不用加回车。

（7）接收到来自服务器的数据（hello）

```
响应：
hello
```

说明：

当收到服务器发来的数据时，GPRS 模块会自动上报。

（8）关闭 TCP 连接

① 客户端主动关闭 TCP 连接。

```
发送：
AT + CIPCLOSE
响应：
CLOSE OK
```

② 服务器端关闭 TCP 连接。

```
响应：
CLOSED
```

说明：

TCP 关闭连接后，可以直接再次建立连接。

（9）关闭移动场景

```
发送：
AT + CIPSHUT
响应：
SHUT OK
```

说明：

关闭移动场景后，如需要再次连接，需要重新操作上述流程才可以建立连接。否则会出错。

2. 将 GPRS 模块重启后的操作过程

（1）检查 GPRS 附着状态，如图 3-3-20 所示。

```
发送：
AT + CGATT?
响应：
+ CGATT: 1
OK
```

说明：

1 表示数据业务已附着（即开启流量）。

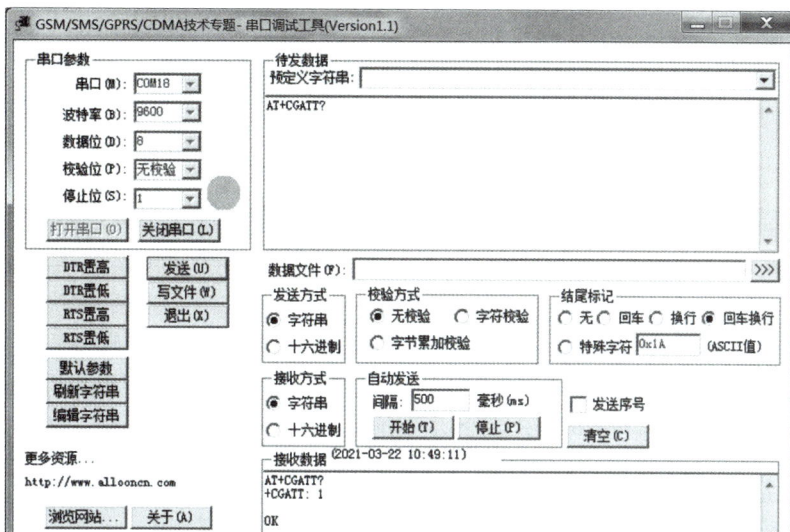

图 3-3-20　检查 GPRS 附着状态

（2）设置链路模式为透传模式，如图 3-3-21 示。

发送：
AT + CIPMODE = 1
响应：
OK

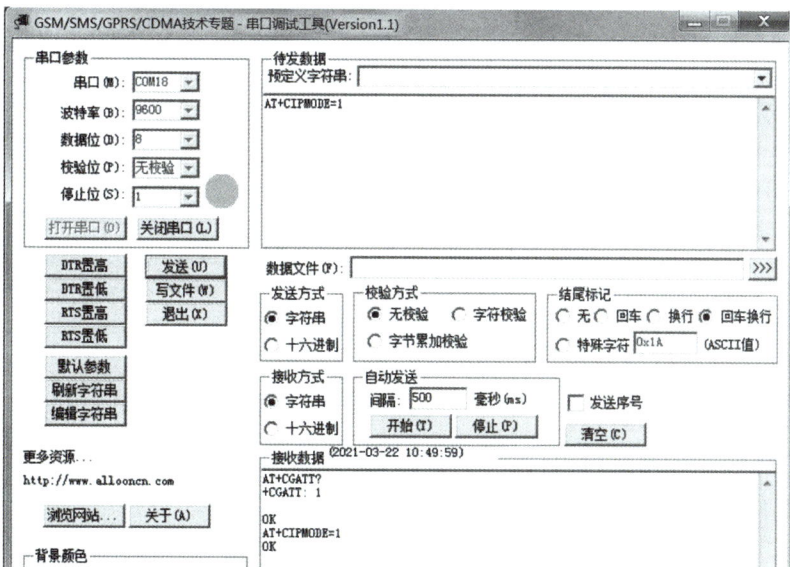

图 3-3-21　设置链路模式为透传模式

（3）设置 APN，如图 3-3-22 所示。

发送：
AT + CSTT = "CMNET"
响应：
OK

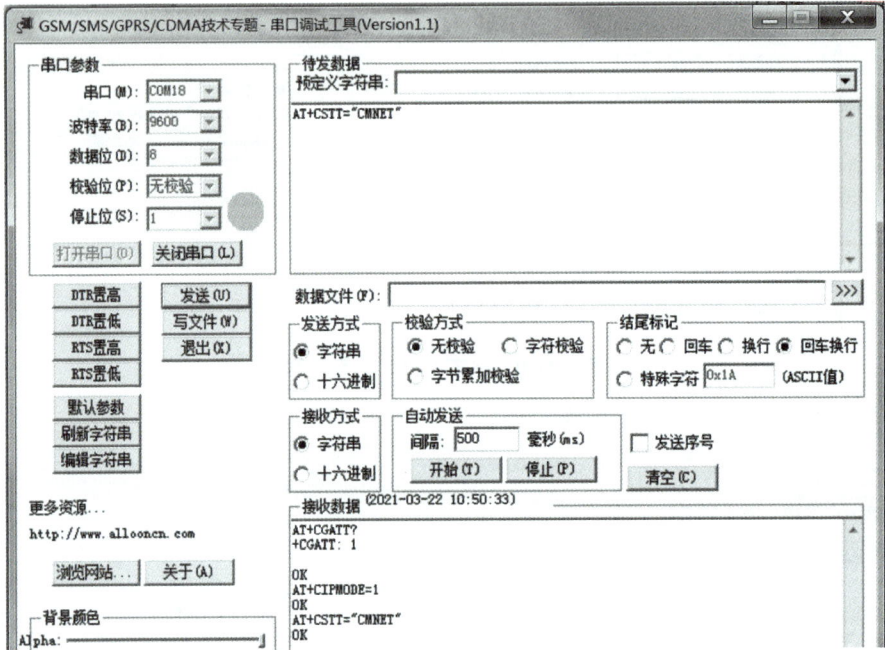

图 3-3-22　设置 APN

（4）建立无线链路，如图 3-3-23 所示。

发送：
AT + CIICR
响应：
OK

（5）获取本机 IP 地址，如图 3-3-24 所示。

发送：
AT + CIFSR
响应：
10.197.178.148

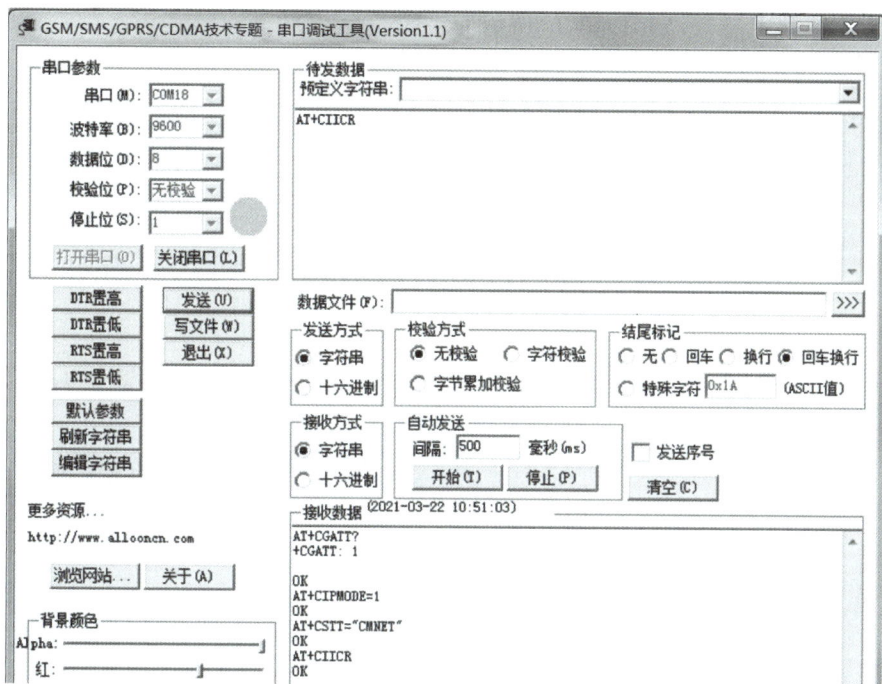

图 3-3-23 建立无线链路

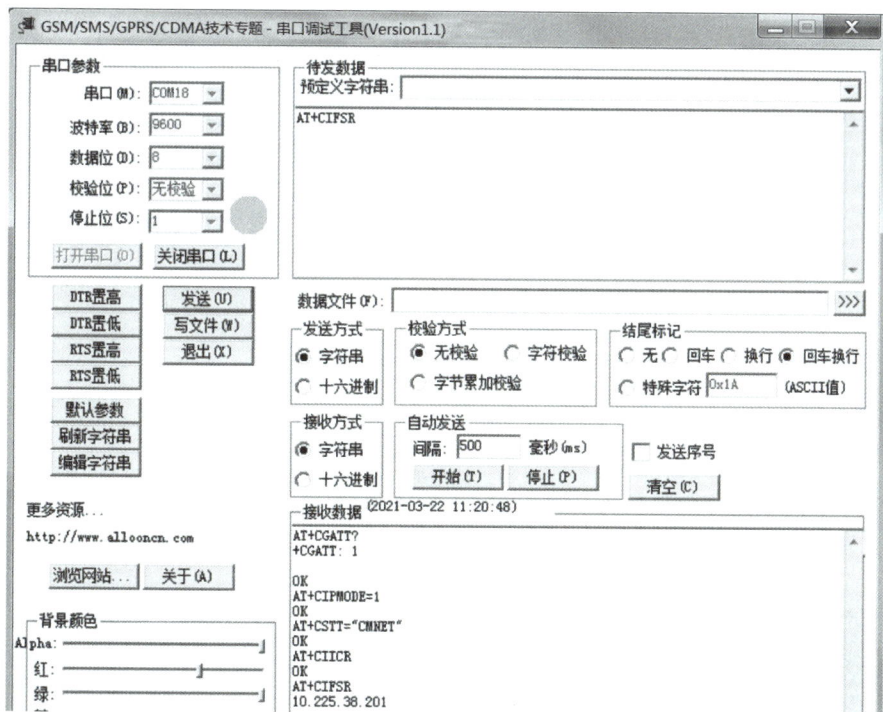

图 3-3-24 获取本机 IP 地址

(6) 建立 TCP 链接,如图 3-3-25 所示。

发送:
AT + CIPSTART = "TCP","101.37.20.246","9960"
响应:
OK
CONNECT OK

说明:

一旦连接上了,便进入了数据模式,可以直接发送数据,这时 AT 命令不可用。

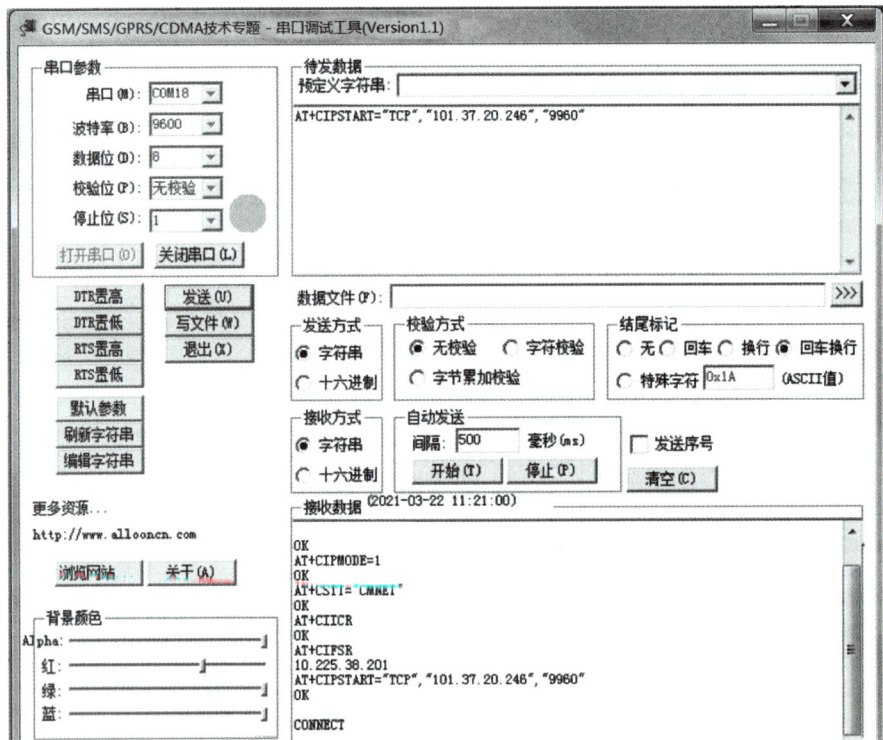

图 3-3-25　建立 TCP 链接

(7) 发送数据,如图 3-3-26。乐联网接收到数据如图 3-3-27 所示。

发送:

{"method":"update","gatewayNo":"01","userkey":"9e2ce02a715347b094a9c-68f7c77020c"}&^! {"method":"upload","data":[{"Name":"v1","Value":"3.3"}]}&^!

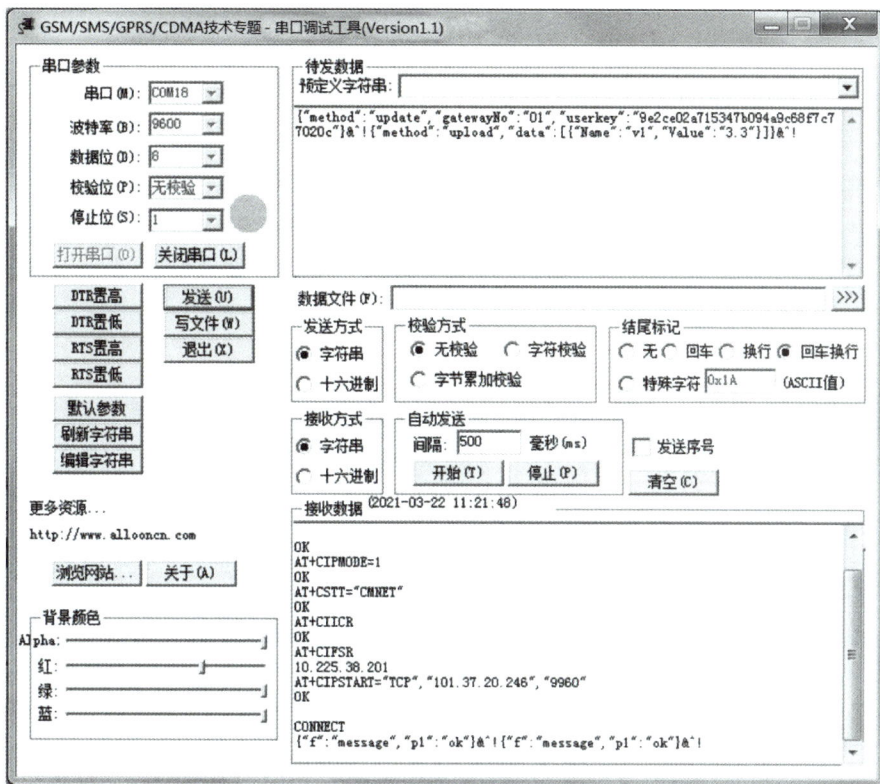

图 3-3-26　发送数据

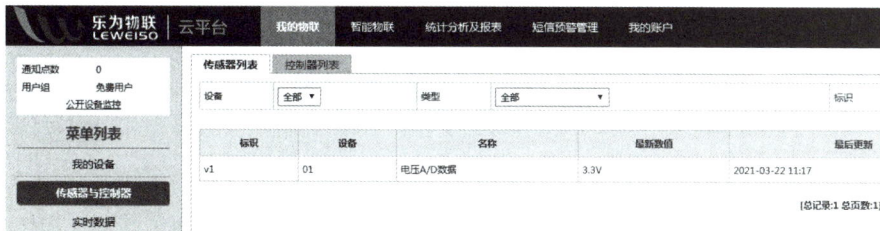

图 3-3-27　乐联网接收到数据

（8）切换到命令模式。

发送：
+++
响应：
OK

说明：
① 具体使用方法可参照上一节内容，注意："＋＋＋"不能有空格，否则会当做数据直

接发给服务器。

② 在命令模式下,可以进行其他操作,如:接听、拨打电话等。

(9) 主动关闭与服务器的连接。

```
发送:
AT + CIPCLOSE
响应:
CLOSED OK
```

说明:

关闭连接后,可直接再次与服务器建立连接(AT + CIPSTART)。

(10) 关闭移动场景。

```
发送:
AT + CIPSHUT
响应:
SHUT OK
```

说明:

① 关闭移动场景后,需要重新操作上述流程才可以再次与服务器建立连接。

② 只有关闭移动场景后,才可以切换至非透传模式。否则会报错。

📖 任务三　电压采集及云端显示

本任务实现 STM32 MCU 通过 GPRS 模块与 TCP 服务器透传通信,连接的服务器地址在 gprs_at.c 文件中修改,GPRS 模块心跳包每 30 s 发送一次,可根据实际需求延长发送时间。

为实现本任务准备工作如下:

① 计算机浏览器打开乐联网,登入账号,打开设备的传感器页面。

② 计算机与 STM32 ARM 开发板用 USB 转串口线相连,拨好开发板 GPRS 模块及 DB9 接口的拨码开关,计算机打开串口调试助手,使 GPRS 模块与计算机串口调试助手相通信。使用 USB 线将计算机和开发板 USB1 接口相连,在计算机上安装好 CP2102 USB 线驱动,打开串口调试工具,这样 STM32 MCU 模块就能与计算机串口调试助手相通信。

1. 新建工程

打开 STM32CubeMx 软件,在主界面选择 File->New Project,新建一个项目,然后选择 STM32F103RCT6 型号芯片,点击右上角 Start Project,然后在主界面选择 File->Save Project,保存工程项目。

2. 时钟源设置

在 Pinout&Configuration 选项左侧 System Core 下拉菜单里选择 RCC,在 RCC

Mode and Configuration 选项里的 High Speed Clock（HSE）选项里选择 Crystal/
Ceramic Resonator，即选择晶体振荡器作为高速时钟。

在右侧 STM32F103RCT6 芯片图形界面上点击 PD0 引脚选择 RCC_OSC_IN，
PD1 引脚选择 RCC_OSC_OUT，即选择 STM32F103RCT6 芯片 5、6 引脚外接的晶振作
为芯片工作所用外部时钟源。

点击 Clock Configuration 选项，在时钟树框图 HCLK（MHz）方框内输入 72，即设置
STM32F103RCT6 芯片工作主频 72 MHz，然后回车，此时系统就自动把所需时钟配置
好，或者也可以手工设置各个参数。

3. 外设配置

切换到 Pinout&Configuration 选项，在 Pinout&Configuration->Connectivity 中，打
开 USART1、USART2，并设置模式为异步收发模式 Asynchronous。

设置 USART1、USART2 的参数，通用的"9600-N-8-1"模式，即波特率 9 600 bit/s，
N 校验位（无校验），数据位数为 8，停止位为 1 位。

串口通信方式有：查询、中断、DMA 三种，因此要使能 USART1、USART2 的中断，
在 NVIC 使能选项中打钩。

在右侧 STM32F103RCT6 芯片图形界面上点击 PA11 引脚选择 GPIO_Output，然后
在左侧 System Core 下拉菜单里选择 GPIO，此时可以看到芯片 PA11 引脚配置情况。

设置完 MCU 的各个配置之后，然后就是工程文件的设置了，点击 Project Manager
选项，IDE 选择 MDK-ARM V5，存储目录不可以有中文，把 Project 中的 Minimum Heap
Size 设置为 0x600，然后点击 Generator Code，进行进一步配置，选择只复制所需要的.c
和.h 文件，每个外设成立单独的.c 和.h 文件，然后点击 GENERATECODE 创建工程。
创建成功，打开工程，然后点击上方菜单栏 Rebuild 按钮先编译下。

4. 代码分析与改写

（1）GPRS 等程序的添加

将 DATA_UNIT、GPRS_WIS800C、SYSTICK 文件夹拷贝到 Keil 软件打开的
GPRS_TCP 工程文件夹的 Hardware 文件夹内，DATA_UNIT 文件夹内包含 data_
unit.c、data_unit.h 文件，GPRS_WIS800C 文件夹内包含 gprs_at.c、gprs_at.h、gprs_
uart2.c、gprs_uart2.h 文件，systick 文件夹内包含 systick.c、systick.h 文件。在 Manage
Project Items 选项里添加 Hardware、SYSTEM 文件夹内的上述文件。在 Options for
Target 选项的 C/C++ 选项的 Include Paths 里，添加上述文件的路径，使软件能编译上
述文件。

（2）在 main.c 中进行变量和函数定义：

```
/* USER CODE BEGIN 0 */
extern uint8_t aRxBuffer;        //接收中断缓冲
uint8_t ser_err_flag = 0;        //心跳标志
int fputc(int ch, FILE * f)
{
```

```
     HAL_UART_Transmit(&huart1, (uint8_t *)&ch, 1, 0xFFFF);
     return ch;
  }
 /* USER CODE END 0 */
```

（3）在 main.c 中开启接收中断，同时设置 RS-485 为输出：

```
 /* USER CODE BEGIN 2 */
 HAL_UART_Receive_IT(&huart2, (uint8_t *)&aRxBuffer, 1);
                                          //再开启接收中断
 PEN_ON;
 /* USER CODE END 2 */
```

（4）在 main.c 的 while(1)循环中添加输出内容：

```
     /* USER CODE BEGIN 3 */
     HAL_Delay(1500);
     if(! gprs_init_flag)                 //如果 GPRS 模块未初始化
     {
         err_num = gprs_init();
                         // GPRS 模块初始化，并将初始化结果保存在 err_num
     }
     else
     {
         err_num = gprs_net_config();     // GPRS 模块网络配置
     }
     if(gprs_init_flag && gprs_net_flag)
                             //如果 GPRS 模块初始化和网络配置都完成
     {
         err_num = gprs_connect();        //开始 TCP 连接
     }
     if(gprs_init_flag && gprs_connect_flag && gprs_net_flag && (! err_
num))                                      //数据处理
     {
         gprs_send_process();
     }
```

```
if((! gprs_init_flag)|(! gprs_net_flag)|(! gprs_connect_flag) |(ser
_err_flag)&& err_num)                        //配置未通过
    {
        err_process(err_num);                // AT 命令错误处理
    }
}
    /* USER CODE END 3 */
```

至此,编译下载后,就完成了通过 STM32F10x ARM 芯片调用 HAL 库实现电压采集及云端显示的效果,乐联网接收到数据如图 3-3-28 所示。因为程序在 STM32 MCU 与 GPRS 模块 AT 指令交互的同时,也将指令收发结果通过串口 1 经 CP2102 USB 接口发送给计算机,所以可以在计算机的串口调试工具观察 AT 指令交互结果,如图 3-3-29 所示。

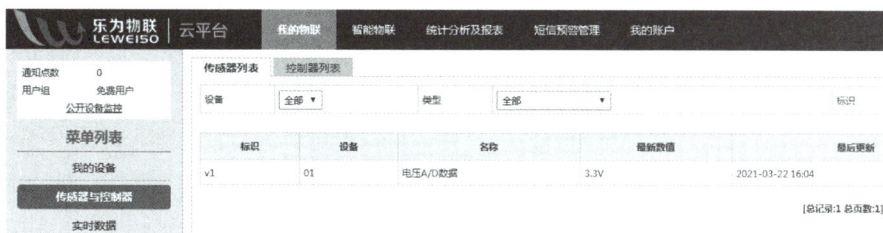

图 3-3-28 乐联网接收到数据

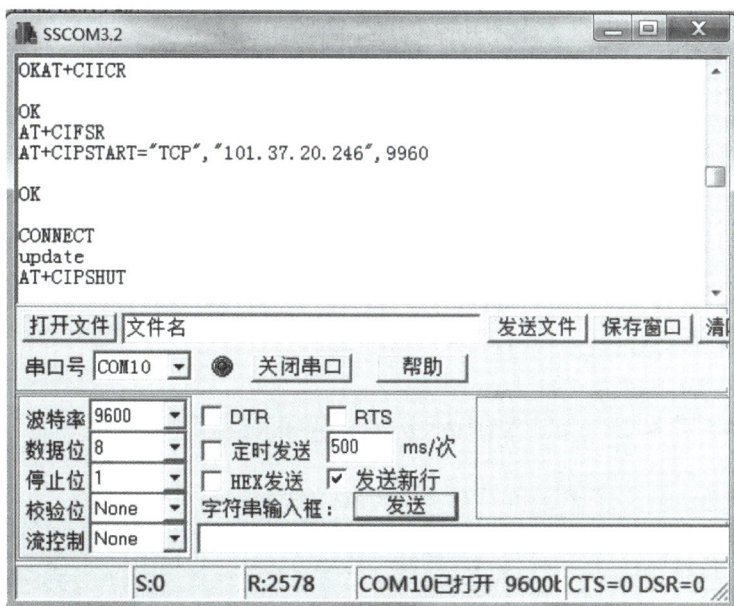

微视频

GPRS 通信

图 3-3-29 在串口调试工具观察 AT 指令交互结果

思考与练习

1. STM32F10x 和 SIM800C 模块之间是如何通信的？

2. SIM800C 模块用的什么通信协议，按照什么数据格式将数据上传乐联网的？

拓展阅读

通信接口比较分析

拓展阅读

嵌入式技术在
移动光谱仪
中的应用

应用案例四　基于 RS-485 的电能数据监控

案例简介

本案例通过 RS-485 通信获取电能表的数据。本案例实训内容分为两个任务:任务一讲解电能表的 RS-485 通信过程;任务二讲解如何编程实现 STM32 MCU 与电能表的 RS-485通信,从而获取数据。

相关知识

一、系统结构和 RS-485 电路

电能监控系统通过电能采集传感控制部分采集用电设备的电能参数,包含电压、电流、有功功率、无功功率、视在功率等,通过 MODBUS 协议、RS-485 通信方式传输给 STM32F103 ARM 开发板,如图 3-4-1 所示。

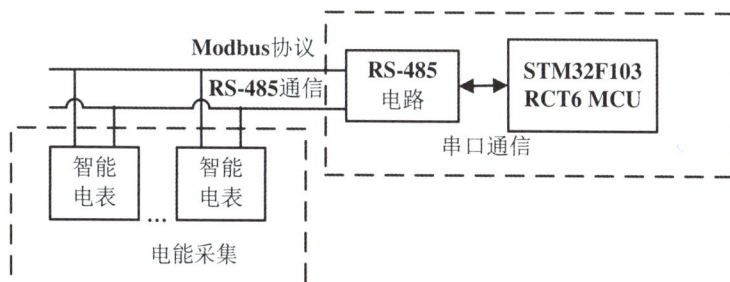

图 3-4-1　电能监控系统结构

电能采集传感控制部分,使用智能单相导轨式小型电能表 DDS238-1ZN 进行电能采集,通过 RS485 接口传输电能数据给 STM32F103 ARM 开发板,通过 MODBUS 协议与

STM32F103 ARM 开发板通信，CRC 差错校验。

RS-485 主（站）从（站）通信，一般采用一主多从通信，主站（MASTER）负责发起通信，从站（SLAVE）接收数据，开始通信。如图 3-4-2 所示，电路远程终端一般会加上 120 Ω 的匹配电阻，实现电路阻抗匹配。

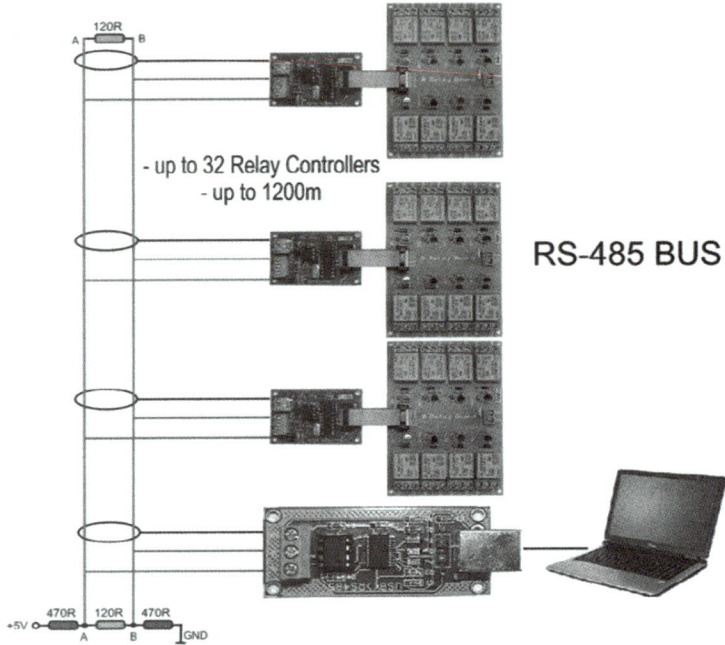

图 3-4-2　RS-485 一主多从通信

RS-485 是一种差分方式传送数据，也就是说以电压差来表示和传送数据 1、0，导线上传输数字 1 的话，两线电压差应为 $-2 \sim -6$ V 左右的，导线上传输数字 0 的话，应为 $+2 \sim +6$ V。不通信时，RS-485 处于空闲状态，数据线上全是 1。RS-485 最高 10 MB/s 的数据传输速率，有较好的抗噪声干扰能力，能达到几百米的通信距离，能支持最多 32 个节点数。采用 10 位数据格式，起始位 0，数据位 8 位，先传输低位，再传输高位，停止位 1。具体选用 SP3485 芯片进行 RS-485 通信，RO、DI 是该芯片与 ARM 微处理器通信的引脚。其中，RO 引脚是该芯片的数据输出引脚，通过 UART4_RX 导线接 ARM 微处理器的串口 4 接收引脚；DI 引脚是该芯片的数据输入引脚，通过 UART4_TX 导线接 ARM 微处理器的串口 4 发送引脚。RE 和 DE 端分别是该芯片接收和发送的使能端，通过 CTRL_485_2 导线与 ARM 微处理器电路 CTRL_485_1 导线通过跳线帽相连，由 ARM 微处理器对该芯片进行收发数据方向控制。该芯片的 A、B 两引脚是用于传输差分电压信号的数据，分别和电能表 RS485A 和 RS485B 端子相连。电阻 R18、R19、R20 起分压作用，确保 A、B 两线之间的电压差符合标准。SMBJ1 是 TVS 二极管，起双向保护作用。

　　MODBUS 网络用于工业系统的通信,该网络可以支持 247 个以内的从节点控制器。该系统中的智能电表和 STM32 开发板之间就是通过 MODBUS 通信协议进行数据交互的。

二、串口 DMA 发送接收

　　DMA,全称 Direct Memory Access,即直接存储器访问。本案例的 STM32F103 ARM 就采用了串口 DMA 发送接收的方式。

　　DMA 的作用是解决大量数据转移过度消耗 CPU 资源的问题。DMA 用来提供在外设和存储器之间或者存储器和存储器之间的高速数据传输。实现数据的直接传输,而去掉了传统数据传输需要 CPU 寄存器参与的环节,无须 CPU 的干预,这就节省了 CPU 的资源来做其他操作,如图 3-4-3 所示。

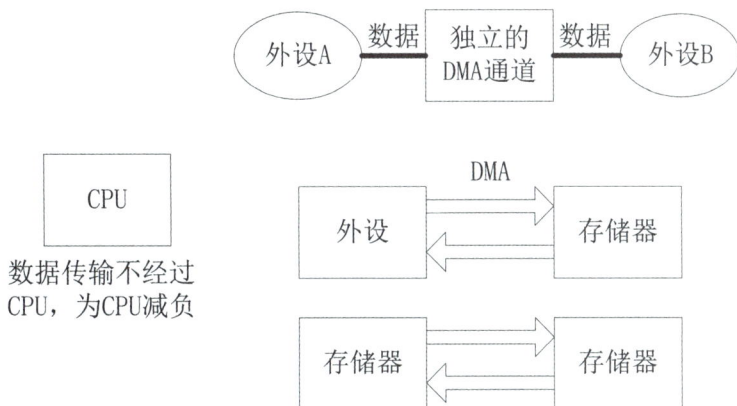

图 3-4-3　DMA 方式传输数据无须 CPU 的干预

　　DMA 传输方式主要涉及四种情况的数据传输,但本质上是一样的,都是从内存的某一区域传输到内存的另一区域(外设的数据寄存器本质上就是内存的一个存储单元)。四种情况的数据传输如下:外设到内存、内存到外设、内存到内存、外设到外设。

　　数据传输需要的是数据的源地址、数据传输位置的目标地址、传递数据多少的数据传输量、进行多少次传输的传输模式,DMA 所需要的核心参数便是这四个。当用户将参数设置好,主要涉及源地址、目标地址、传输数据量这三个,DMA 控制器就会启动数据传输,当剩余传输数据量为 0 时达到传输终点,结束 DMA 传输。当然,DMA 还有循环传输模式,当到达传输终点时会重新启动 DMA 传输。也就是说只要剩余传输数据量不是 0,而且 DMA 是启动状态,就会发生数据传输。

　　STM32 内核、存储器、外设及 DMA 的连接如图 1-1-3 所示,这些硬件最终通过各种各样的线连接到总线矩阵中,硬件结构之间的数据转移都经过总线矩阵的协调,使各个外设和谐的使用总线来传输数据。

操作训练

任务一 电能表 DDS238-1ZN 的 RS-485 通信调试

可以使用"USB/RS-485 转换器"模块对电能表进行 RS-485 通信测试，如图 3-4-3 所示。将"USB/RS-485 转换器"模块 USB 端接计算机的 USB 口，RS-485 端的 T＋/B 与 DDS238 型单相电能表的 5 脚相连，T-/A 与 DDS238 型单相电能表的 6 脚相连。另外 DDS238 型单相电能表的 1 脚接火线，DDS238 型单相电能表的 4 脚接零线，如图 3-4-5 所示。在计算机上安装转换器模块的驱动程序，计算机添加了一个串行口，在 Windows 操作系统的"设备管理器"中查看添加的串口（COM 号）。

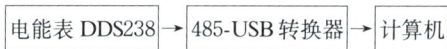

电能表 DDS238 → 485-USB 转换器 → 计算机

图 3-4-4　USB/RS-485 转换器对电能表进行 RS-485 通信测试

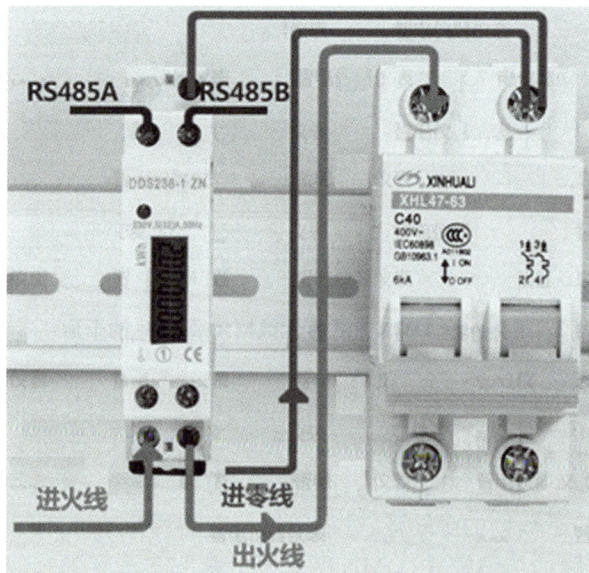

图 3-4-5　电能表 DDS238-1ZN 接线方式

STM32 发送指令码给智能电表（共 8 字节）：地址 03 00 00 00 02 CRC 低位 CRC 高位（共 8 字节）：

① 地址（1 字节）：与仪器设置地址相同 1～247。

② 功能码（1 字节）：03　使用 03 功能码读数据。

③ 数据寄存器地址（2 字节）：0000 。

④ 数据数量（2 字节）：0002　读 2 个 16 位数据。

⑤ CRC（2 字节）：校验码。

智能电表发送电能数据给 STM32(共 9 字节):地址 03 04 XX XX XX XX CRC 低位 CRC 高位(共 9 字节):

① 地址(1 字节):仪器设置地址 1～247。

② 功能码(1 字节):03　使用 03 功能码读数据。

③ 数量(1 字节):4　发送数据字节数。

④ 数据(4 字节):32 位标准 IEEE754 浮点数。

⑤ CRC(2 字节):校验码。

读电压 220 V 过程为:STM32 发指令 01 03 00 0c 00 01 44 09 给电表;STM32 从电表接收 01 03 02 56 ef c6 68 数据。如果读出电能表的电压值为 56EF(22255),则实际值为 222.55 V,保留 2 位小数。电流等参数类似。

在计算机上打开电能表测试软件,选择对应的串口(COM 号),选择通信波特率,然后勾选读电能表的地址、电压、电流等项目,点击发送后看是否能读取到数据,能的话就测试成功,如图 3-4-6 所示。

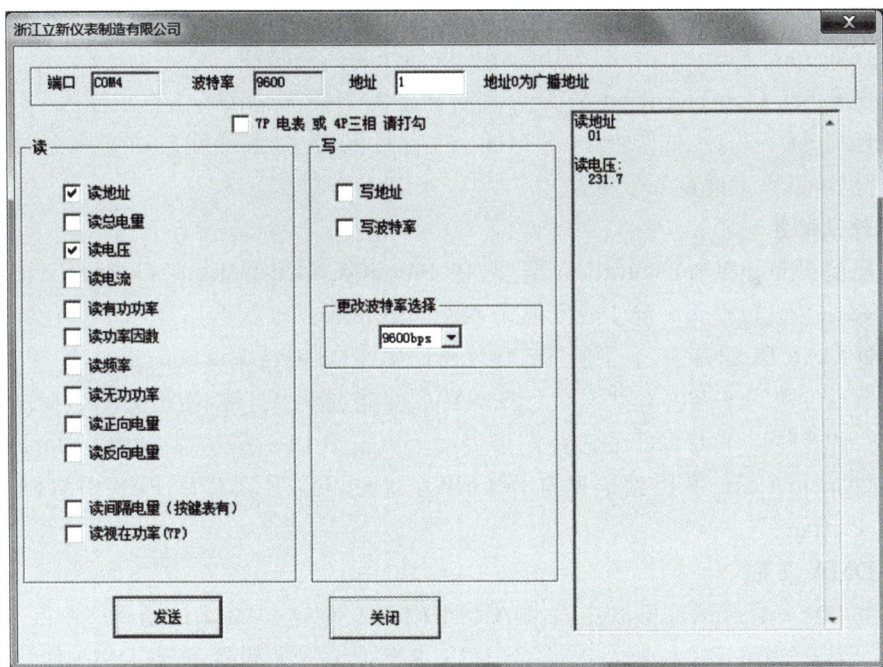

图 3-4-6　电能表测试软件

任务二　编程实现电能表的 RS-485 通信

通过 ARM 编程实现电能表的 RS-485 通信。程序流程主要包括 STM32 系统初始化,切换 RS-485 模块为发送状态,通过串口向电能表发送读电能参数指令,切换 RS-485 模块为接收状态,通过串口接收电能表反馈电能参数数据,数据处理等,程序流程如图 3-4-7 所示。

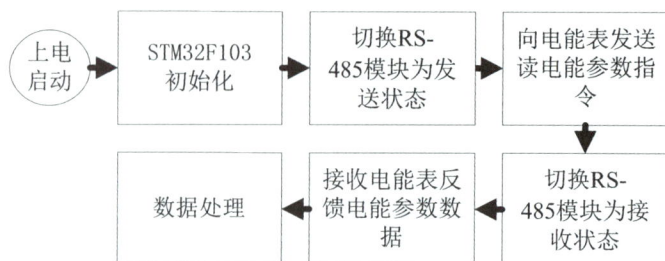

图 3-4-7　电能表 RS-485 通信程序流程

1. 新建工程

打开 STM32CubeMx 软件,在主界面选择 File->New Project,新建一个项目,然后选择 STM32F103RCT6 型号芯片,点击右上角 Start Project,然后在主界面选择 File->Save Project,保存工程项目。

2. 时钟源设置

在 RCC Mode and Configuration 选项里的 High Speed Clock(HSE)选项里选择 Crystal/Ceramic Resonator,即选择晶体振荡器作为高速时钟。

点击 Clock Configuration 选项,在时钟树框图 HCLK(MHz)方框内输入 72,即设置 STM32F103RCT6 芯片工作主频 72 MHz,然后回车,此时系统就自动把所需时钟配置好,或者也可以手工设置各个参数。

3. 外设配置

切换到 Pinout&Configuration 选项,在 Pinout&Configuration->Connectivity 中,打开 UART4,并设置模式为异步收发模式 Asynchronous。

设置 UART4 的参数,通用的"9600-N-8-1"模式,即波特率 9 600 bit/s,N 校验位(无校验),数据位数为 8,停止位为 1 位。在 NVIC 使能选项中打钩,使能 UART4 的中断。

在右侧 STM32F103RCT6 芯片图形界面上点击 PA8 引脚选择 GPIO_Output,然后在左侧 System Core 下拉菜单里选择 GPIO,此时可以看到芯片 PA8 引脚配置情况 (GPIO_Output)。

4. DMA 设置

根据 DMA 通道预览可以知道,UART4 的 RX 对应 DMA2 的通道 3。点击 DMA Settings 后点击 Add 添加通道,选择 UART4_RX,传输速率设置为低,DMA 传输模式为正常模式。DMA 内存地址自增,每次增加一个字节,如图 3-4-8 所示。

设置完 MCU 的各个配置之后,然后就是工程文件的设置了,点击 Project Manager 选项,IDE 选择 MDK-ARM V5,存储目录不可以有中文,把 Project 中的 Minimum Heap Size 设置为 0x600,然后点击 Generator Code,进行进一步配置,选择只复制所需要的.c 和.h 文件,每个外设成立单独的.c 和.h 文件,然后点击 GENERATECODE 创建工程。

创建成功,打开工程,然后点击上方菜单栏 Rebuild 按钮先编译下。

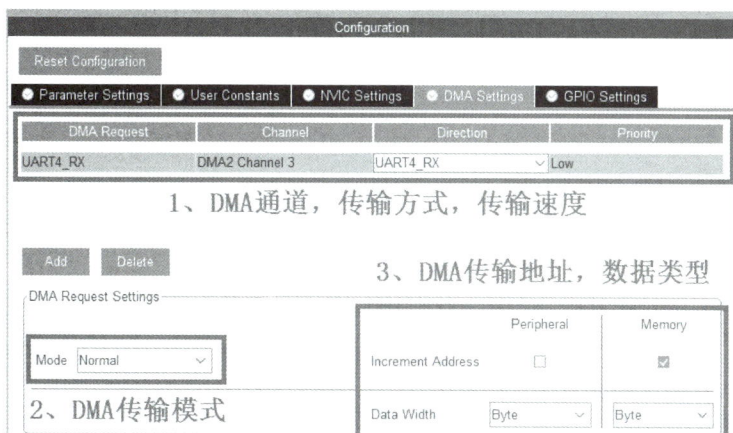

图 3-4-8　DMA 设置

5. 代码分析与改写

（1）在 main.c 中进行 DMA_Usart_Send 定义：

```
/ * USER CODE BEGIN 0 * /
/ ******************************************************
******************************
  * 函 数 名：DMA_Usart_Send
  * 功能说明：串口发送功能函数
  * 形    参：buf，len
  * 返 回 值：无
  ******************************************************
**************************** /
  void DMA_Usart_Send(uint8_t * buf，uint8_t len)  //串口发送封装
  {
  if(HAL_UART_Transmit_DMA(&huart4，buf，len)! = HAL_OK)
                  //判断是否发送正常,如果出现异常则进入异常中断函数
    {
      Error_Handler();
    }

  }
/ * USER CODE END 0 * /
```

(2) 在 main.c 的 while(1) 循环中添加输出内容：

```
/* USER CODE BEGIN WHILE */
while (1)
{
/* USER CODE END WHILE */
/* USER CODE BEGIN 3 */
HAL_Delay (3000);

    if(recv_end_flag == 1)                          //接收完成标志
    {
        HAL_UART_Transmit(&huart1, (uint8_t *)rx_buffer, 7, 0xFFFF);
        rx_len = 0;                                 //清除计数
        recv_end_flag = 0;                          //清除接收结束标志位
        memset(rx_buffer, 0, rx_len);
    }
    HAL_UART_Receive_DMA(&huart4, rx_buffer, BUFFER_SIZE);
                                                    //重新打开 DMA 接收

    MB_CRC16(rs485buf, 6);
    RS485_Send_Data(rs485buf, 8);
}
/* USER CODE END 3 */
```

程序编译下载运行后，可以先将 STM32 ARM 通过 RS-485 转 USB 转换器和计算机相连，如图 3-4-9 所示。计算机打开串口调试助手，接收 STM32 ARM 发送过来的读取电能表电压数据的指令：01 03 00 0C 00 01 44 09，模拟电压表给 ARM 回发电能数据：01 03 02 09 21 7E 0C，ARM 将收到的电能数据通过串口 1 经 USB 口输出给计算机，如图 3-4-10 所示。

| UART4 | ↔ | U6 | ↔ | P8 | ↔ | 485 转 USB | → | Computer |

图 3-4-9 STM32 ARM 通过 RS-485 转 USB 转换器和计算机相连

当上述调试正确后，再将 STM32 ARM 和电能表相连，进行 RS-485 通信，如图 3-4-11 所示。完成通过 STM32CubeMx 调用 HAL 库实现 RS-485 电能监控的效果，收到电能表反馈的数据 01 03 02 09 1F FF DC，其中，十六进制 09 1F 数据转换为十进制数为 2335，代表电能表测得电压为 233.5 V，如图 3-4-12 所示。

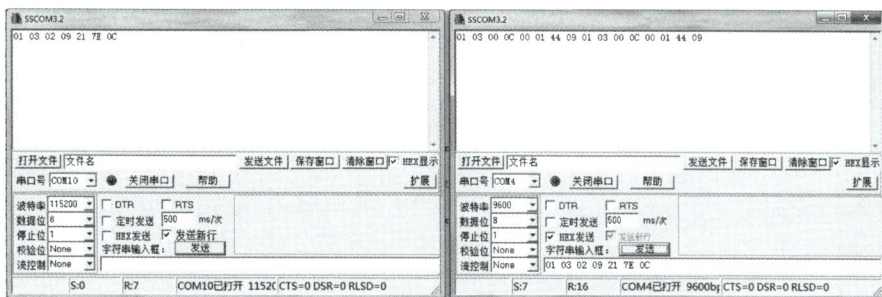

图 3-4-10　ARM 将收到的电能数据输出到计算机

电能表 DDS238 → P8 → U6 → UART4

图 3-4-11　STM32 ARM 和电能表相连

图 3-4-12　读取的电能表电压值

微视频

电能监控与
云端控制

思考与练习

1. STM32F10x ARM 和电能表之间 RS-485 通信过程是怎样的？

2. STM32F10x ARM 和 ESP8266 WIFI 模块之间是如何通信的？

3. 通过计算机对 ESP8266 WIFI 模块进行配置的过程是怎样的？

4. STM32F10x ARM 如何编写串口通信程序？

拓展阅读

《ARM 嵌入式系
统实现》虚拟仿
真实训指导书

第四部分

Mbed OS 拓展训练项目

Mbed OS 拓展训练项目

拓展项目一 基于 Mbed 的 GPIO 及按键中断

项目简介

本项目为读者介绍 ARM 最新的在线集成开发环境 Mbed，Mbed 凭借高封装性的 API 实现了硬件抽象层，使得 STM32 的开发难度大大降低，开发效率大大提高。从本章开始将利用 Mbed 平台复现教材之前几章基于 HAL 库的实验案例。读者可以通过实验案例来体会 Mbed 平台开发和 HAL 库开发的区别。

本项目的实训内容分为两个任务：任务 1 主要是通过调用 Mbed 的输出函数来控制 LED；任务 2 通过读取按键状态来控制 LED，并在按键和 LED 灯的亮灭之间建立联系。

相关知识

Mbed 是一个面向 ARM 处理器的在线集成开发环境，其包含功能软件库（Mbed SDK）、硬件参考设计（Mbed HDK）和在线工具（Mbed Compiler）三个部分。

Mbed SDK 是一个采用 C++语言的高封装 API 集，它建立在大量开发者的优质代码之上，可以让使用者快速地开发各种基于 ARM 的嵌入式应用项目。Mbed SDK 已经完成了启动代码的编写，相关运行库的封装和单片机外设的抽象，从而使设计者可以抽出更多的时间来关注具体的项目应用。另外 Mbed SDK 采用了开源的 permissive Apache 2.0 licence，使得该软件既可以应用于个人学习，也可以应用于商业研发。

为了方便用户的快速开发，Mbed 提供了 HDK 接口设计参考，其核心是通过一个实现统一协议的接口单片机来实现用户的程序上载、代码调试和串口监控，其硬件设计和固件代码都是公开的。Mbed 官方提供了众多的基于不同 CPU 的开发板，对于官方暂时不支持的 CPU 也可以利用相近型号的项目文件通过修改接口定义来使用。因为 Mbed 官方目前暂时不支持STM32F103RCT6，所以本章的案例都是基于官方 STM32F103RBT6 项目文件修改而成。

为了用户开发的方便，Mbed 官方提供了网页版的开发工具 Mbed Compiler，用户理论上无需任何软件利用浏览器就可以进行 STM32 开发。开发者可以通过 Mbed Compiler 快速创建一个包含 Mbed SDK 的指定 CPU 的项目,既可以直接在 Mbed Compiler 上进行开发,也可以导出为 Keil MDK 格式在传统的 Keil MDK 上继续开发。一般官方开发板推荐前一种方式开发,第三方开发板(如本书开发板)推荐后一种方式开发。

本章的 Mbed 一般指 web 开发环境和功能软件库。读者可以访问 https：//os.Mbed.com/网址了解 Mbed 的详情,在使用在线开发环境前应先注册一个账号。

一、Mbed 在线开发编译器

打开网页浏览器(建议 Chrome),登录 Mbed 官方网址 https：//os.Mbed.com/,点击右上角的 Compiler 图标,如图 4-1-1 所示。同时在官方首页可以查看其他关于 Mbed 环境的信息。

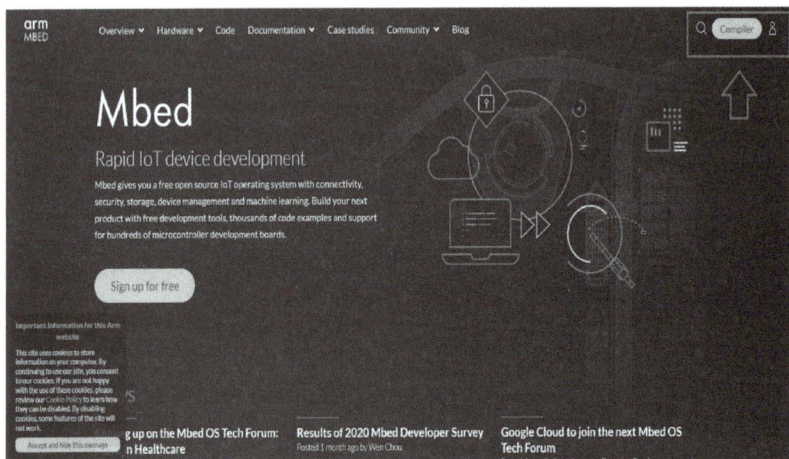

图 4-1-1　Mbed 官方首页

在 Compiler 的登录页面注册账号并登录,如图 4-1-2 所示。

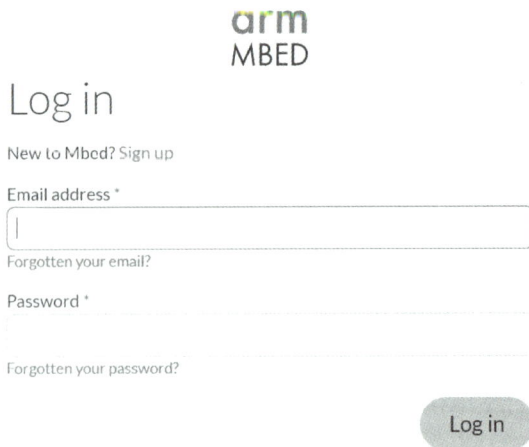

图 4-1-2　Compiler 登录页面

成功登录后将自动进入 Mbed Compiler 在线编译器主界面,用户可以点击页面右下角的语言图标将其转换成中文版,如图 4-1-3 所示。

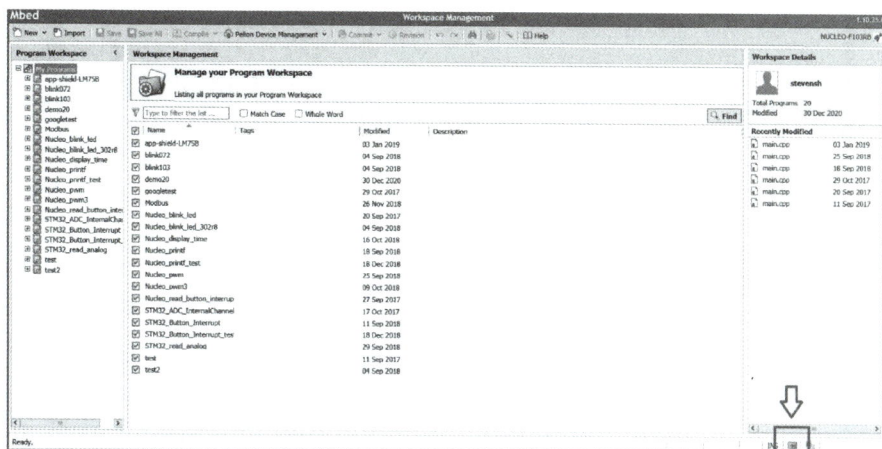

图 4-1-3　Mbed Compiler 在线编译器主界面

Mbed 中文版界面如图 4-1-4 所示。

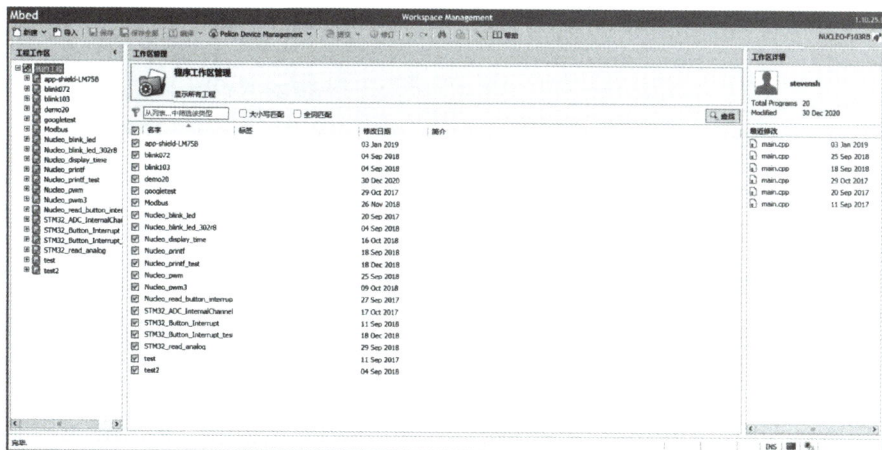

图 4-1-4　Mbed 中文界面

二、新建 STM32 项目

接着可以点击页面左上角的新建,将弹出"创建新的工程"窗口,如图 4-1-5 所示。

在平台栏目根据目标开发板的 CPU 型号进行选择,列表中所列出的是 Mbed 官方所支持的符合 Mbed HDK 标准的 NUCLEO 系列开发板。本书开发板上的 STM32F103RCT6 并不在官方支持列表中,可以选择与其相近的 NUCLEO-F103RB(基于 STM32F103RBT6)。如平台的下拉列表中没有 NUCLEO-F103RB,可以点击开发界面的右上角设备名称来添加所支持的 CPU,如图 4-1-6 所示。

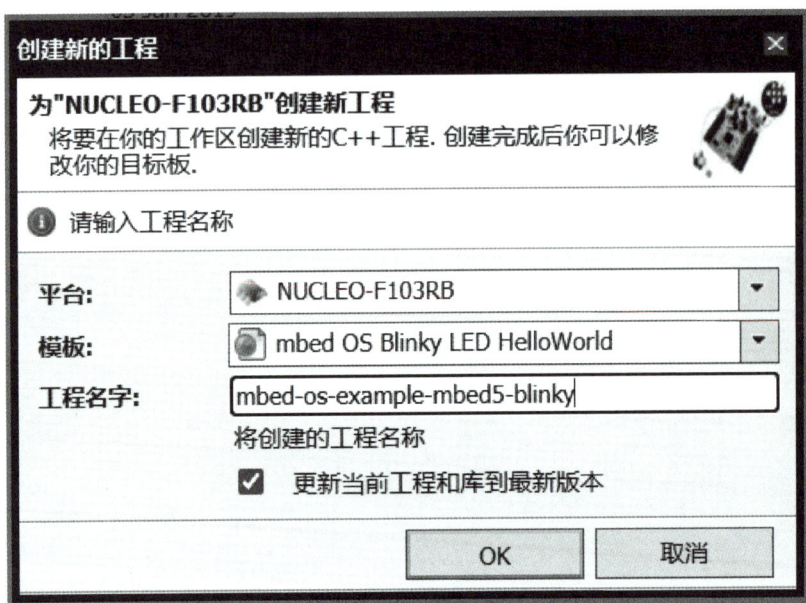

图 4-1-5 "创建新的工程"窗口

图 4-1-6 点击设备名称添加 CPU

在弹出的元器件选择界面中可以点击中下部的"Add Board"添加其他开发板,如图4-1-7 所示。点击后将打开 Mbed 器件库的网页,可以按关键词搜索所需开发板(CPU 相同即可),选择完后点击"Add to Your Mbed Compliler"添加至自己的项目中,如图 4-1-8所示。即可以在添加元器件界面下面的元器件列表中看到此开发板,最后点击添加元器件界面右上方的"Select Platform"设置为本项目的硬件即可。

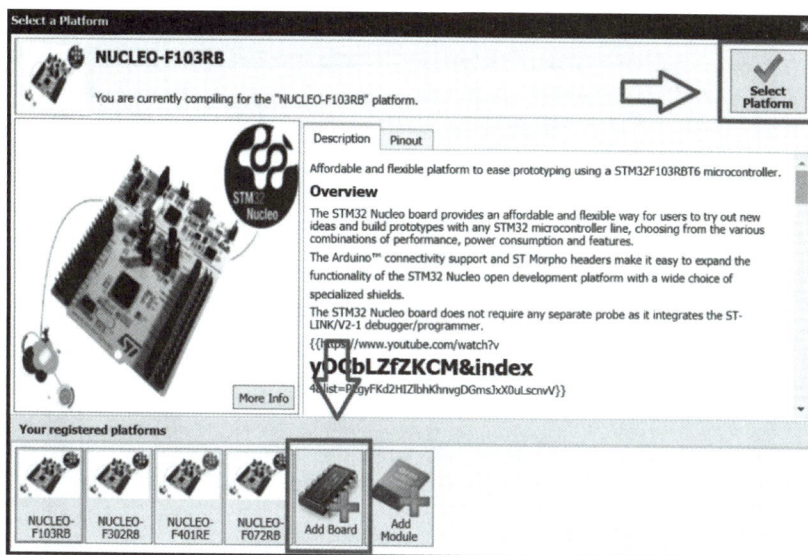

图 4-1-7　开发板的选择与更换

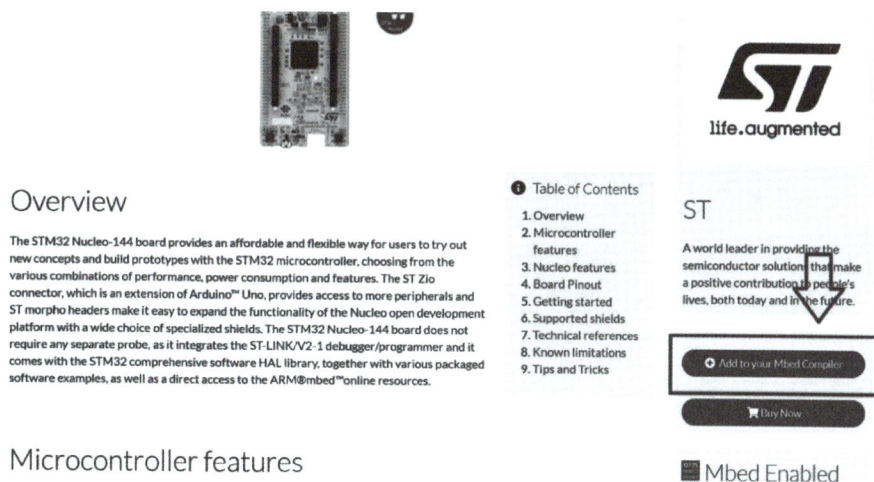

图 4-1-8　添加选定开发板到 Mbed 编译器

　　在"创建新的工程"窗口的模板选项部分,点击以后会列出 Mbed 中预设的一些模板程序,如果程序功能和模板比较相近则可以直接选择模板然后做一些修改即可,这里选择第一项"mbed OS Blinky LED HelloWorld",这是一个简单的 LED 闪烁的模板程序。可在工程名字输入框输入自己程序的名称,如图 4-1-9 所示。

　　设置完以后点击"OK",Mbed Compiler 将自动生成一个包含 Mbed SDK 的基于STM32F103RBT6 的实现 LED 闪烁的项目工程,并自动打开编辑界面。新工程初始界面及结构如图 4-1-10 所示。其中 main.cpp 是默认的主程序文件。

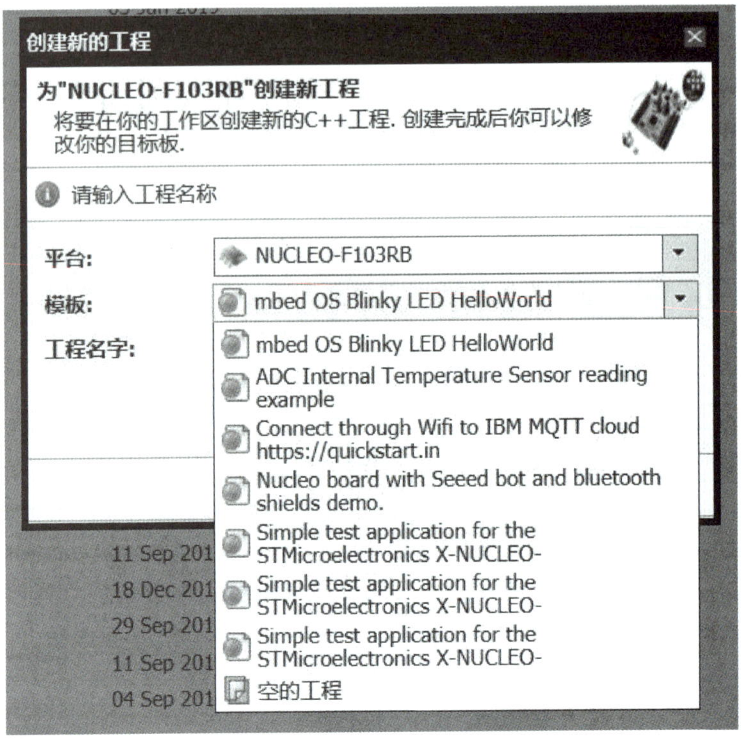

图 4-1-9　选择模板并输入程序名称

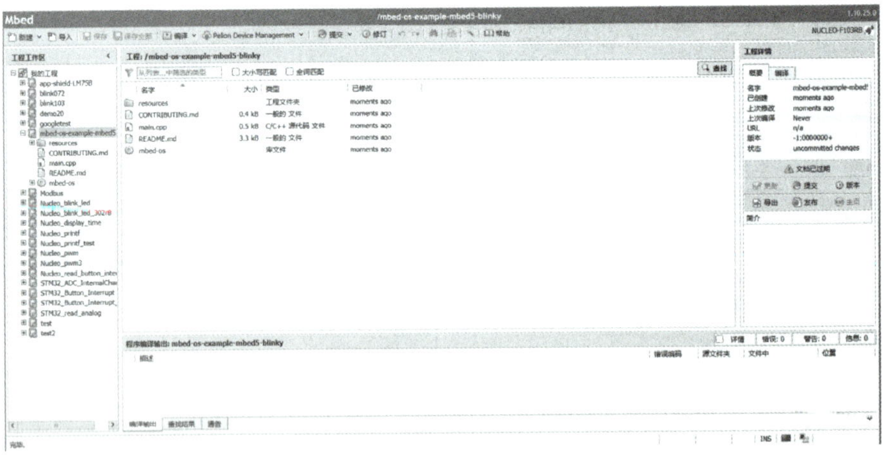

图 4-1-10　新工程初始界面及结构

三、导出至 Keil MDK

按一般的 STM32 开发习惯，包含 Mbed SDK 的项目工程新建完以后，后续的程序开发工作都在 Keil MDK 中进行。接下来要做的就是将项目工程导出成 Keil MDK 格式，再导入进 Keil MDK。

新建完程序后不要进行任何代码编写，直接页面后边中部的"导出"按钮，如图4-1-11所示。在弹出的"Export Program"对话框中的"Export Toolchain"中选择"uvision5-armc6"选项。Keil MDK 格式的项目工程文件包会自动下载到本机，如图 4-1-12 所示。

图 4-1-11　工程的导出

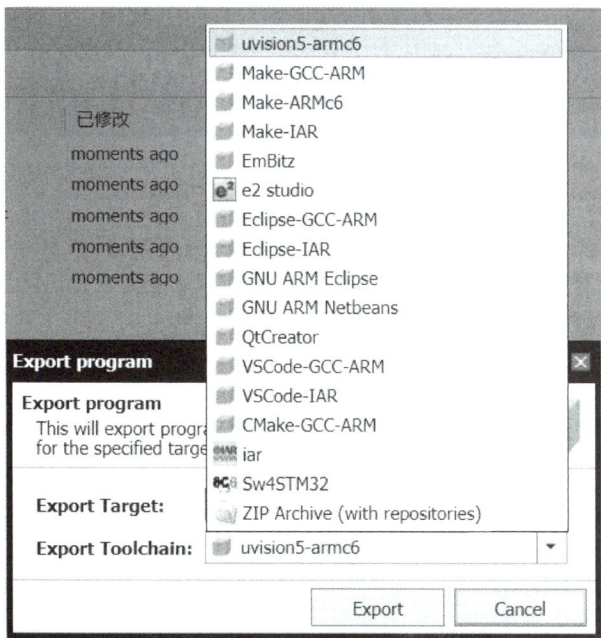

图 4-1-12　Keil MDK 格式项目工程的下载

四、转换为 Keil 格式项目工程

下载到本机的 Keil MDK 格式项目工程文件是以压缩包的形式,开发者解压以后打开 Keil MDK 软件。Keil MDK 要求5.32版本,编译器为 arm c6 以上可以支持 Mbed 生成的项目文件。

点击 Keil MDK 中的 Project -〉Open Project,选择解压后文件包中的.uvprojx 文件,打开整个项目,如图 4-1-13 所示。

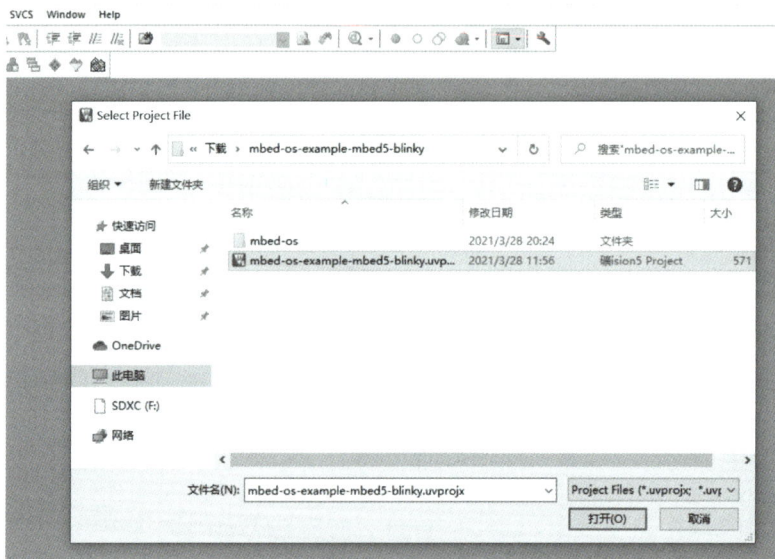

图 4-1-13　Keil MDK 打开 Mbed 项目工程

打开项目中 main.cpp,会发现其中已有一些 Mbed 模板自动生成的代码,开发者可以在此基础上修改并添加代码完成程序功能,main.cpp 如图 4-1-14 所示。

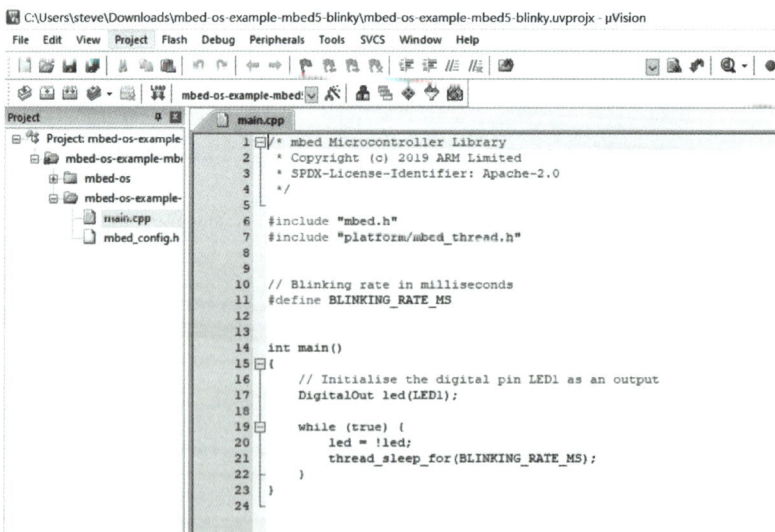

图 4-1-14　main.cpp

五、编译及运行

程序编写完毕后在 Keil MDK 中点击 build 按钮对整个项目工程进行编译。没有语法错误的话可以成功编译完毕，然后在 Options for Target 中对 Debugger 进行配置，根据开发者所使用的 ST-Link、J-Link 等不同的 Debugger 分别进行不同的配置，步骤和前述章节所描述的相同，这里就不在阐述了。

操作训练

任务一 通过 Mbed 实现 LED 灯的控制

（一）任务要求

本次实训要求控制四个 LED 小灯每个 1 秒闪烁一次。实训的目的是通过 LED 的闪烁实验掌握 Mbed 数字输出的调用方法，并体验到程序控制的实际效果。

（二）任务分析

按 Blinky LED 模板生成的 Mbed 项目工程中的 main.cpp 文件中的默认代码如图 4-1-14 所示。

其中 ♯include "Mbed.h" 为整个项目工程包含了 Mbed SDK，使得可以在程序中调用 Mbed SDK 中的各种 API 函数。

♯include "platform/Mbed_thread.h" 为整个项目工程包含了线程定义文件，使得程序具备了线程控制功能，在本例中实现了延时的功能。

♯define BLINKING_RATE_MS 500 宏定义了 BLINKING_RATE_MS 用来表示闪烁的频率，默认为 500 毫秒。按任务要求可将其修改为 1 000。

DigitalOut led(LED1)； DigitalOut 类是 Mbed SDK 中所提供的用以实现 IO 口输入输出驱动的类型，DigitalOut 类是将端口配置为数字输出的类型。和 DigitOut 功能相类似的类还有 DigitalIn（数字输入）、AnalogIn（模拟输入）、AnalogOut（模拟输出）、BusIn（总线输入）、BusOut（总线输出）、InterruptIn（中断输入）等。led 是默认生成的 DigitalOut 类的一个对象，指一个具体的数字输出端口，初始化时可以指定端口名称。默认的 LED1 是 Mbed 官方开发板上内置的 LED 灯的端口名称，本书所采用的开发板上的四个 LED 所对应的端口应为 PA0～PA3。可以打开 Mbed OS 目录下的 PinNames.h 中对 PA0～PA3 的端口名称定义并进行修改。DigitalOut led(LED1)；语句的含义就是定义了一个数字输出端口对象，名称为 led，对应的端口为 LED1（PinNames.h 中默认对应 PA5）。

while(true) 是 Mbed 自动生成的程序主结构，这是一个无限循环，上电以后该循环体无限循环运行。

thread_sleep_for(BLINKING_RATE_MS)； 是 Mbed SDK 所提供的一个线程休眠函数，在 LED 闪烁模板中用以实现延时。

本任务通过 Mbed 模板实现对 LED 灯的控制。步骤如下：

(1) 修改延时宏定义值。

(2) 修改 PinNames.h 中 PA0～PA3 的对应端口名称。

(3) 定义四个数字输出对象。

(4) 修改主程序，添加闪烁所对应的取反功能代码。

(三) 程序设计

在 Keil MDK 中打开 Blinky LED 模板项目工程后打开 main.cpp。

(1) 将

```
#define BLINKING_RATE_MS    500
```

修改为

```
#define BLINKING_RATE_MS    1000
```

对应闪烁频率 1 秒。

(2) 打开 PinNames.h 文件，找到 LED 和 PA 端口对应定义的部分，将 LED1～LED4 名称对应的端口修改为 PA0～PA3，如图 4-1-15 和图 4-1-16 所示。

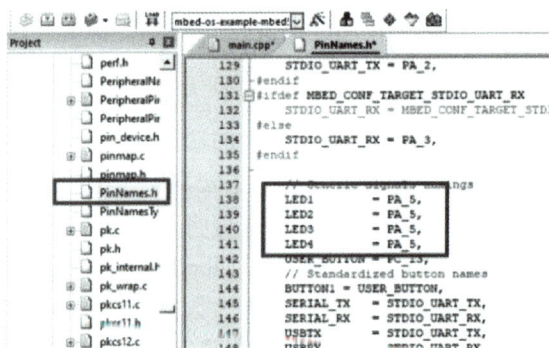

图 4-1-15　PinNames.h 修改前

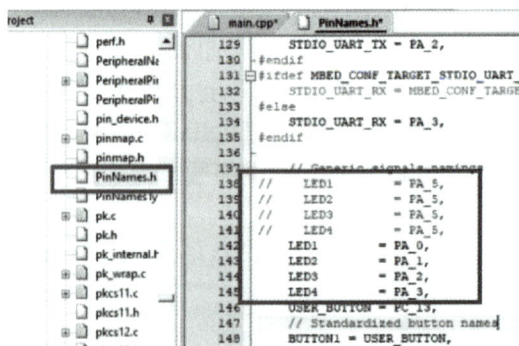

图 4-1-16　PinNames.h 修改后

（3）定义四个数字输出对象：

```
DigitalOut led1(LED1);
DigitalOut led2(LED2);
DigitalOut led3(LED3);
DigitalOut led4(LED4);
```

（4）修改主程序，添加端口取反代码：

```
led1 = ! led1;
led2 = ! led2;
led3 = ! led3;
led4 = ! led4;
```

最终 **main.cpp** 中的完整程序代码如下：

```cpp
#include "mbed.h"
#include "platform/mbed_thread.h"
#define BLINKING_RATE_MS 1000
    int main()
    {
        DigitalOut led1(LED1);
        DigitalOut led2(LED2);
        DigitalOut led3(LED3);
        DigitalOut led4(LED4);
                while (true)
        {
                led1 = ! led1;
                led2 = ! led2;
                led3 = ! led3;
                led4 = ! led4;
                thread_sleep_for(BLINKING_RATE_MS);
        }
    }
```

程序下载后，四个 LED 灯每隔 1s 闪烁 1 次。

微视频

Mbed 开发：
以 LED 灯
为例

任务二　通过中断按键控制 LED 灯

(一) 任务要求

本次实训要求通过按钮利用中断控制 LED 小灯点亮。实训的目的是通过实验掌握 Mbed 中断的应用方法,并体验到程序控制的实际效果。

(二) 任务分析

可延用 Blinky LED 模板,打开 main.cpp。删除 Blinky LED 相关代码。

将端口设置为中断模式可以使用 InterruptIn 类(中断输入类),在初始化时可以指定端口号。Interrupt 类的 rise 函数和 fall 函数分别可以设置相应端口的电平变化上升沿和下降沿都的中断响应函数。

本任务通过 Mbed 模板实现中断对 LED 灯的控制。步骤如下:

(1) 修改 PinName.h 中 PA_0 和 PA_6 的定义名称。

(2) 设置 LED 数字输出类型。

(3) 设置按钮端口的中断输入类型。

(4) 定义中断响应函数,实现点亮 LED 功能。

(5) 设置端口电平变化下降沿调用中断响应函数。

(三) 程序设计

(1) 打开 PinName.h,添加 PA_0 和 PA_6 的名称 LED1 和 KEY1,见图 4-1-17。

```
135    #endif
136
137         // Generic signals namings
138         LED1        = PA_0,
139         KEY1        = PA_6,
140    //   LED1        = PA_5,
141         LED2        = PA_5,
142         LED3        = PA_5,
143         LED4        = PA_5,
144         USER_BUTTON = PC_13,
145
146         // Standardized button names
```

图 4-1-17　添加 PA_0 和 PA_6 的名称 LED1 和 KEY1

(2) 设置 LED 为数字输出类型,定义一个 DigitalOut 类对象,并指定对应端口号 LED1:

```
DigitalOut led(LED1);
```

(3) 设置按钮为中断输入类型,定义一个 InterruptIn 类对象,并指定对应的端口号 KEY1:

```
InterruptIn button(KEY1);
```

(4) 定义中断函数,中断函数无参数,无返回值:

```
void key()
{
    led = 0;
}
```

（5）设置电平变化下降沿调用中断函数，同时 led 初始化关闭：

```
led = 1;
button.fall(&key);
```

此语句应放置在主函数的无限循环之前，初始化时只做一次。注意 fall 函数的用法和 rise 函数一样，参数为调用的中断函数地址，格式上是 & 函数名。

最终 main.cpp 代码：

```
#include "mbed.h"
#include "platform/mbed_thread.h"
#define BLINKING_RATE_MS 1000
DigitalOut led(LED1);
InterruptIn button(KEY1);
void key()
{
Led = 0;
}
    int main()
    {
        while (true)
        {
            led = 1;
            button.fall(&key);
            while(true){};
        }
    }
```

程序下载后，按下 PA6 所对应的按键，LED1 点亮；松开按键后，LED1 熄灭。

微视频

Mbed 开发：
以按键控制
LED 为例

思考与练习 🔍

1. 登陆 Mbed 官方网站,查看 Mbed API 说明文档,尝试一下除了 DigitalOut 之外的其他端口配置类的应用。

2. 修改主程序代码实现 LED 两两交替闪烁的效果。

3. 添加一个 PA_7 的 KEY2,实现两个按键利用中断分别控制点亮和熄灭 LED 的功能。

拓展阅读

嵌入式人工智能
技术开发与实践

拓展项目二　基于 Mbed 的 UART 通信

项目简介

　　本项目开始为读者介绍 Mbed 平台实现串口通信功能,串口通信是 STM32 系统乃至微控制器系统中常用的通信方式。串口(UART)的原理前章已经阐述,这里就不再重复。本章仅介绍利用 Mbed 平台实现串口通信的具体方法。

　　本项目的实训内容主要是将 STM32 开发板连接电脑,在电脑上使用串口助手软件接受开发板发送的串口信息。

相关知识

一、Serial 类

　　串口通信在 Mbed 中由 Serial 类进行管理,Serial 类的构造函数可以对串口进行配置。Serial 类完整构造函数如下:

```
Serial(PinName tx, PinName rx, int baud);
```

　　其中 PinName tx 定义串口发送端口,PinName rx 定义串口接收端口,baud 定义波特率。baud 参数可省略,省略的话默认为 9 600 bps/s。如以下两条语句:

```
Serial pc1(PA_9, PA_10);
```

　　该语句定义了串口对象 pc1,发送端口为 PA_9,接受端口为 PA_10,波特率为默认的 9 600 bps/s。

```
Serial pc2(PA_9, PA_10, 115200);
```

　　该语句将串口对象的波特率定义为 115 200 bps/s。

二、发送数据

Serial 类中使用 printf 函数进行文本数据发送,使用 putc 函数发送字节数据。用法如下:

```
Serial pc1(PA_9, PA_10);
pc1.printf("hello");
```

串口对象使用 printf 函数发送"hello"字符串。

```
pc1.putc(0x33);
```

串口对象使用 putc 函数发送字节数据 0x33。

操作训练

任务　串口发送字符串数据

(一)任务要求

本次实训任务要求开发板通过 USB 串口每隔 1 秒发送一个字符串"hello world"。将开发板通过串口连接电脑,在电脑上打开串口调试工具。运行程序后应在串口调试器上看到不断接收到的"hello world"。

(二)任务分析

新建一个 Mbed 空模板,定义一个串口对象。通过查看原理图确定 UART1 的发送端口为 PA_9,接收端口为 PA_10,采用默认 9 600 bps/s 的波特率。

主函数中使用 printf 函数发送"hello world"字符串。延时 1 秒,延时可采用 thread_sleep_for 函数实现。

计算机端可使用任何一种串口调试工具和开发板连接,设置串口号和波特率后打开串口,将接收缓冲区的模式设置为文本模式,可在串口助手上看到每隔 1 秒接收到的"hello world"字符串。

(三)程序设计

(1) 包含 Mbed.h 和 platform/Mbed_thread.h:

```
#include "Mbed.h"
#include "platform/Mbed_thread.h"
```

(2) 定义延时时间,采用宏定义方式:

```
#define DELAY_MS   1000
```

延时时间定为 1 秒。

（3）定义串口对象，确定发送和接收的端口号，采用默认波特率：

```
Serial pc (PA_9, PA_10);
```

（4）定义主函数，添加无限循环：

```
int main()
{
    while(1)
    {        }
}
```

（5）主函数中添加发送语句和延时语句：

```
pc.printf("hello world   ");
thread_sleep_for(DELAY_MS);
```

整体代码如下：

```
# include "mbed.h"
# include "platform/mbed_thread.h"
# define BLINKING_RATE_MS 1000
Serial pc (PA_9, PA_10);
    int main()
    {
        while (true)
        {
        pc.printf("hello world   ");
        thread_sleep_for(BLINKING_RATE_MS);
        }
    }
```

计算机与开发板连接后打开串口调试，设置好端口号、波特率、显示模式后打开串口，观察实验结果，如图 4-2-1。

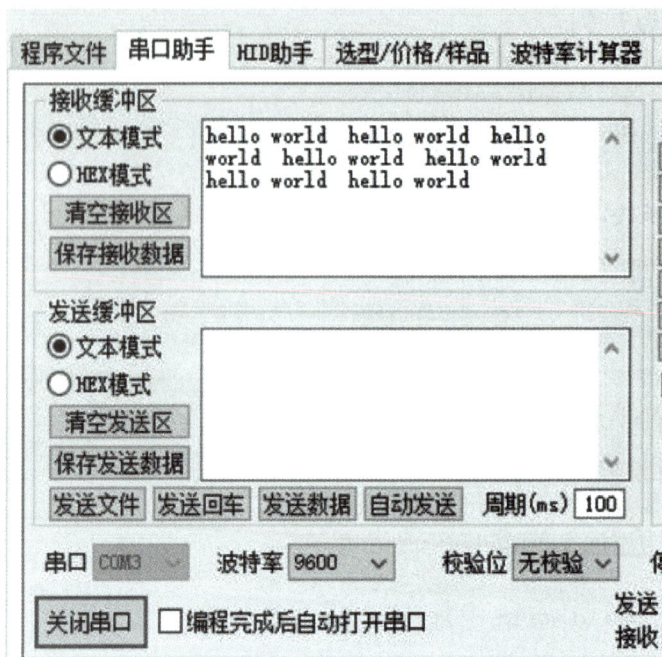

图 4-2-1　实验结果

思考与练习

1. 查看 Serial 类的说明文档,学习数据接收的方法。
2. 实现计算机发送指令控制开发板 LED 的功能。

拓展阅读

嵌入式技术和
科技进步

拓展项目三　基于 Mbed 的定时器

项目简介　🔍

　　本项目开始为读者介绍 Mbed 平台实现定时器功能,定时器可以产生一个固定时间的信号,一般可以用来实现延时或定时功能,是 STM32 系统常用的控制方式。PWM (Pulse Width Modulation,脉宽调制技术)也是 STM32 模拟输出的一种重要方式。定时器和 PWM 的原理前章已经阐述,这里就不再重复。本章仅介绍利用 Mbed 平台实现定时器和 PWM 的具体方法。

　　本项目的实训内容包含两个任务:任务 1 利用定时器产生 1 个 100 ms 的信号控制 LED 闪烁;任务 2 利用 TIM1 的 PA_8 端口产生一个占空比为 80% 的 PWM 信号,读者可以通过示波器查看输出效果。

相关知识　🔍

一、Ticker 类

　　循环定时在 Mbed 中由 Ticker 类进行管理。使用 Ticker 类可以设置循环中断,它以指定的速率重复调用函数,速率就是定时时间。

　　Ticker 类最重要的函数是 attach 函数,它可以按一定速率调用指定函数。函数结构如下:

```
void attach(CallBack fun, float time);
```

　　其中 fun 是定时器时间到以后自动调用的自定义函数地址。time 是定时时间,单位秒。

　　如每隔 200 ms 自动调用 test()函数的话,attach 函数的调用应该是以下方式:

```
attach(&test, 0.2);
```

二、TimeOut 类

单次定时在 Mbed 中一般使用 TimeOut 类。TimeOut 类的用法基本和 Ticker 类相同,但是定时结束后不会自动重装。

三、PWMOut 类

使用 PwmOut 类控制 PWM 信号的频率和占空比。

首先设置周期,然后使用 write 函数的相对时间段或 pulsewidth 函数的绝对时间段设置占空比。默认周期为 0.020 s,默认脉冲宽度为 0。

操作训练

任务一　定时器控制 LED 闪烁

(一) 任务要求

本次实训任务要求开发板产生一个定时时间为 100 ms 的定时器信号,控制板载 LED 闪烁。

(二) 任务分析

新建一个 Mbed 空模板,定义一个 DigitalOut 对象控制 LED,一个 Ticker 对象设置定时器。

自定义一个函数实现 LED 端口取反的功能,定时时间到以后 Ticker 自动调用此函数。

(三) 程序设计

(1) 包含 Mbed.h,导入 Mbed SDK:

```
#include "Mbed.h"
```

(2) 定义 DigitalOut 对象控制 LED:

```
DigitalOut led(PA_0);
```

指定 led 端口为 PA_0。

(3) 定义 Ticker 对象:

```
Ticker toggle;
```

(4) 定义子函数 toggle_led(),实现 LED 取反(闪烁):

```
void toggle_led()
{
    led = ! led;
}
```

（5）主函数初始化时配置定时器：

```
toggle.attach(&toggle_led, 0.1);
```

整体代码如下：

```
#include "mbed.h"
DigitalOut led(PA_0);
Ticker toggle;
void toggle_led()
   {
   led = ! led;
   }
int main()
{
   toggle.attach(&toggle_led,0.1);
   while (true) {}
   }
```

程序下载后，PA0 所控制的 LED 灯每隔 0.1 s 闪烁 1 次。

任务二　PWM 输出

（一）任务要求
本次实训任务要求开发板产生一个周期为 20 ms，占空比为 80% 的 PWM 信号。

（二）任务分析
新建一个 Mbed 空模板，定义一个 PwmOut 对象，调用 period 函数、write 函数或 pulsewidth 函数对 PWM 进行设置。

（三）程序设计
（1）包含 Mbed.h，导入 Mbed SDK：

```
#include "Mbed.h"
```

（2）定义 PwmOut 对象，采用 TIM1 的 PA_8：

```
PwmOut pwm(PA_8);
```

（3）设置 PWM 周期：

```
pwm.period_ms(2.4);
```

或者

```
pwm.period(0.0024);
```

设置 PWM 周期为 2.4 ms。

(4) 设置 PWM 占空比为 80%：

```
pwm.write(0.8);
```

完整代码如下：

```
#include "Mbed.h"
PwmOut pwm(PA_8);
int main()
{
        pwm.period_ms(2.4);
        pwm.write(0.8);
        while (true) {}
}
```

上述程序下载到开发板后，可通过示波器观察 PA8 的输出波形。下面仅给出在 PWM 软件仿真状态下，Logic Analyzer 显示的波形，周期 2 ms，占空比 80%，和程序设计的目的相吻合，见图 4-3-1。

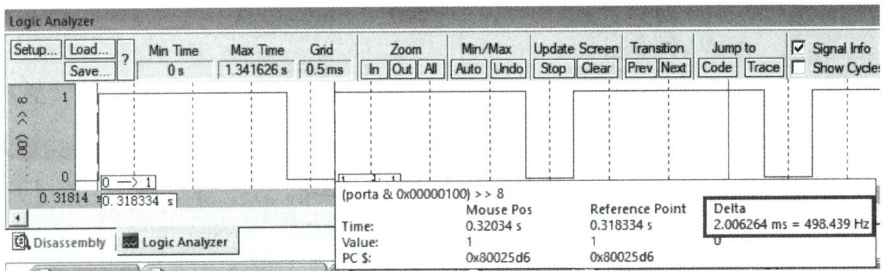

图 4-3-1   PWM 软件仿真图

思考与练习

1. 查看 Mbed 说明文档，学习 TimeOut 类的使用方法。
2. 实现 PWM 控制 LED 亮暗的功能。

拓展项目四　Mbed OS 多线程构建

项目简介

本项目为读者介绍 Mbed OS 项目实践,让读者学会基本的 Mbed OS 应用,学会并列运行多个任务。

相关知识

在 Mbed 上创建一个多线程非常简单,只需要导入"mbed-rtos"库,创建一个函数,描述想做的事情,在一个线程中调用该函数。

操作训练

任务　多线程构建

(1) 包括 mbed.h 头文件。

(2) 创建 2 个函数 fun_1 和 fun_2,用来输出固定的内容。

(3) 在 main()中创建 2 个线程,用于调用这两个函数。

完整的程序段如下:

```
#include "mbed.h"
  #include "platform/mbed_thread.h"
#include "rtos"
void fun_1(void const * args)
{
    Serial pc(PA_9, PA_10);           //此语句对于 fun_1 非常重要,必不可少
    while(true)
    {
        printf("Thread1\r\n");
```

```
        Thread::wait(200);
    }
}
void fun_2(void const * args)
{
    Serial pc(PA_9, PA_10);        //此语句对于 fun_2 非常重要,必不可少
    while(true)
    {
        printf("Thread 2\r\n");
        Thread::wait(200);
    }
}


int main()
{
    Serial pc(PA_9, PA_10);
    Thread thread1(fun_1);         //启动 thread 1
    Thread thread1(fun_2);         //启动 thread 2
    while(true)
      {
        pc.printf("hello\r\n");
        led1 = ! led1;
        Thread::wait(500);
      }
}
```

程序下载后,打开串口助手,可以看到 ARM 通过串口发送过来的内容,主线程、线程 1、线程 2 均已经启动并正常工作,LED1 闪烁,串口正常发送三个线程的内容,见图 4-4-1。

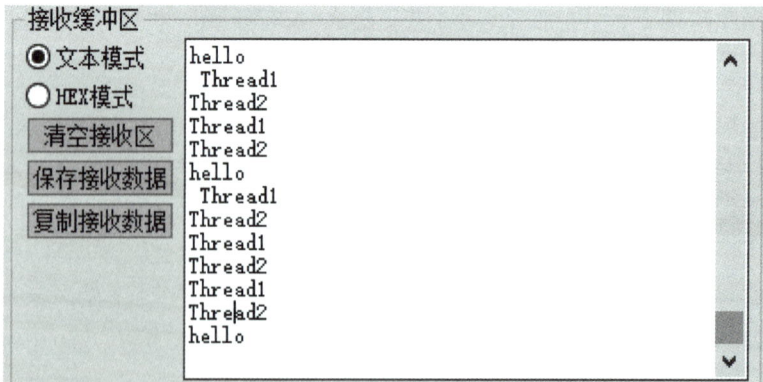

图 4-4-1　多线程运行

如果修改三个线程的内容，让发送的内容增多，如下

线程 1：pc.printf("abcdefghijklmn\r\n");

线程 2：pc.printf("0123456789******\r\n");

主线程：pc.printf("hello,Mbed########\r\n");

可以在串口助手看到如图 4-4-2 所示的内容，每一个线程均没有来得及完成就需要让出时间片，让其他的线程运行。三个线程均完整的执行了，这正是实时操作系统的优势。如果希望每一个线程在执行的过程中，不让其他线程加入，则可以引入互斥量。

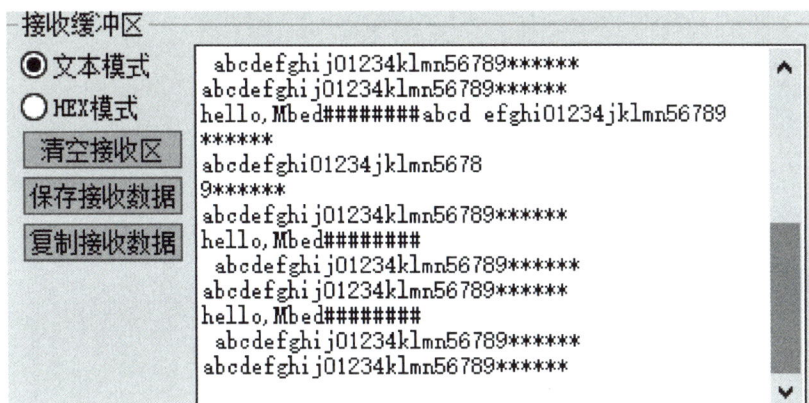

图 4-4-2　多线程之间的竞争关系

思考与练习

1. 查看 Mbed 说明文档，学习 TimeOut 类的使用方法。
2. 实现 PWM 控制 LED 亮暗的功能。

拓展阅读

多线程综合应用

附录 1　C 语言基础

1. 三种结构

按照 C 语句的执行次序,可以把 C 语句分为三种结构,即顺序结构、选择结构、循环结构。顺序结构按照语句出现的先后次序依次执行;选择结构分局条件判断是否执行相关语句;循环结构当条件成立时,重复执行某些语句。这三种结构有一个共同的特点,即均只有一个入口,一个出口,如附图 1-1 所示。

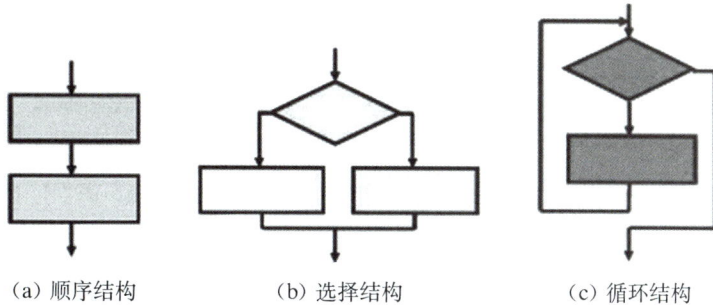

(a) 顺序结构　　　　(b) 选择结构　　　　(c) 循环结构

附图 1-1

2. 数据类型

数据类型	标识符号	位数及字节数	数值范围	举　例
字符型	char	8 位,1 各字节	0～255	char C1;
	unsigned char	1 个字节	0～255	unsigned char C1;
	signed char	1 个字节	−128～127	Signed char C1;
整形	int	2 或 4 字节	−32,768 到 32,767 或 −2,147,483,648 到 2,147,483,647	int i; int j=0;
	unsigned int	2 或 4 字节	0 到 65,535 或 0 到 4,294,967,295	unsigned int i;
	short	2 字节	−32,768 到 32,767	short i;
浮点型	float	4 字节	1.2E−38 到 3.4E+38 6 位小数	float f1;

3. 算术运算符

运算功能	运算符	变量定义	运算举例	
加	+	int a=7, b=4, c;	c=a+b;	
减	−	int a=7, b=4, c;	C=a−b;	

运算功能	运算符	变量定义	运算举例	
乘	*	int a＝7，b＝4，c;	C＝a * b;	
除	/	int a＝7，b＝4，c;	C＝a/b;	
求余	%	int a＝7，b＝4，c;	C＝a%b;	
自增	＋＋	int a＝7，b＝4，c;	b＝a＋＋;	B＝＋＋a＝8;
自减	－－	int a＝7;	a－－;或－－a;	

4.关系运算符(判断关系是否成立,判断的结论只有真或假,即 1 或 0)

比较功能	运算符	变量定义	比较运算举例	解　释
大于	＞	int a＝7，b＝4，c;	c＝a＞b;	c＝1,即判断结果为真
小于	＜	int a＝7，b＝4，c;	c＝a＜b;	c＝0,即判断结果为假
等于	＝＝	int a＝7，b＝4，c;	C＝a＝＝b;	c＝0,即判断结果为假
大于等于	＞＝	int a＝7，b＝4，c;	C＝a＞＝b;	c＝1,即判断结果为真
小于等于	＜＝	int a＝7，b＝4，c;	C＝a＜＝b;	c＝0,即判断结果为假
不等于	！＝	int a＝7，b＝4，c;	c＝！＝b;	C＝1,即判断结果为真

5.逻辑运算符

功能	运算符	变量定义	逻辑运算举例	解　释
逻辑与	&&	int a＝7，b＝0，c;	c＝a&&b;	c＝0,即判断结果为假
逻辑或	||	int a＝7，b＝0，c;	c＝a||b;	c＝1,即判断结果为真
逻辑非	！	int a＝7，b＝0，c;	c＝！a;	c＝0,即判断结果为假

6.位运算符

功能	运算符	变量定义	位运算举例	说　明
位与	&	char a＝7，b＝4，c;	c＝a&b;	二进制数 0000 0111 和 0000 0100 位与,结果为 0000 0100,即 c＝4
位或	|	char a＝7，b＝4，c;	c＝a|b;	二进制数 0000 0111 和 0000 0100 位或,结果为 0000 0111,即 c＝7
位非	～	char a＝7，b＝4，c;	c＝～a;	二进制数 00000100 位非,结果为 11111011,即 c＝251

续　表

功能	运算符	变量定义	位运算举例	说　明
位异或	^	char a＝7，b＝4，c；	c＝a^b；	二进制数 0000 0111 和 0000 0100 位异或，结果为 0000 0011，即 c＝3
左移	＜＜	char a＝7，b＝4，c；	c＝a＜＜3；	二进制数00000100左移3位，结果为00100000，即c＝32
右移	＞＞	char a＝7，b＝4，c；	c＝a＞＞2；	二进制数00000100右移2位，结果为00000001，即c＝1

7. 赋值运算符

功能	符号	变量定义	等同于	解释说明
简单赋值	＝	char a＝7，b＝4；		将7赋值给变量a
复合算术赋值	＋＝ －＝ ＊＝ /＝ ％＝	a＋＝b； a－＝b； a＊＝b； a/＝b； a％＝b；	a＝a＋b； a＝a－b； a＝a＊b； a＝a/b； a＝a％b；	将a和b相加的结果赋值给变量a
复合位运算符	&＝ |＝ ^＝ ＞＞＝ ＜＜＝	a&＝b； a|＝b； a^＝b； a＞＞＝b； a＜＜＝b；	a＝a＋b； a＝a|b； a＝a^b； a＝a＞＞b； a＝a＜＜b；	

8. 指针运算符

功能	符号	变量定义	应用举例	解释说明
取地址	&	int a＝7，c； **int** ＊ptr；	ptr＝&a；	获取变量a的地址，并赋给指针ptr
取内容	＊	int c； char a＝7；	c＝＊ptr；	获得ptr的值并赋给c

附录 2　ASCII 表

ASCII 表

（American Standard Code for Information Interchange　美国标准信息交换代码）

高四位 →	0000 (0) ASCII控制字符				0001 (1) ASCII控制字符					0010 (2)		0011 (3)		0100 (4)		0101 (5)		0110 (6)		0111 (7)		
低四位 ↓	十进制	Ctrl	代码	转义字符	字符解释	十进制	Ctrl	代码	转义字符	字符解释	十进制	字符	十进制	字符	十进制	字符	十进制	字符	十进制	字符	十进制	字符	Ctrl
0000	0	^@	NUL	\0	空字符	16	^P	DLE		数据链路转义	32	(空格)	48	0	64	@	80	P	96	`	112	p	
0001	1	^A	SOH		标题开始	17	^Q	DC1		设备控制 1	33	!	49	1	65	A	81	Q	97	a	113	q	
0010	2	^B	STX		正文开始	18	^R	DC2		设备控制 2	34	"	50	2	66	B	82	R	98	b	114	r	
0011	3	^C	ETX		正文结束	19	^S	DC3		设备控制 3	35	#	51	3	67	C	83	S	99	c	115	s	
0100	4	^D	EOT		传输结束	20	^T	DC4		设备控制 4	36	$	52	4	68	D	84	T	100	d	116	t	
0101	5	^E	ENQ		查询	21	^U	NAK		否定应答	37	%	53	5	69	E	85	U	101	e	117	u	
0110	6	^F	ACK		肯定应答	22	^V	SYN		同步空闲	38	&	54	6	70	F	86	V	102	f	118	v	
0111	7	^G	BEL	\a	响铃	23	^W	ETB		传输块结束	39	'	55	7	71	G	87	W	103	g	119	w	
1000	8	^H	BS	\b	退格	24	^X	CAN		取消	40	(	56	8	72	H	88	X	104	h	120	x	
1001	9	^I	HT	\t	横向制表	25	^Y	EM		介质结束	41	)	57	9	73	I	89	Y	105	i	121	y	
1010	10	^J	LF	\n	换行	26	^Z	SUB		替代	42	*	58	:	74	J	90	Z	106	j	122	z	
1011	11	^K	VT	\v	纵向制表	27	^[	ESC	\e	溢出	43	+	59	;	75	K	91	[	107	k	123	{	
1100	12	^L	FF	\f	换页	28	^\	FS		文件分隔符	44	,	60	<	76	L	92	\	108	l	124	|	
1101	13	^M	CR	\r	回车	29	^]	GS		组分隔符	45	-	61	=	77	M	93	]	109	m	125	}	
1110	14	^N	SO		移出	30	^^	RS		记录分隔符	46	.	62	>	78	N	94	^	110	n	126	~	
1111	15	^O	SI		移入	31	^-	US		单元分隔符	47	/	63	?	79	O	95	_	111	o	127	⌂	^Backspace 代码：DEL

2013/08/08

注：表中的ASCII字符可以用 "Alt + 小键盘上的数字键" 方法输入。

附录 3 电路原理图

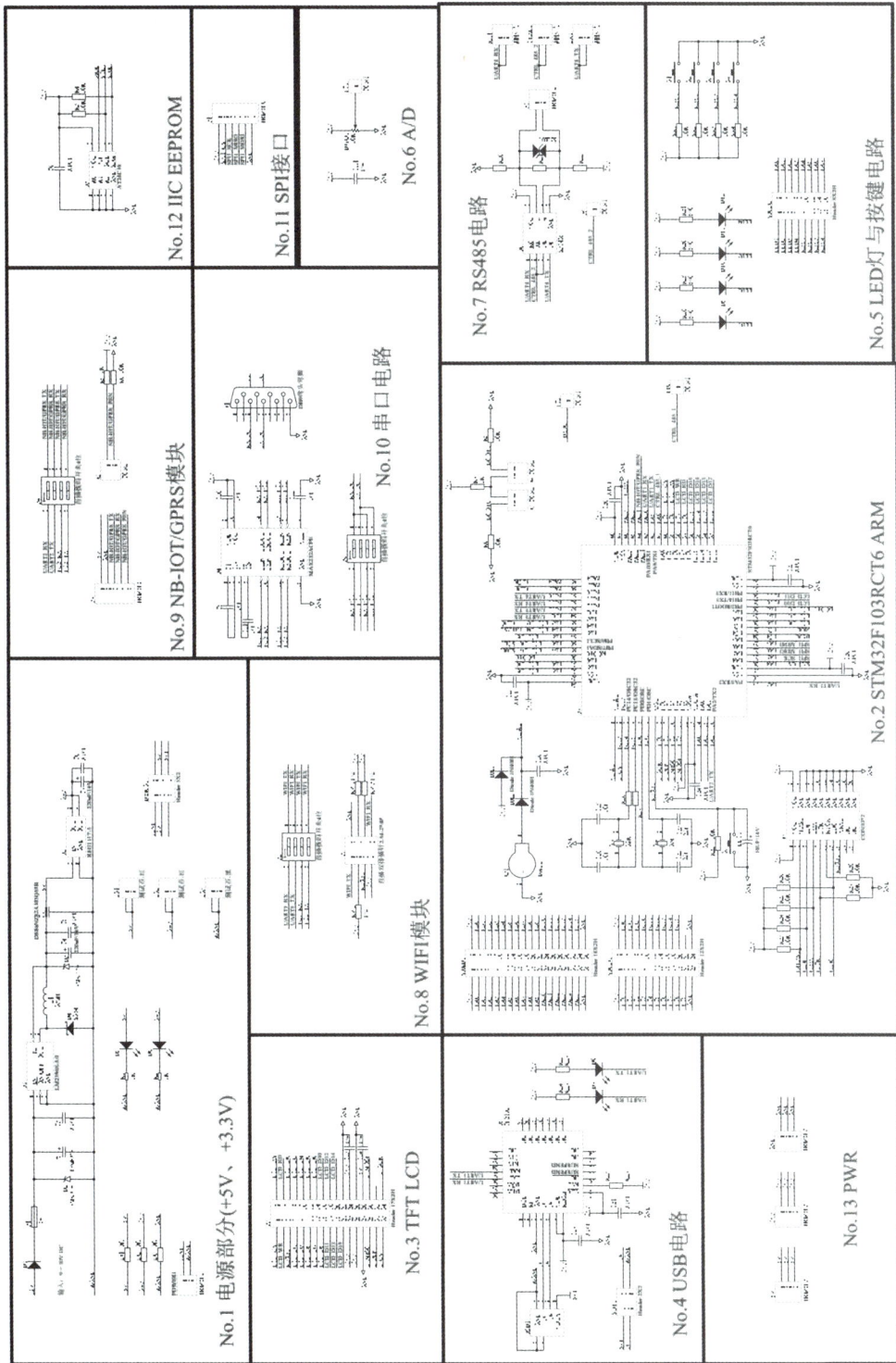

No.12 IIC EEPROM

No.11 SPI接口

No.6 A/D

No.7 RS485电路

No.5 LED灯与按键电路

No.9 NB-IOT/GPRS模块

No.10 串口电路

No.2 STM32F103RCT6 ARM

No.1 电源部分(+5V、+3.3V)

No.3 TFT LCD

No.8 WIFI模块

No.4 USB电路

No.13 PWR

参考文献

［1］郑杰.ARM 嵌入式系统开发与应用完全手册［M］.北京:中国铁道出版社,2013.6.

［2］刘军,张洋,严汉宇.例说 STM32［M］.2 版.北京:北京航空航天大学出版社,2015.1.

［3］廖义奎.STM32F207 高性能网络型 MCU 嵌入式系统设计［M］.北京:北京航空航天大学出版社,2012.9.

［4］郭书军.ARM Cortex-M4 + WiFi MCU 应用指南［M］.北京:电子工业出版社,2015.

［5］王利涛.嵌入式 C 语言自我修养:从芯片、编译器到操作系统［M］.北京:电子工业出版社,2021.4.

［6］连志安.物联网:嵌入式开发实战［M］.北京:清华大学出版社,2021.4.